UG NX 9.0 中文版 数控加工从入门到精通

胡仁喜　刘昌丽　等编著

机械工业出版社

本书分为 8 章，第 1 章为数控编程与加工基础，介绍数控加工的原理、方法、一般步骤、数控编程的基础知识，以及数控加工工艺涉及的相关内容；第 2 章为 UG CAM 基本操作，介绍 UG 加工环境、操作界面、加工流程；第 3 章为 UG CAM 铣削通用参数，介绍在铣削加工过程中通用的参数；第 4 章为平面铣，介绍平面铣削加工的切削方式及概念；第 5 章为轮廓铣，介绍轮廓铣削中的型腔铣、平面铣、深度加工轮廓铣以及插铣等铣削操作类型；第 6 章为多轴铣，介绍多轴铣的基本概念和多种操作类型；第 7 章为点到点加工，包括循环参数的意义、循环方式的意义、几何体的设置等知识；第 8 章为车削加工，介绍车削操作的创建方法及概念，对粗加工、精加工、示教模式、中心线钻孔和车螺纹等重要的操作都给出了示例。为了使读者能够更快、更熟练地掌握 UG NX 9.0 的数控技术，为工程设计加工带来更多的便利，编者在讲述数控加工基础的同时辅以实例说明，并且每章都配有综合实例。

随书光盘包含全书实例源文件和实例操作过程动画教学文件，可以帮助读者更加形象直观地学习本书。通过本书的学习，能够使读者体会 UG 数控加工的设计理念和技巧，迅速提高读者的工程设计能力。

图书在版编目（CIP）数据

UG NX 9.0 中文版数控加工从入门到精通/胡仁喜等编著.—2 版.—北京：机械工业出版社，2015.2
ISBN 978-7-111-49868-1

Ⅰ．①U… Ⅱ．①胡… Ⅲ．①数控机床—加工—计算机辅助设计—应用软件 Ⅳ．①TG659-39

中国版本图书馆 CIP 数据核字(2015)第 068031 号

机械工业出版社（北京市百万庄大街 22 号 邮政编码 100037）
策划编辑：曲彩云 责任印制：刘 岚
北京中兴印刷有限公司印刷
2015 年 5 月第 2 版第 1 次印刷
184mm×260mm · 29.25 印张 · 722 千字
0001－3000 册
标准书号：ISBN 978-7-111-49868-1
ISBN 978-7-89405-774-7（光盘）
定价：78.00 元（含 1DVD）

前　言

UG 是 EDS 公司推出的集 CAD/CAE/CAM 于一体的三维参数化软件，是先进的计算机辅助设计、分析和制造软件之一。UG NX9.0 是最新版本，作为 siemens Product Lifecycle Marlagement Software Inc 的核心产品，是当前世界上最先进的紧密集成 CAID / CAD / CAM / CAE 的系统，其功能覆盖产品的整个开发过程，是产品生命全周期管理的完整解决方案。从 CAD、CAM 到 CAE，UG 都有相应的模块提供支持。UG 一直为全球领先的企业提供全面的、经过验证的解决方案。

数控加工在国内已经日趋普及，培训需求日益旺盛，各种数控加工教材也不断推出。但真正与当前数控加工应用技术现状相适应的实用数控加工培训教材却不多见。为给初学者提供一本优秀的从入门到精通的教材，给具有一定使用经验的用户提供一本优秀的参考书和工具书，编者根据自己多年的工作经验以及心得编写了本书。

本书可作为学习 UG NX 9.0 数控加工初中级用户的教材或自学参考书。考虑到语言的差异，我们以中文用户界面进行叙述。内容取舍上强调实用性，以介绍最基本和最常使用的功能为主，而不面面俱到。全书共分 8 章，各章节安排以知识点为主线，详细介绍 UG 数控加工的相关知识，内容与实例相结合，力求培养读者由点到面的设计思想，从而达到融会贯通、举一反三的目的。

第 1 章为数控编程与加工基础，介绍数控加工的原理、方法、一般步骤、数控编程的基础知识，以及数控加工工艺涉及的相关内容；第 2 章为 UG CAM 基本操作，介绍了 UG 加工环境、操作界面和加工流程；第 3 章为 UG CAM 铣削通用参数，介绍在铣削加工过程中通用的参数，包括几何体的概念和种类、具体的切削模式、切削参数的使用和设置方法、非切削移动的使用和设置参数等内容；第 4 章为平面铣，介绍平面铣削加工的切削方式及概念，给出多个加工实例，通过练习实例，可以掌握平面铣的操作过程；第 5 章为轮廓铣，介绍轮廓铣中的型腔铣、平面铣、深度加工轮廓铣以及插铣等铣削操作类型；第 6 章为多轴铣，介绍多轴铣的基本概念和多种操作类型，涉及内容较多，重点讲述了投影矢量、多轴铣驱动方式、可变流线铣、刀轴等多轴铣重要的概念和设置方法；第 7 章为点到点加工，包括循环参数的意义，循环方式的意义、几何体的设置等知识；第 8 章为车削加工，介绍车削操作的创建方法及概念，对粗加工、精加工、示教模式、中心线钻孔和车螺纹等重要的操作都给出了示例。

本书配送随书光盘，包含全书实例源文件和实例同步动画 AVI 文件，可以帮助读者更加形象直观地学习本书。通过本书的学习，能够使读者体会 UG 的工程设计理念和技巧，迅速提高读者的工程设计能力。

本书由三维书屋工作室总策划，由辽宁省劳动经济学校的钟涛、丁黎以及阜新市第二职业中专的单力岩和石家庄三维书屋文化传播有限公司的胡仁喜和刘昌丽主要编写，其中第 1~5 章由钟涛执笔编写，第 7~8 章由丁黎执笔编写，第 6 章由单力岩执笔编写。李亚莉、董伟、周冰、张俊生、李兵、王渊峰、李瑞、王玮、王敏、王义发、王玉秋、王培合、阳平华、闫聪聪、张日晶、路纯红、康士廷、王艳池、卢园、杨雪静、甘勤涛、孟培等参加了部分章节的编写。由于编者水平有限，书中不足之处在所难免，望广大读者登录网站 www.sjzswsw.com 或发送邮件到 win760520@126.com 批评指正，编者将不胜感激。

编　者

目　录

第1章

数控编程与加工基础

　　数控编程与加工技术是目前 CAD/CAM 系统中最能明显发挥效益的环节之一，其在实现设计加工自动化、提高加工精度和加工质量、缩短产品研制周期等方面发挥着重要作用。在航空、汽车等领域有着大量的应用。由于生产实际的强烈需求，国内外都对数控编程技术进行了广泛的研究，并取得了丰硕成果。

　　本章将简单介绍数控加工的相关基础知识，包括数控加工的原理、方法、一般步骤，数控编程的基础知识，以及数控加工工艺涉及的相关内容。通过本章的学习，读者将对数控编程与加工有初步的了解。

重点与难点

- 数控机床简介
- 数控编程
- 数控加工工艺

1.1 数控加工概述

传统工业都是工人手工操作机床进行机械加工，而现代工业已经实现数控加工，就是在对工件材料进行加工前，事先在计算机上编写好程序，再将这些程序输入到使用计算机程序控制的机床进行指令性加工，或者直接在这种使用计算机程序控制机床的控制面板上编写指令进行加工。加工的全过程包括进给、换刀、变速、变向、停车等，都是自动完成的。数控加工是现代化模具制造加工的一种先进手段，当然，数控加工手段并不一定只用于加工模具零件，其用途十分广泛。

1.1.1 CAM 系统的组成

一个典型的 CAM 系统由两个部分组成：一是计算机辅助编程系统，二是数控加工设备。

计算机辅助编程系统的任务是根据工件的几何信息计算出数控加工的轨迹，并编制出数控程序。它由计算机硬件设备和计算机辅助数控编程软件组成。

计算机辅助数控编程软件即是通常所说的 CAM 软件，它是计算机辅助编程系统的核心。主要功能包括数据输入输出、加工轨迹计算与编辑、工艺参数设置、加工仿真、数控程序后处理和数据管理等。目前常用的 CAM 软件种类较多，其基本功能大同小异，并在此基础上发展出各自的特色。

数控加工设备的任务是接受数控程序，并按照程序完成各种加工动作。数控加工技术可以应用在几乎所有的加工类型中，如车、铣、刨、镗、磨、钻、拉、切断、插齿、电加工、板材成形和管料成形等。

数控铣床、数控车床、数控线切割机是模具行业中最常用的数控加工设备，其中以数控铣床的应用最为广泛。

1.1.2 加工原理

机床上的刀具和工件间的相对运动，称为表面成形运动，简称成形运动或切削运动。数控加工是指数控机床按照数控程序所确定的轨迹（称为数控刀轨）进行表面成形运动，从而加工出产品的表面形状。图 1-1 和图 1-2 分别是一个平面轮廓加工和一个曲面加工的切削示意图。

图 1-1　平面轮廓加工

图 1-2　曲面加工

数控刀轨是由一系列简单的线段连接而成的折线,折线上的结点称为刀位点。刀具的中心点沿着刀轨依次经过每一个刀位点,从而切削出工件的形状。

刀具从一个刀位点移动到下一个刀位点的运动称为数控机床的插补运动。由于数控机床一般只能以直线或圆弧这两种简单的运动形式完成插补运动,因此数控刀轨只能是由许多直线段和圆弧段将刀位点连接而成的折线。

数控编程的任务是计算出数控刀轨,并以程序的形式输出到数控机床,其核心内容就是计算出数控刀轨上的刀位点。

在数控加工误差中,与数控编程直接相关的有两个主要部分:

(1)刀轨的插补误差。由于数控刀轨只能由直线和圆弧组成,因此只能近似地拟合理想的加工轨迹,如图 1-3 所示。

(2)残余高度。在曲面加工中,相邻两条数控刀轨之间会留下未切削区域,如图 1-4 所示,由此造成的加工误差称为残余高度,它主要影响加工的表面粗糙度。

图 1-3　加工刀轨

图 1-4　加工残余高度

刀具的表面成形运动通常分为主运动和进给运动。主运动指机床的主轴转动,其运动质量主要影响产品的表面粗糙度。进给运动是主轴相对工件的平动,其传动质量直接关系到机床的加工性能。

进给运动的速度和主轴转速是刀具切削运动的两个主要参数,对加工质量、加工效率有重要的影响。

1.1.3 刀位计算

如前所述，数控编程的核心内容是计算数控刀轨上的刀位点。下面简单介绍数控加工刀位点的计算原理。

数控加工刀位点的计算过程可分为 3 个阶段。

1. 加工表面的偏置

如图 1-5 所示，刀位点是刀具中心点的移动位置，它与加工表面存在一定的偏置关系。这种偏置关系取决于刀具的形状和大小。例如，当采用半径为 R 的球头刀具时，刀轨（刀具中心的移动轨迹）应当在距离加工表面为 R 的偏置面上，如图 1-6 所示。由此可见，刀位点计算的前提是首先根据刀具的类型和尺寸计算出加工表面的偏置面。

图 1-5　加工过程　　　　　　　　　　　　图 1-6　加工面偏置

2. 刀轨形式的确定

把刀位点在偏置面上的分布形式称为刀轨形式。图 1-7 和图 1-8 所示是两种最常见的刀轨形式。其中图 1-7 所示为行切刀轨，即所有刀位点都分布在一组与刀轴（z 轴）平行的平面内。图 1-8 所示为等高线刀轨（又称环切刀轨），即所有刀位点都分布在与刀轴（z 轴）垂直的一组平行平面内。

图 1-7　行切刀轨　　　　　　　　　　　　图 1-8　等高线刀轨

显然，对于这两种刀轨来说，其刀位点分布在加工表面的偏置面与一组平行平面的交线上，这组交线称为理想刀轨，平行平面的间距称为刀轨的行距。也就是说，刀轨形式一旦确定下来，就能够在加工表面的偏置面上以一定行距计算出理想刀轨。

3．刀位点的计算

如果刀具中心能够完全按照理想刀轨运动的话，其加工精度无疑是最理想的。然而，由于数控机床通常只能完成直线和圆弧线的插补运动，因此只能在理想刀轨上以一定间距计算出刀位点，在刀位点之间做直线或圆弧运动，如图 1-3 所示。刀位点的间距称为刀轨的步长，其大小取决于编程允许误差。编程允许误差越大，则刀位点的间距越大；反之越小。

1.2 数控机床简介

1.2.1 数控机床的特点

图 1-9 所示为数控铣床和数控加工中心。

数控铣床 　　　　　　　　　　　　　　　数控加工中心

图 1-9　数控铣床和数控加工中心

数控机床的主要特点：

1．高柔性

数控铣床的最大特点是高柔性，即可变性。所谓"柔性"即是灵活、通用、万能，可以适应加工不同形状工件的自动化机床。

数控铣床一般都能完成钻孔、镗孔、铰孔、铣平面、铣斜面、铣槽、铣曲面（凸轮）和攻螺纹等加工，而且一般情况下，可以在一次装夹中完成所需的加工工序。

图 1-10 所示为齿轮箱，齿轮箱上一般有两个具有较高位置精度要求的孔，孔周围有安装端盖的螺孔。按照传统的加工方法需要：划线、刨（或铣）底面、平磨（或括削）底面、

镗加工（用镗模）、划线（或用钻模）、钻孔攻螺纹 6 道工序才能完成。如果用数控铣床加工，只需把工件的基准面 A 加工好，便可在一次装夹中完成几道工序加工。

更重要的是，如果开发新产品或更改设计需要将齿轮箱上两个孔改为 3 个孔，8 个 M6 螺孔改为 12 个 M6 螺孔，采用传统的加工方法必须重新设计制造镗模和钻模，生产周期长。如果采用数控铣床加工，只需将工件程序指令改变一下（一般只需 0.5～1h），即可根据新的图样进行加工。这就是数控机床高柔性带来的特殊优点。

图 1-10　齿轮箱

2．高精度

目前数控装置的脉冲当量（即每轮出一个脉冲后滑板的移动量）一般为 0.001mm，高精度的数控系统可达 0.0001mm。因此一般情况下，绝对能保证工件的加工精度。另外，数控加工还可避免工人操作所引起的误差，一批加工零件的尺寸统一性特别好，产品质量能得到保证。

3．高效率

数控机床的高效率主要是由数控机床的高柔性带来的。如数控铣床一般不需要使用专用夹具和工艺装备。在更换工件时，只需调用储存于计算机中的加工程序、装夹工件和调整刀具数据即可，可大大缩短生产周期。更主要的是数控铣床的万能性带来高效率，如一般的数控铣床都具有铣床、镗床和钻床的功能，工序高度集中，提高了劳动生产率并减少了工件的装夹误差。

另外，数控铣床的主轴转速和进给量都是无级变速的，因此有利于选择最佳切削用量。数控铣床都有快进、快退、快速定位功能，可大大减少机动时间。

据统计，采用数控铣床比普通铣床可提高生产率 3～5 倍。对于复杂的成形面加工，生产率可提高十几倍甚至几十倍。

4．减轻劳动强度

数控铣床对零件加工是按事先编好的程序自动完成的。操作者除了操作键盘、装卸工件和中间测量及观察机床运行外，不需要进行繁重的重复性手工操作，可大大减轻劳动强度。

1.2.2 数控机床的组成

1．主机

主机是数控机床的主题，包括床身、立柱、主轴、进给机构等机械部件，是用于完成各种切削加工的机械部件。

2．数控装置

数控装置是数控机床的核心，包括硬件（印刷电路板、CRT 显示器、键盒、纸带阅读机等）以及相应的软件，用于输入数字化的零件程序，并完成输入信息的存储、数据的变换、插补运算以及实现各种控制功能。

3．驱动装置

驱动装置是数控机床执行机构的驱动部件，包括主轴驱动单元、进给单元、主轴电动机及进给电动机等。它在数控装置的控制下通过电气或电液伺服系统实现主轴和进给驱动。当几个进给联动时，可以完成定位、直线、平面曲线和空间曲线的加工。

4．辅助装置

辅助装置指数控机床的一些必要的配套部件，用以保证数控机床的运行，如冷却、排屑、润滑、照明、监测等。它包括液压和气动装置、排屑装置、交换工作台、数控转台和数控分度头，还包括刀具及监控检测装置等。

5．编程及其他附属设备

可用来在机外进行零件的程序编制、存储等。

1.2.3 数控机床的分类

1．按加工路线分类

数控机床按刀具与工件相对运动的方式，可以分为点位控制、直线控制和轮廓控制，如图 1-11 所示。

a)点位控制　　　　b)直线控制　　　　c)轮廓控制

图 1-11　数控机床分类

（1）点位控制：点位控制方式就是刀具与工件相对运动时，只控制从一点运动到另一

UG NX 9.0

点的准确性，而不考虑两点之间的运动路径和方向，如图 1-11a 所示。这种控制方式多应用于数控钻床、数控冲床、数控坐标镗床和数控点焊机等。

（2）直线控制：直线控制方式就是刀具与工件相对运动时，除控制从起点到终点的准确定位外，还要保证平行坐标轴的直线切削运动。由于只作平行坐标轴的直线进给运动，因此不能加工复杂的工件轮廓，如图 1-11b 所示。这种控制方式用于简易数控车床、数控铣床和数控磨床。

（3）轮廓控制：轮廓控制就是刀具与工件相对运动时，能对两个或两个以上坐标轴的运动同时进行控制（多坐标联动），刀具的运动轨迹可为空间曲线，因此可以加工平面曲线轮廓或空间曲面轮廓，如图 1-11c 所示。在模具行业中这类机床应用得最多，如三坐标以上的数控铣床或加工中心。采用这类控制方式的数控机床有数控车床、数控铣床、数控磨床和加工中心等。

2．按伺服系统控制方式划分

（1）开环控制机床：价格低廉，精度及稳定性差。

（2）半闭环控制数控机床：精度及稳定性较高，价格适中，应用最普及。

（3）闭环控制数控机床：精度高，稳定性难以控制，价格高。

3．按联动坐标轴数划分

（1）两轴联动数控机床：X、Y、Z 三轴中任意两轴作插补联动，第三轴作单独的周期进刀，常称 2.5 轴联动。如图 1-12 所示，将 X 向分成若干段，圆头铣刀沿 YZ 面所截的曲线进行铣削，每一段加工完后进给 ΔX，再加工另一相邻曲线，如此依次切削即可加工出整个曲面，故称为行切法。根据表面粗糙度及刀头不干涉相邻表面的原则选取 ΔX。行切法加工所用的刀具通常是球头铣刀（即指状铣刀）。用这种刀具加工曲面，不易干涉相邻表面，计算比较简单。球头铣刀的刀头半径应选得大一些，有利于提高加工表面粗糙度、增加刀具刚度、散热等。但刀头半径应小于曲面的最小曲率半径。

用球头铣刀加工曲面时，总是用刀心轨迹的数据进行编程。图 1-13 所示为二轴联动三坐标行切法加工的刀心轨迹与切削点轨迹示意图。$ABCD$ 为被加工曲面，P 平面为平行于 YZ 做表面的一个平行面，其刀心轨迹 O_1O_2 为曲面 $ABCD$ 的等距面 $IJKL$ 与行切面 P_{yz} 的交线，显然，O_1O_2 是一条平面曲线。在这种情况下，曲面的曲率变化时会导致球头铣刀与曲面切削点的位置亦随之改变，而切削点的连线 ab 是一条空间曲线，从而在曲面上形成扭曲的残留沟纹。由于 2.5 轴坐标加工的刀心轨迹为平面曲线，故编程计算较为简单，数控逻辑装置也不复杂，常用于曲率变化不大以及精度要求不高的粗加工。

（2）三轴联动数控机床：X、Y、Z 三轴可同时插补联动。用三坐标联动加工曲面时，通常也用行切方法。如图 1-14 所示，三轴联动的数控刀轨可以是平面曲线或者空间曲线。三坐标联动加工常用于复杂曲面的精确加工（如精密锻模）。但编程计算较为复杂，所用的数控装置还必须具备三轴联动功能。

（3）四轴联动数控机床：除了 X、Y、Z 三轴平动之外，还有工作台或者刀具的转动。如图 1-15 所示，侧面为直纹扭曲面。若在三坐标联动的机床上用球头铣刀按行切法加工时，不但生产率低，而且表面粗糙度差。为此，采用圆柱铣刀周边切削，并用四坐标铣床加工，即除三个直角坐标运动外，为保证刀具与工件形面在全长始终贴合，刀具还应绕 O_1（或 O_2）作摆角联动。由于摆角运动，导致直角坐标系（图中 Y）需作附加运动，其编程计算较为复杂。

图 1-12　2.5 轴联动

图 1-13　二轴联动

图 1-14　三轴联动

图 1-15　四轴联动

（4）五轴联动数控机床：除了 X、Y、Z 三轴的平动外还有刀具的旋转、工作台的旋转。螺旋桨是五坐标加工的典型零件之一，其叶片形状及加工原理如图 1-16 所示。在半径为 Ri 的圆柱面上与叶面的交线 AB 为螺旋线的一部分，螺旋角为 ϕ_i，叶片的径向叶形线（轴向剖面）EF 的倾角 α 为后倾角。螺旋线 AB 用极坐标加工方法并以折线段逼近。逼近线段 mn 是由 C 坐标旋转 $\Delta\theta$ 与 Z 坐标位移 ΔZ 的合成。当 AB 加工完后，刀具径向位移 ΔX（改变 R_i），再加工相邻的另一条叶形线，依次逐一加工，即可形成整个叶面。由于叶面的曲率半径较大，所以常用端面铣刀加工，以提高生产率并简化程序。因此，为保证铣刀端面始终与曲面贴合，铣刀还应作坐标 A 和坐标 B 形成 θ_t 和 α_t 的摆角运动，在摆角的同时，还应作直角坐标的附加运动，以保证铣刀端面中心始终处于编程值位置上，所以需要 Z、C、X、A、B 五坐标加工。这种加工的编程计算相当复杂。

图 1-17 所示为利用五轴联动铣床加工曲面形状零件。

（5）加工中心：它是在数控铣床上配置刀库，其中存放着不同数量的各种刀具或检具，在加工过程中由程序自动选用和更换，从而将铣削、镗削、钻削、攻螺纹等功能集中在一台设备上完成，使其具有多种工艺手段。

图 1-16　五轴联动(1)

图 1-17　五轴联动(2)

4．按切削方式分类

按切削方式不同，可分为数控车床、数控铣床、数控钻床、数控镗床、数控磨床等。

有些数控机床具有两种以上切削功能，例如以车削为主兼顾铣、钻削的车削中心；具有铣、镗、钻削功能，带刀库和自动换刀装置的镗铣加工中心（简称加工中心）。

另外，还有数控电火花线切割、数控电火花成型、数控激光加工、等离子弧切割、火焰切割、数控板材成型、数控冲床、数控剪床、数控液压机等各种功能和不同种类的数控加工机床。

5．按数控装置的类型分类

（1）硬件数控：早期的数控装置基本上都属于硬件数控（NC）类型，主要由固化的数字逻辑电路处理数字信息，于 20 世纪 60 年代投入使用。由于其功能少、线路复杂和可靠性低等缺点已经淘汰，因而这种分类没有实际意义。

（2）计算机数控：用计算机处理数字信息的计算机数控（CNC）系统，于 20 世纪 70 年代初期投入使用。随着微电子技术的迅速发展，微处理器的功能越来越强，价格越来越低，现在数控系统的主流是微机数控系统（MNC）。根据数控系统微处理器（CPU）的多少，可分为单微处理器数控系统和多微处理器数控系统。

6．按数控系统的功能水平分类

数控系统一般分为高级型、普及型和经济型三个档次。数控系统并没有确切的档次界限，其参考评价指标包括：CPU 性能、分辨率、进给速度、联动轴数、伺服水平、通信功能和人机对话界面等。

（1）高级型数控系统　该档次的数控系统采用 32 位或更高性能的 CPU，联动轴数在五轴以上，分辨率≤0.1μm，进给速度≥24m／min（分辨率为 1μm 时）或≥10m／min（分辨率为 0.1μm 时），采用数字化交流伺服驱动，具有 MAP 高性能通信接口，具备联网功能，有三维动态图形显示功能。

（2）普及型数控系统　该档次的数控系统采用 16 位或更高性能的 CPU，联动轴数在五轴以下，分辨率在 1μm 以内，进给速度≤24m／min，可采用交、直流伺服驱动，具有 RS232 或 DNC 通信接口，有 CRT 字符显示和平面线性图形显示功能。

（3）经济型数控系统　该档次的数控系统采用 8 位 CPU 或单片机控制，联动轴数在 3

轴以下，分辨率为 0.01mm，进给速度在 6～8m／min，采用步进电动机驱动，具有简单的 RS232 通信接口，用数码管或简单的 CRT 字符显示。

1.3 数控编程

根据被加工零件的图样和技术要求、工艺要求等切削加工的必要信息，按数控系统所规定的指令和格式编制成加工程序文件，这个过程称为零件数控加工程序编制，简称数控编程。数控编程可以分为两类：一类是手工编程，另一类是自动编程。

1.3.1 手工编程

手工编程是指编制零件数控加工程序的各个步骤，即从零件图样分析、工艺决策、确定加工路线和工艺参数、计算刀位轨迹坐标数据、编写零件的数控加工程序单直至程序的检验，均由人工来完成。对于点位加工或几何形状不太复杂的轮廓加工，几何计算较简单，程序段不多，手工编程即可实现。如简单阶梯轴的车削加工，一般不需要复杂的坐标计算，往往可以由技术人员根据工序图样数据，直接编写数控加工程序。 但对轮廓形状不是由简单的直线、圆弧组成的复杂零件，特别是空间复杂曲面零件，数值计算则相当繁琐，工作量大，容易出错，且很难校对，采用手工编程是难以完成的。

1.3.2 自动编程

自动编程是采用计算机辅助数控编程技术实现的，需要一套专门的数控编程软件，现代数控编程软件主要分为以批处理命令方式为主的各种类型的语言编程系统和交互式 CAD／CAM 集成化编程系统。

APT 是一种自动编程工具（Automatically Programmed Tool）的简称，是对工件、刀具的几何形状及刀具相对于工件的运动等进行定义时所用的一种接近于英语的符号语言。在编程时编程人员依据零件图样，以 APT 语言的形式表达出加工的全部内容，再把用 APT 语言书写的零件加工程序输入计算机，经 APT 语言编程系统编译产生刀位文件（CLDATA file），通过后置处理，生成数控系统能接受的零件数控加工程序的过程，称为 APT 语言自动编程。

采用 APT 语言自动编程时，计算机（或编程机）代替程序编制人员完成了繁琐的数值计算工作，并省去了编写程序单的工作量，因而可将编程效率提高数倍到数十倍，同时解决了手工编程中无法解决的许多复杂零件的编程难题。

11

交互式 CAD/CAM 集成系统自动编程是现代 CAD/CAM 集成系统中常用的方法，在编程时编程人员首先利用计算机辅助设计(CAD)或自动编程软件本身的零件造型功能，构建出零件几何形状，然后对零件图样进行工艺分析，确定加工方案，其后还需利用软件的计算机辅助制造(CAM)功能，完成工艺方案的制订、切削用量的选择、刀具及其参数的设定，自动计算并生成刀位轨迹文件，利用后置处理功能生成指定数控系统用的加工程序。因此把这种自动编程方式称为图形交互式自动编程。这种自动编程系统是一种 CAD 与 CAM 高度结合的自动编程系统。

集成化数控编程的主要特点：零件的几何形状可在零件设计阶段采用 CAD/CAM 集成系统的几何设计模块在图形交互方式下进行定义、显示和修改，最终得到零件的几何模型。编程操作都是在屏幕菜单及命令驱动等图形交互方式下完成的，具有形象、直观和高效等优点。

1.3.3 数控加工编程的内容与步骤

正确的加工程序不仅应保证加工出符合图样要求的合格工件，同时应能使数控机床的功能得到合理的应用与充分的发挥，以使数控机床能安全、可靠、高效地工作。数控加工程序的编制过程是一个比较复杂的工艺决策过程。一般来说，数控编程过程主要包括：分析零件图样、工艺处理、数学处理、编写程序单、输入数控程序及程序检验，典型的数控编程过程如图 1-18 所示。

图 1-18　计算机辅助数控编程的一般步骤

数控加工编程主要包含以下几个步骤：

1. 加工工艺决策

在数控编程之前，编程人员应了解所用数控机床的规格、性能、数控系统所具备的功能及编程指令格式等。根据零件形状尺寸及技术要求，分析零件的加工工艺，选定合适的机床、刀具与夹具，确定合理的零件加工工艺路线、工步顺序以及切削用量等工艺参数，这些工作与普通机床加工零件时的编制工艺规程基本是相同的。

（1）确定加工方案。此时应考虑数控机床使用的合理性及经济性，并充分发挥数控机床的功能。

（2）工夹具的设计和选择。应特别注意要迅速完成工件的定位和夹紧过程，以减少辅助时间。使用组合夹具，生产准备周期短，夹具零件可以反复使用，经济效益好。此外，所用夹具应便于安装，便于协调工件和机床坐标系之间的尺寸关系。

（3）选择合理的进给路线。合理地选择进给路线对于数控加工是很重要的,应考虑以下几个方面：

  ➢ 尽量缩短进给路线，减少空进给行程，提高生产效率。
  ➢ 合理选取起刀点、切入点和切入方式，保证切入过程平稳没有冲击。
  ➢ 保证加工零件的精度和表面粗糙度的要求。
  ➢ 保证加工过程的安全性，避免刀具与非加工面的干涉。
  ➢ 有利于简化数值计算，减少程序段数目和编制程序的工作量。

（4）选择合理的刀具。根据工件材料的性能、机床的加工能力、加工工序的类型、切削用量以及其他与加工有关的因素来选择刀具，包括刀具的结构类型、材料牌号、几何参数。

（5）确定合理的切削用量。在工艺处理中必须正确确定切削用量。

2．刀位轨迹计算

在编写 NC 程序时，根据零件形状尺寸、加工工艺路线的要求和定义的进给路径，在适当的工件坐标系上计算零件与刀具相对运动的轨迹的坐标值，以获得刀位数据，诸如几何元素的起点、终点和圆弧的圆心、几何元素的交点或切点等坐标值，有时还需要根据这些数据计算刀具中心轨迹的坐标值，并按数控系统最小设定单位（如 0.001mm）将上述坐标值转换成相应的数字量，作为编程的参数。

在计算刀具加工轨迹前，正确选择编程原点和工件坐标系是极其重要的。工件坐标系是指在数控编程时，在工件上确定的基准坐标系，其原点也是数控加工的对刀点。工件坐标系的选择原则为：

  ➢ 所选的工件坐标系应使程序编制简单。
  ➢ 工件坐标系原点应选在容易找正并在加工过程中便于检查的位置。
  ➢ 引起的加工误差小。

3．编制或生成加工程序清单

根据制定的加工路线、刀具运动轨迹、切削用量、刀具号码、刀具补偿要求及辅助动作，按照机床数控系统使用的指令代码及程序格式的要求，编写或生成零件加工程序清单，并需要进行初步的人工检查，并进行反复修改。

4．程序输入

在早期的数控机床上都配备光电读带机，作为加工程序输入设备，因此，对于大型的加工程序，可以制作加工程序纸带，作为控制信息介质。近年来，许多数控机床都采用磁盘、计算机通信技术等各种与计算机通用的程序输入方式，实现加工程序的输入，因此，只需要在普通计算机上输入编辑好的加工程序，就可以直接传送到数控机床的数控系统中。

UG NX 9.0

当程序较简单时，也可以通过键盘人工直接输入到数控系统中。

5．数控加工程序正确性校验

通常所编制的加工程序必须经过进一步的校验和试切削才能用于正式加工。当发现错误时，应分析错误的性质及其产生的原因，或修改程序单，或调整刀具补偿尺寸，直到符合图样规定的精度要求为止。

1.4 数控加工工艺

由于数控加工自动化程度高、质量稳定、可多坐标联动、便于工序集中、操作技术要求高等特点均比较突出，同时价格比较昂贵，加工方法、加工对象选择不当往往会造成较大损失。为了既能充分发挥出数控加工的优点，又能达到较好的经济效益，在选择加工方法和对象时要特别慎重，甚至有时还要在基本不改变工件原有性能的前提下，对其形状、尺寸、结构等作适应数控加工的修改。

一般情况下，在选择和决定数控加工内容的过程中，有关工艺人员必须对零件图或零件模型作足够具体与充分的工艺性分析。在进行数控加工的工艺性分析时，编程人员应根据所掌握的数控加工的基本特点及所用数控机床的功能和实际工作经验，力求把前期准备工作做得更仔细、更扎实一些，以便为下面要进行的工作铺平道路，减少失误和返工、不留遗患。

数控机床加工工件从零件图到加工好零件的整个过程如图1-19所示。

图1-19 数控机床加工工件的基本过程

1.4.1　数控加工工艺设计的主要内容

　　工艺设计是对工件进行数控加工的前期准备工作，它必须在程序编制工作之前完成。一般来说，为了便于工艺规程的编制、执行和生产组织管理，需要把工艺过程划分为不同层次的单元。它们是工序、安装、工位、工步和进给。其中工序是工艺过程中的基本单元。零件的机械加工工艺过程由若干个工序组成。在一个工序中可能包含一个或几个安装，每一个安装可能包含一个或几个工位，每一个工位可能包含一个或几个工步，每一个工步可能包括一个或几个进给。

　　（1）工序：一个或一组工人，在一个工作地或一台机床上对一个或同时对几个工件连续完成的那一部分工艺过程称为工序。划分工序的依据是工作地点是否变化和工作过程是否连续。工序是组成工艺过程的基本单元，也是生产计划的基本单元。

　　（2）安装：在机械加工工序中，使工件在机床上或在夹具中占据某一正确位置并被夹紧的过程，称为装夹。安装是指工件经过一次装夹后所完成的那部分工序内容。

　　（3）工位：采用转位（或移位）夹具、回转工作台或在多轴机床上加工时，工件在机床上一次装夹后，要经过若干个位置依次进行加工，工件在机床上所占据的每一个位置上所完成的那一部分工序就称为工位。

　　（4）工步：在加工表面不变，加工工具不变的条件下，所连续完成的那一部分工序内容称为工步。

　　（5）进给：加工刀具在加工表面上加工一次所完成的工步部分称为进给。

　　根据大量加工实例分析，数控加工中失误的主要原因多为工艺考虑不周和计算与编程时粗心大意。因此在进行编程前做好工艺分析规划是十分必要的。否则，由于工艺方面的考虑不周，将可能造成数控加工的错误。工艺设计不好，往往要造成事倍功半，有时甚至要推倒重来。可以说，数控加工工艺分析决定了数控程序的质量。因此，编程人员一定要先把工艺设计做好，不要先急于考虑编程。

　　根据实际应用中的经验，数控加工工艺设计主要包括下列内容：

　　（1）选择并决定零件的数控加工内容。

　　（2）零件图样的数控加工分析。

　　（3）数控加工的工艺路线设计。

　　（4）数控加工工序设计。

　　（5）数控加工专用技术文件的编写。

　　数控加工专用技术文件不仅是进行数控加工和产品验收的依据，也是需要操作者遵守和执行的规程，同时还为产品零件重复生产积累了必要的工艺资料，并进行了技术储备。这些由工艺人员做出的工艺文件是编程人员在编制加工程序单时所依据的相关技术文件。编写数控加工工艺文件也是数控加工工艺设计的内容之一。

　　不同的数控机床，工艺文件的内容也有所不同。一般来讲，数控铣床的工艺文件应包

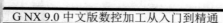

括：

（1）编程任务书。

（2）数控加工工序卡片。

（3）数控机床调整单。

（4）数控加工刀具卡片。

（5）数控加工进给路线图。

（6）数控加工程序单。

其中以数控加工工序卡片和数控加工刀具卡片最为重要。前者是说明数控加工顺序和加工要素的文件；后者是刀具使用的依据。

1.4.2 工序的划分

根据数控加工的特点，加工工序的划分一般可按下列方法进行：

1．以同一把刀具加工的内容划分工序

有些零件虽然能在一次安装中加工出很多待加工面，但考虑到程序太长，会受到某些限制，如控制系统的限制（主要是内存容量）、机床连续工作时间的限制（如一道工序在一个班内不能结束）等。此外，程序太长会增加出错率、查错与检索困难。因此程序不能太长，一道工序的内容不能太多。

2．以加工部分划分工序

对于加工内容很多的零件，可按其结构特点将加工部位分成几个部分，如内形、外形、曲面或平面等。

3．以粗、精加工划分工序

对于易发生加工变形的零件，由于粗加工后可能发生较大的变形而需要进行校形，因此一般来说凡要进行粗、精加工的工件都要将工序分开。

综上所述，在划分工序时，一定要视零件的结构与工艺性、机床的功能、零件数控加工内容的多少、安装次数及本单位生产组织状况灵活掌握。零件宜采用工序集中的原则，还是采用工序分散的原则，要根据实际需要和生产条件确定，要力求合理。

加工顺序的安排应根据零件的结构和毛坯状况，以及定位安装与夹紧的需要来考虑，重点是工件的刚性不被破坏。顺序安排一般应按下列原则进行：

（1）上道工序的加工不能影响下道工序的定位与夹紧，中间穿插有通用机床加工工序的也要综合考虑。

（2）先进行内型腔加工工序，后进行外型腔加工工序。

（3）在同一次安装中进行的多道工序，应先安排对工件刚性破坏小的工序。

（4）以相同定位、夹紧方式或同一把刀具加工的工序，最好连接进行，以减少重复定位次数、换刀次数与挪动压板次数。

1.4.3 加工刀具的选择

选择刀具应根据机床的加工能力、工件材料的性能、加工工序、切削用量以及其他相关因素正确选用刀具及刀柄。刀具选择总的原则是：适用、安全、经济。

适用是要求所选择的刀具能达到加工的目的，完成材料的去除，并达到预定的加工精度。如粗加工时选择有足够大并有足够切削能力的刀具能快速去除材料；而在精加工时，为了能把结构形状全部加工出来，要使用较小的刀具加工到每一个角落。再如，切削低硬度材料时，可以使用高速钢刀具，而切削高硬度材料时，就必须要用硬质合金刀具。

安全指的是在有效去除材料的同时，不会产生刀具的碰撞、折断等。要保证刀具及刀柄不会与工件相碰撞或者挤擦，造成刀具或工件的损坏。如加长的、直径很小的刀具切削硬质的材料时，很容易折断，选用时一定要慎重。

经济指的是能以最小的成本完成加工。在同样可以完成加工的情形下，选择相对综合成本较低的方案，而不是选择最便宜的刀具。刀具的寿命和精度与刀具价格关系极大，必须引起注意的是，在大多数情况下，选择好的刀具虽然增加了刀具成本，但由此带来的加工质量和加工效率的提高则可以使总体成本可能比使用普通刀具更低，产生更好的效益。如进行钢材切削时，选用高速钢刀具，其进给量只能达到 100mm/min，而采用同样大小的硬质合金刀具，进给量可以达到 500mm/min 以上，可以大幅缩短加工时间，虽然刀具价格较高，但总体成本反而更低。通常情况下，优先选择经济性良好的可转位刀具。

选择刀具时还要考虑安装调整的方便程度、刚性、寿命和精度。在满足加工要求的前提下，刀具的悬伸长度尽可能地短，以提高刀具系统的刚性。

数控加工刀具可分为整体式刀具和模块化刀具两大类，主要取决于刀柄。图 1-20 所示为整体式刀柄。这种刀柄直接夹住刀具，刚性好，但需针对不同的刀具分别配备，其规格、品种繁多，给管理和生产带来不便。

图 1-21 所示为模块式刀柄。模块式刀柄比整体式刀柄多出中间连接部分，装配不同刀具时更换连接部分即可，克服了整体式刀柄的缺点，但对连接精度、刚性、强度等都有很高的要求。模块式刀柄是发展方向，其主要优点是：减少换刀停机时间，提高生产加工时间；加快换刀及安装时间，提高小批量生产的经济性；提高刀具的标准化和合理化的程度；提高刀具的管理及柔性加工的水平；扩大刀具的利用率，充分发挥刀具的性能；有效地消除刀具测量工作的中断现象，可采用线外预调。事实上，由于模块刀具的发展，数控刀具已形成了三大系统，即车削刀具系统、钻削刀具系统和镗铣刀具系统。

1.4.4 进给路线的选择

进给路线是刀具在整个加工工序中相对于工件的运动轨迹，它不但包括了工序的内容，

UGNX.9.0

17

而且也反映出工序的顺序。进给路线是编写程序的依据之一。因此，在确定进给路线时最好画一张工序简图，将已经拟定出的进给路线画上去（包括进刀、退刀路线），这样可为编程带来不少方便。

图1-20　整体式刀柄

图1-21　模块式刀柄

工序顺序是指同一道工序中，各个表面加工的先后次序。它对零件的加工质量、加工效率和数控加工中的进给路线有直接影响，应根据零件的结构特点和工序的加工要求等合理安排。工序的划分与安排一般可随进给路线来进行，在确定进给路线时，主要遵循以下原则：

1. 保证零件的加工精度和表面粗糙度要求

如图 1-22 所示，当铣削平面零件外轮廓时，一般采用立铣刀侧刃切削。刀具切入工件时，应避免沿零件外廓的法向切入，而应沿外廓曲线延长线的切向切入，以避免在切入处产生刀具的刻痕而影响表面质量，保证零件外廓曲线平滑过渡。同理，在切离工件时，也应避免在工件的轮廓处直接退刀，而应该沿零件轮廓延长线的切向逐渐切离工件。

铣削封闭的内轮廓表面时，若内轮廓曲线允许外延，则应沿切线方向切入切出。若内轮廓曲线不允许外延，如图 1-23 所示，刀具只能沿内轮廓曲线的法向切入切出，此时刀具的切入切出点应尽量选在内轮廓曲线两几何元素的交点处。当内部几何元素相切无交点时，为防止刀补取消时在轮廓拐角处留下凹口，刀具切入切出点应远离拐角。

图 1-22　铣削平面零件外轮廓

图 1-23　铣削封闭的内轮廓表面

　　如图1-24所示为圆弧插补方式铣削外整圆时的进给路线图。当整圆加工完毕时，不要在切点处直接退刀，而应让刀具沿切线方向多运动一段距离，以免取消刀补时，刀具与工件表面相碰，造成工件报废。铣削内圆弧时也要遵循从切向切入的原则，最好安排从圆弧过渡到圆弧的加工路线，如图1-25所示，这样可以提高内孔表面的加工精度和加工质量。

图 1-24　圆弧插补方式　　　　　图 1-25　圆弧过渡到圆弧

　　铣削曲面时，常用球头刀采用行切法进行加工。所谓行切法是指刀具与零件轮廓的切点轨迹是一行一行的，而行间的距离是按零件加工精度的要求确定的。

　　对于边界敞开的曲面加工，可采用两种进给路线。如发动机大叶片，采用如图 1-26 左图所示的加工方案时，每次沿直线加工，刀位点计算简单，程序少，加工过程符合直纹面的形成，可以准确保证母线的直线度。当采用如图 1-26 右图所示的加工方案时，符合这类零件数据给出情况，便于加工后检验，叶形的准确度较高，但程序较多。由于曲面零件的边界是敞开的，没有其他表面限制，所以边界曲面可以延伸，球头铣刀应由边界外开始加工。

图 1-26　边界敞开曲面两种进给路线

　　图 1-27 分别为用行切法加工和环切法加工凹槽的进给路线，而右图是先用行切法，最后环切一刀光整轮廓表面。三种方案中，左图方案的加工表面质量最差，在周边留有大量的残余；中图方案和右图方案加工后能保证精度，但中图方案采用环切的方案，进给路线稍长，而且编程计算工作量大。

　　此外，轮廓加工中应避免进给停顿。因为加工过程中的切削力会使工艺系统产生弹性变形并处于相对平衡状态，进给停顿时，切削力突然减小会改变系统的平衡状态，刀具会在进给停顿处的零件轮廓上留下刻痕。

图 1-27　三种方案

为提高工件表面的精度和减小表面粗糙度，可以采用多次进给的方法，精加工余量一般以 0.2～0.5mm 为宜。而且精铣时宜采用顺铣，以降低零件被加工表面的表面粗糙度。

2．应使进给路线最短，减少刀具空行程时间，降低加工效率

图 1-28 所示是正确选择钻孔加工路线的例子。按照一般习惯，总是先加工均布于同一圆周上的 8 个孔，再加工另一圆周上的孔，如图 1-28 左图所示。但是对点位控制的数控机床而言，要求定位精度高，定位过程尽可能快，因此这类机床应按空程最短来安排进给路线，如图 1-28 右图所示，以节省时间。

图 1-28　钻孔加工路线

1.4.5　切削用量的确定

合理选择切削用量对于发挥数控机床的最佳效益有着至关重要的作用。选择切削用量的原则是：粗加工时，一般以提高生产率为主，但也应考虑经济性和加工成本；半精加工和精加工时，应在保证加工质量的前提下，兼顾切削效率、经济性和加工成本。具体数值应根据机床说明书、刀具说明书、切削用量手册，并结合经验而定。

铣削时的铣削用量由切削深度（背吃刀量）、切削宽度（侧吃刀量）、切削线速度、进给速度等要素组成。其铣削用量如图 1-29 所示。

1．切削深度 a_p

在机床、工件和刀具刚度允许的情况下，a_p 等于加工余量，这是提高生产率的一个有效措施。为了保证零件的加工精度和表面粗糙度，一般应留一定的余量进行精加工。

卧铣平面   立铣平面

图 1-29 铣削运运及铣削用量

2. 切削宽度 a_t

在编程中切削宽度称为步距。一般切削宽度 L 与刀具直径 D 成正比，与切削深度成反比。在粗加工中，步距取得大有利于提高加工效率。在使用平底刀进行切削时，一般 L 的取值范围为：$L=（0.6～0.9）D$。而使用圆鼻刀进行加工，刀具直径应扣除刀尖的圆角部分，即 $d=D-2r$（D 为刀具直径，r 为刀尖圆角半径），而 L 可以取（0.8～0.9）d。在使用球头铣刀进行精加工时，步距的确定应首先考虑所能达到的精度和表面粗糙度。

3. 切削线速度 v_c

切削线速度也称单齿切削量，单位为 m/min。提高 v_c 值也是提高生产率的一个有效措施，但 v_c 与刀具寿命的关系比较密切。随着 v_c 的增大，刀具寿命急剧下降，故 v_c 的选择主要取决于刀具寿命。一般好的刀具供应商都会在其手册或者刀具说明书中提供刀具的切削速度推荐参数 v_c。另外，切削速度 v_c 值还要根据工件的材料硬度来作适当的调整。例如用立铣刀铣削合金钢 30CrNi2MoVA 时，v_c 可采用 8m/min 左右；而用同样的立铣刀铣削铝合金时，v_c 可选 200m/min 以上。

4. 进给速度 v_f

进给速度是指机床工作台在作插位时的进给速度，v_f 的单位为 mm/min。v_f 应根据零件的加工精度和表面粗糙度要求以及刀具和工件材料来选择。v_f 的增加也可以提高生产效率，但是刀具的寿命会降低。加工表面粗糙度要求低时，v_f 可选择得大些。进给速度可以按下面的公式进行计算：

$$v_f = n \times z \times f_z$$

式中，v_f 为工作台进给量，单位为 mm/min；n 为主轴转速，单位为 r/min；z 为刀具齿数，单位为齿；f_z 为进给量，单位为 mm/齿。

5. 主轴转速 n

主轴转速的单位是 r/min，一般根据切削速度 v_c 来选定。计算公式为：

$$n = \frac{1000v_c}{\pi D_c}$$

式中，D_c 为刀具直径，单位为 mm。在使用球头刀时要作一些调整，球头铣刀的计算直径 D_{eff} 要小于铣刀直径 D_c，故其实际转速不应按铣刀直径 D_c 计算，而应按计算直径 D_{eff} 计算。

21

$$D_{\text{eff}} = [D_c^2 - (D_c - 2t)^2] \times 0.5$$

$$n = \frac{1000v_c}{\pi D_{\text{eff}}}$$

数控机床的控制面板上一般备有主轴转速修调（倍率）开关，可在加工过程中根据实际加工情况对主轴转速进行调整。

在数控编程中，还应考虑在不同情形下选择不同的进给速度。如在初始切削进刀时，特别是 Z 轴下刀时，因为进行端铣，受力较大，同时考虑程序的安全性问题，所以应以相对较慢的速度进给。

另外，Z 轴方向的进给速度由高往低走时，产生端切削，可以设置不同的进给速度。在切削过程中，有的平面侧向进刀，可能产生全刀切削即刀具的周边都要切削，切削条件相对较恶劣，可以设置较低的进给速度。

在加工过程中，v_f 也可通过机床控制面板上的修调开关进行人工调整，但是最大进给速度要受到设备刚度和进给系统性能等的限制。

在实际的加工过程中，可能对各个切削用量参数进行调整，如使用较高的进给速度进行加工，虽然刀具的寿命有所降低，但节省了加工时间，反而有更好的效益。

对于加工中不断产生的变化，数控加工中切削用量的选择在很大程度上依赖于编程人员的经验，因此，编程人员必须熟悉刀具的使用和切削用量的确定原则，不断积累经验，从而保证零件的加工质量和效率，充分发挥数控机床的优点，提高企业的经济效益和生产水平。

1.4.6 铣削方式

1. 周铣和端铣

用刀齿分布在圆周表面的铣刀而进行铣削的方式叫做周铣，如图 1-30a 所示；用刀齿分布在圆柱端面上的铣刀而进行铣削的方式叫做端铣，如图 1-30b 所示。

2. 顺铣和逆铣

沿着刀具的进给方向看，如果工件位于铣刀进给方向的右侧，那么进给方向称为顺时针。反之，当工件位于铣刀进给方向的左侧时，进给方向定义为逆时针。如果铣刀旋转方向与工件进给方向相反，称为逆铣，如图 1-31a 所示；铣刀旋转方向与工件进给方向相同，称为顺铣，如图 1-31b 所示。逆铣时，切削由薄变厚，刀齿从已加工表面切入，对铣刀的使用有利。逆铣时，当铣刀刀齿接触工件后不能马上切入金属层，而是在工件表面滑动一小段距离，在滑动过程中，由于强烈的摩擦，就会产生大量的热量，同时在待加工表面易形成硬化层，降低了刀具寿命，影响工件表面粗糙度，给切削带来不利。另外，逆铣时，由于刀齿由下往上（或由内往外）切削。顺铣时，刀齿开始和工件接触时切削厚度最大，且从表面硬质层开始切入，刀齿受很大的冲击负荷，铣刀变钝较快，但刀齿切入过程中没有滑移现象。顺铣的功率消耗要比逆铣时小，在同等切削条件下，顺铣功率消耗要低 5%～15%，同时顺铣也更加有利于排屑。一般应尽量采用顺铣法加工，以降低被加工零件表面的表面粗糙度，保证尺寸精度。但是当切削面上有硬质层、积渣、工件表面凹凸不平较显著时，如加工锻造毛坯，应采用逆铣法。

a)周铣　　　b)端铣

图 1-30　周铣和端铣

a)逆铣　　　b)顺铣

图 1-31　逆铣与顺铣

1.4.7　对刀点的选择

在加工时，工件可以在机床加工尺寸范围内任意安装，要正确执行加工程序，必须确定工件在机床坐标系的确切位置。对刀点是工件在机床上定位装夹后，设置在工件坐标系中，用于确定工件坐标系与机床坐标系空间位置关系的参考点。选择对刀点时要考虑到找正容易，编程方便，对刀误差小，加工时检查方便、可靠。

对刀点的设置没有严格规定，可以设置在工件上，也可以设置在夹具上，但在编程坐标系中必须有确定的位置，如图 1-32 所示的 X_1 和 Y_1。对刀点既可以与编程原点重合，也可以不重合，主要取决于加工精度和对刀的方便性。当对刀点与编程原点重合时，$X_1=0$，$Y_1=0$。对刀点要尽可能选择在零件的设计基准或者工艺基准上，这样就能保证零件的精度要求。例如，零件上孔的中心点或两条相互垂直的轮廓边的交点可以作为对刀点，有时零件上没有合适的部位，可以加工出工艺孔来对刀。

图 1-32　对刀点的设置

确定对刀点在机床坐标系中的位置的操作称为对刀。对刀是数控机床操作中非常关键的一项工作，对刀的准确程度将直接影响零件加工的位置精度。生产中常用的对刀工具有指示表、中心规和寻边器等，对刀操作一定要仔细，对刀方法一定要与零件的加工精度相适应。无论采用哪种工具，都是使数控铣床的主轴中心与对刀点重合，从而确定工件坐标系在机床坐标系中的位置。

1.4.8 高度与安全高度

起止高度指进退刀的初始高度。在程序开始时，刀具将先到这一高度，同时在程序结束后，刀具也将退回到这一高度。起止高度大于或等于安全高度，安全高度也称为提刀高度，是为了避免刀具碰撞工件而设定的高度（Z 值）。安全高度是在铣削过程中，刀具需要转移位置时将退到这一高度再进行 G00 插补到下一进刀位置，此值一般情况下应大于零件的最大高度（即高于零件的最高表面）。

慢速下刀相对距离通常为相对值，刀具以 G00 快速下刀到指定位置，然后以接近速度下刀到加工位置。如果不设定该值，刀具以 G00 的速度直接下刀到加工位置。若该位置又在工件内或工件上，且采用垂直下刀方式，则极不安全。即使是空的位置下刀，使用该值也可以使机床有缓冲过程，确保下刀所到位置的准确性，但是该值也不宜取得太大，因为下刀插入速度往往比较慢，太长的慢速下刀距离将影响加工效率。

在加工过程中，当刀具需要在两点间移动而不切削时，是否要提刀到安全平面呢？当设定为抬刀时，刀具将先提高到安全平面，再在安全平面上移动；否则将直接在两点间移动而不提刀。直接移动可以节省抬刀时间，但是必须要注意安全，在移动路径中不能有凸出的部位，特别注意在编程中，当分区域选择加工曲面并分区加工时，中间没有选择的部分是否有高于刀具移动路线的部分。在粗加工时，对较大面积的加工通常建议使用抬刀，以便在加工时可以暂停，对刀具进行检查。而在精加工时，常使用不抬刀以加快加工速度，特别是像角落部分的加工，抬刀将造成加工时间大幅延长。在孔加工循环中，使用 G98 将抬刀到安全高度进行转移，而使用 G99 就直接移动，不抬刀到安全高度，如图 1-33 所示。

图 1-33   高度与安全高度

1.4.9 刀具半径补偿和长度补偿

数控机床在进行轮廓加工时，由于刀具有一定的半径（如铣刀半径），因此在加工时，刀具中心的运动轨迹必须偏离零件实际轮廓一个刀具半径值，否则加工出的零件尺寸与实际需要的尺寸将相差一个刀具半径值或者一个刀具直径值。此外，在零件加工时，有时还需要考虑加工余量和刀具磨损等因素的影响。因此，刀具轨迹并不是零件的实际轮廓，在内轮廓加工时，刀具中心向零件内偏离一个刀具半径值；在外轮廓加工时，刀具中心向零件外偏离一个刀具半径值。若还要留加工余量，则偏离的值还要加上此预留量。考虑刀具的磨损因素，偏离的值还要减去磨损量。在手工编程使用平底刀或侧向切削时，必须加上刀具半径补偿值，此值可以在机床上设定。程序中调用刀具半径补偿的指令为 G41/G42 D_。使用自动编程软件进行编程时，其刀位计算时已经自动加进了补偿值，所以无须在程序中添加。

根据加工情况，有时不仅需要对刀具半径进行补偿，还要对刀具长度进行补偿。如铣刀用过一段时间以后，由于磨损，长度会变短，这时就需要进行长度补偿。铣刀的长度补偿与控制点有关。一般用一把标准刀具的刀头作为控制点，则该刀具称为零长度刀具。如果加工时更换刀具，则需要进行长度补偿。长度补偿的值等于所换刀具与零长度刀具的长度差。另外，当把刀具长度的测量基准面作为控制点，则刀具长度补偿始终存在。无论用哪一把刀具都要进行刀具的绝对长度补偿。程序中调用长度补偿的指令为 G43 H_。G43 是刀具长度正补偿，H_是选用刀具在数控机床中的编号。使用 G49 可取消刀具长度补偿。刀具的长度补偿值也可以在设置机床工作坐标系时进行补偿。在加工中心机床上刀具长度补偿的使用，一般是将刀具长度数据输入到机床的刀具数据表中，当机床调用刀具时，自动进行长度的补偿。

1.4.10 数控编程的误差控制

加工精度是指零件加工后的实际几何参数（尺寸、形状及相互位置）与理想几何参数符合的程度（分别为尺寸精度、形状精度及相互位置精度）。其符合程度越高，精度越高。反之，两者之间的差异即为加工误差。如图 1-34 所示，加工后的实际型面与理论型面之间存在着一定的误差。所谓"理想几何参数"是一个相对的概念，对尺寸而言其配合性能是以两个配合件的平均尺寸造成的间隙或过盈考虑的，故一般即以给定几何参数的中间值代替。而对理想形状和位置则应为准确的形状和位置。可见，"加工误差"和"加工精度"仅仅是评定零件几何参数准确程度这一个问题的两个方面而已。实际生产中，加工精度的高低往往是以加工误差的大小来衡量的。在生产中，任何一种加工方法不可能也没必要把零件做得绝对准确，只要把这种加工误差控制在性能要求的允许（公差）范围之内即可，通常称之为"经济加工精度"。

数控加工的特点之一就是具有较高的加工精度,因此对于数控加工的误差必须加以严格控制,以达到加工要求。

图 1-34　加工精度

由机床、夹具、刀具和工件组成的机械加工工艺系统(简称工艺系统)会有各种各样的误差产生,这些误差在具体的工作条件下会以不同的方式(或扩大、或缩小)反映为工件的加工误差。工艺系统的原始误差主要有工艺系统的几何误差、定位误差、工艺系统的受力变形引起的加工误差、工艺系统的受热变形引起的加工误差、工件内应力重新分布引起的变形以及原理误差、调整误差及测量误差等。

在交互图形自动编程中一般仅考虑两个主要误差:一是刀轨计算误差,二是残余高度。

刀轨计算误差的控制操作十分简单,仅需要在软件上输入一个公差带即可。而残余高度的控制则与刀具类型、刀轨形式、刀轨行间距等多种因素有关,因此其控制主要依赖于程序员的经验,具有一定的复杂性。

由于刀轨是由直线和圆弧组成的线段集合近似地取代刀具的理想运动轨迹(称为插补运动),因此存在着一定的误差,称为插补计算误差。

插补计算误差是刀轨计算误差的主要组成部分,它会造成加工不到位或过切的现象,因此是 CAM 软件的主要误差控制参数。一般情况下,在 CAM 软件上通过设置公差带来控制插补计算误差,即实际刀轨相对理想刀轨的偏差不超过公差带的范围。

如果将公差带中造成过切的部分(即允许刀具实际轨迹比理想轨迹更接近工件)定义为负公差的话,则负公差的取值往往要小于正公差,以避免出现明显的过切现象,尤其是在粗加工时。

在数控加工中,相邻刀轨间所残留的未加工区域的高度称为残余高度,它的大小决定了加工表面的表面粗糙度,同时决定了后续的抛光工作量,是评价加工质量的一个重要指标。在利用 CAD/CAM 软件进行数控编程时,对残余高度的控制是刀轨行间距计算的主要依据。在控制残余高度的前提下,以最大的行间距生成数控刀轨是高效率数控加工所追求的目标。

在加工塑料模具的型腔和模具型芯时,经常会碰到相配合的锥体或斜面,加工完成后,可能会发现锥体端面与锥孔端面贴合不拢,经过抛光直到加工刀痕完全消失仍不到位,通过人工抛光,虽然能达到一定的表面粗糙度标准,但同时会造成精度的损失。故需要对刀具与加工表面的接触情况进行分析,对切削深度或步距进行控制,才能保证达到足够的精度和表面粗糙度标准。

使用平底刀进行斜面的加工或者曲面的等高加工时，会在两层间留下残余高度；而用球头铣刀进行曲面或平面的加工时也会留下残余高度；用平底刀进行斜面或曲面的投影切削加工时也会留下残余高度，这种残余类同于球头铣刀作平面铣削。下面介绍斜面或曲面数控加工编程中残余高度与刀轨行间距的换算关系，以及控制残余高度的几种常用编程方法。

1. 平底刀进行斜面加工的残余高度

对于使用平底刀进行斜面的加工，以一个与水平面夹角为 60° 的斜面为例作说明。选择刀具加工参数为：直径为 8mm 的硬质合金立铣刀，刀尖半径为 0，进给轨迹为刀具中心，利用等弦长直线逼近法进给，切削深度为 0.3mm，切削速度为 4000r/min，进给量为 500mm/min，三坐标联动，利用编程软件自动生成等高加工的 NC 程序。

（1）刀尖不倒角平头立铣刀加工。理想的刀尖与斜面的接触情况如图 1-35 所示，每两刀之间在加工表面出现了残留量，通过抛光工件，去掉残留量，即可得到要求的尺寸，并能保证斜面的角度。若在刀具加工参数设置中减小加工的切削深度，可以使表面残留量减少，抛光更容易，但加工时，NC 程序量增多，加工时间延长。这种用不倒角平头刀加工状况只是理想状态，在实际工作中，刀具的刀尖角是不可能为零的，刀尖不倒角，加工刀尖磨损快，甚至产生崩刃，致使刀具无法加工。

（2）刀尖倒斜角平头立铣刀加工。实际应用时用刀具的刀尖倒角 30°，倒角刃带宽 0.5mm 的平头立铣刀进行加工。刀具加工的其他参数设置同上，加工表面残留部分不仅包括分析（1）中的残留部分，而且增加了刀具被倒掉的部分形成的残留余量 aeb，这样，使得表面残留余量增多，其高度为 e 与理想面之间的距离为 ed，如图 1-36 所示。

而人工抛光是以 e、f 为参考的，去掉 e、f 之间的残留（即去掉刀痕），则所得表面与理想表面仍有 ed 距离，此距离将成为加工后存在的误差，即工件尺寸不到位，这就是锥体端面与锥孔端面贴合不拢的原因。若继续抛光则无参考线，不能保证斜面的尺寸和角度，导致注射时产品产生飞边。

（3）刀尖倒圆角平头立铣刀加工。将刀具的刀尖倒角磨成半径为 0.5mm 的圆角，刃带宽 0.5mm 的平头立铣刀进行加工，发现切削状况并没有多大改善，而且刀尖圆弧刃磨时控制困难，实际操作中一般较少使用，如图 1-37 所示。

图 1-35　理想刀尖与斜面的接触　图 1-36　刀尖与斜面的实际接触　图 1-37　刀尖倒圆角平头立铣刀加工

通过以上分析可知：在使用平底刀加工斜面时，不倒角刀具的加工是最理想的状况，抛光去掉刀痕即可得到标准斜面，但刀具极易磨损和崩刃。实际加工中，刀具不可不倒角。而倒圆角刀具与倒斜角刀具相比，加工状况并没有多大改进，且刀具刃磨困难，实际加工时一般很少用。在实际应用中，倒斜角立铣刀的加工是比较现实的。改善加工状况，保证加工质量有以下方法：

（1）刀具下降：刀尖倒斜角时，刀具与理想斜面最近的点为 e，要使 e 点与理想斜面接触，即 e 点与 a 点重合，刀具必须下降 ea 距离，这可以通过准备功能代码 G92 位置设定指令实现。这种方法适用于加工斜通孔类零件。但是，当斜面下有平台时，刀具底面会与平台产生干涉而过切。

（2）采用刀具半径补偿：在按未倒角平头立铣刀生成 NC 程序后，将刀具作一定量的补偿，补偿值为距离 ed，使刀具轨迹向外偏移，从而得到理想的斜面。这种方法的思想源于倒角刀具在加工锥体时实际锥体比理想锥体大了，而加工锥孔时实际锥孔比理想锥孔小了，相当于刀具有了一定量的磨损，而进行补偿后，正好可以使实际加工出的工件正好是所要求的锥面或斜面。但是这种加工方式只能在没有其他侧向垂直的加工面时使用，否则，其他没有锥度的加工面将过切。

（3）偏移加工面：在按未倒角平头立铣刀生成 NC 程序前，将斜面 LC 向 E 点方向偏移 ed 距离，再编制 NC 程序进行加工，从而得到理想的斜面。这种方法先将锥体偏移一定距离使之变小，将锥孔偏移一定距离使之变大，再生成 NC 程序加工，从而使实际加工出的工件正好是所要求的锥面或斜面。

2．用球头铣刀进行平面或斜面加工时的残余高度控制

在曲面精加工中更多采用的是球头铣刀，以下讨论基于球头铣刀加工的行距换算方法。图 1-38 所示为刀轨行距计算中最简单的一种情况，即加工面为平面。

这时，刀轨行距与残余高度之间的换算公式为：

$$l = 2\sqrt{R^2 - (h-R)^2} \qquad \text{或} \qquad h = R - \sqrt{R^2 - (l/2)^2}$$

式中，h、l 分别表示残余高度和刀轨行距。在利用 CAD/CAM 软件进行数控编程时，必须在行距或残余高度中任设其一，其间关系就是由上式确定的。

同一行刀轨所在的平面称为截平面，刀轨的行距实际上就是截平面的间距。对曲面加工而言，多数情况下被加工表面与截平面存在一定的角度，而且在曲面的不同区域有着不同的夹角。从而造成同样的行距下残余高度大于图 1-38 所示的情况，如图 1-39 所示。

图 1-39 中尽管在 CAD/CAM 软件中设定了行距，但实际上两条相邻刀轨沿曲面的间距 l'（称为面内行距）却远大于 l。而实际残余高度 h' 也远大于图 1-39 所示的 h'。其间关系为：

$$l' = l/\sin\theta \qquad \text{或} \qquad h' = R - \sqrt{R^2 - (l/2\sin\theta)^2}$$

由于现有的 CAD/CAM 软件均以图 1-38 所示的最简单的方式做行距计算，并且不能随曲面的不同区域的不同情况对行距大小进行调整，因此并不能真正控制残余高度（即面内

行距）。这时，需要编程人员根据不同加工区域的具体情况灵活调整。

图 1-38　加工表面与截平面无角度

图 1-39　实际情况

　　对于曲面的精加工而言，在实际编程中控制残余高度是通过改变刀轨形式和调整行距来完成的。一种是斜切法，即截平面与坐标平面呈一定夹角（通常为 45°），该方法的优点是实现简单快速，但有适应性不广的缺点，对某些角度复杂的产品就不适用。另一种是分区法，即将被加工表面分割成不同的区域进行加工。该方法不同区域采用了不同的刀轨形式或者不同的切削方向，也可以采用不同的行距，修正方法可按上式进行。这种方式效率高且适应性好，但编程过程相对复杂一些。

UG NX 9.0

第2章

UG CAM 基本操作

　　UG 是优秀的面向制造行业的 CAD/CAM/CAE 高端软件，具有强大的实体造型、曲面造型、装配、工程图生成和拆模等功能，广泛应用于机械制造、航空航天、汽车、船舶和电子设计等领域。

　　在学习使用 UG 进行数控编程之前，用户需要了解 UG CAM 的特点、加工环境、工作界面和加工流程。通过本章的学习，读者将对 UG CAM 有一个初步认识，了解相关的基础知识。

重点与难点

- UG 加工环境
- UG CAM 操作界面
- UG CAM 加工流程

2.1 UG CAM 概述

2.1.1 UG CAM 的特点

1. 强大的加工功能

UG CAM 提供了以铣加工为主的多种加工方法，包括 2-5 轴铣削加工、2-4 轴车削加工、电火花线切割和点位加工等。

（1）UG CAM 提供了一个完整的车削加工解决方案。该解决方案的易用性很强，可以用于简单程序；该解决方案提供了足够强大的功能，可以跟踪多主轴、多转塔应用中最复杂的几何图形。可以对二维零件剖面或全实体模型进行粗加工、多程精加工、切槽、螺纹切削以及中心线钻孔。编程人员可以规定进给速度、主轴速度、零件余隙等参数。并对 A 轴和 B 轴工具进行控制。

（2）UG CAM 提供了多种铣削加工方法，可以满足各类铣削加工需求：

- Point to Point：完成各种孔加工。
- Panar Mill（平面铣削）：包括单向行切，双向行切，环切以及轮廓加工等。
- Fixed Contour（固定多轴投影加工）：用投影方法控制刀具在单张曲面上或多张曲面上的移动，控制刀具移动的可以是已生成的刀具轨迹，一系列点或一组曲线。
- Variable Contour：可变轴投影加工。
- Parameter line（等参数线加工）：可对单张曲面或多张曲面连续加工。
- Zig-Zag Surface：裁剪面加工。
- Rough to Depth（粗加工）：将毛坯粗加工到指定深度。
- Cavity Mill（多级深度型腔加工）：特别适用于凸模和凹模的粗加工。
- Sequential Surface（曲面交加工）：按照零件面、导动面和检查面的思路对刀具的移动提供最大程度的控制。

（3）UG CAM 为 2-4 轴线切割机床的编程提供了一个完整解决方案。可以进行各种线操作，包括多程压型、线逆向和区域去除。另外，该模块还为主要线切割机床制造商提供了后处理器支持，比如 AGIE、Charmilles、三菱等。

（4）UG CAM 提供了可靠的高度加工（High Speed Machining，简称 HSM）解决方案。UG CAM 提供的 HSM 可以均匀去除材料、进行成功的高速粗加工、避免刀具嵌入过深、快速高效的完成加工任务、缩短产品的交付周期和降低成本。

2. 刀具轨迹编辑功能

UG CAM 提供的刀具轨迹编辑器可用于观察刀具的运动轨迹，并提供延伸、缩短或修改刀具轨迹的功能。同时，能够通过控制图形和文本的信息去编辑刀轨。因此，当要求对生成的刀具轨迹进行修改，或当要求显示刀具轨迹和使用动画功能显示时，都需要刀具轨迹编辑器。动画功能可选择显示刀具轨迹的特定段或整个刀具轨迹。附加的特征能够用图形方式修剪局部刀具轨迹，以避免刀具与定位件、压板等的干涉，并检查过切情况。

UG CAM 的刀具轨迹编辑器主要特点是显示对生成刀具轨迹的修改或修正；可进行对整个刀具轨迹或部分刀具轨迹的动画；可控制刀具轨迹动画速度和方向；允许选择的刀具轨迹在线性或圆形方向延伸；能够通过已定义的边界来修剪刀具轨迹；提供运动范围，并执行在曲面轮廓铣削加工中的过切检查。

3．三维加工动态仿真功能

UG/Verify 是 UG CAM 的三维仿真模块，利用它可以交互地仿真检验和显示 NC 刀具轨迹，它是一个无需利用机床、成本低、高效率的测试 NC 加工应用的方法。UG/Verify 使用 UG/CAM 定义的 BLANK 作为初始的毛坯形状，显示 NC 刀轨的材料移去过程，检验包括错误（如刀具和零件碰撞曲面切削或过切和过多材料）。最后在显示屏幕上建立一个完成零件的着色模型，用户可以把仿真切削后的零件与 CAD 的零件模型比较，因而可以方便地看到，什么地方出现了不正确的加工情况。

4．后置处理功能

UG/Postprocessing 是 UG CAM 的后置处理功能模块，包括一个通用的后置处理器(GPM)，使用户能够方便地建立用户定制的后置处理。通过使用加工数据文件生成器(MDFG)，一系列交互选项提示用户选择定义特定机床和控制器特性的参数，包括：控制器和机床特征、线性和圆弧插补、标准循环、卧式或立式车床、加工中心等。这些易于使用的对话框允许为各种钻床、多轴铣床、车床、电火花线切割机床生成后置处理器。后置处理器的执行可以直接通过 UG 或通过操作系统来完成。

2.1.2 UG CAM 与 UG CAD 的关系

UG CAM 与 UG CAD 是紧密集成的，因此在 UG CAM 中可以直接利用 UG CAD 创建的模型进行加工编程。通过 UG CAM 能够使用 UG 提供的行业领先的 CAD 系统的建模和装配功能。这些功能全部集成在同一个系统中。这样，用户就不必花费时间在一个不同的系统中创建几何图形然后再将其导入。UG CAD 的混合建模提供了多种高性能工具，用于基于特征的参数化设计以及传统、显示建模和独特的直接建模，能够处理任何几何模型。

2.2 UG 加工环境

UG 加工环境是指用户进入 UG 的制造模块后，进行加工编程等操作的软件环境。UG

可以为数控车、数控铣、数控电火花线切割等提供编程功能。但是每个编程者面对的加工对象可能比较固定，例如专门从事三维数控铣的人在工作中可能就不会涉及数控车、数控线切割编程，因此这些功能可以屏蔽掉。UG 为读者提供了这样的手段，用户可以定制和选择 UG 的编程环境，只将最适用的功能呈现在用户面前。

2.2.1 初始化加工环境

在 UG 9.0 中打开 CAD 模型后，选择"文件"选项卡→"应用模块"→"加工"，"文件"选项卡如图 2-1 所示。第一次进入加工模块时，系统要求设置加工环境，包括指定当前零件相应的加工模板、数据库、刀具库、材料库和其他一些高级参数。

"加工环境"对话框，如图 2-2 所示，用户可选择模板零件，然后单击"确定"按钮，即可进入加工环境。此时，在 UG NX 的界面上的"主页"选项卡中出现"插入"和"操作"两个组，分别如图 2-3 和图 2-4 所示。

图 2-1 "文件"选项卡

图 2-2 "加工环境"对话框

图 2-3 "插入"组

图 2-4 "操作"组

如果用户已经进入加工环境，也可执行"菜单"→"工具"→"工序导航器"→"删除设置"命令，删除当前设置，然后重新进入图 2-2 对加工环境进行设置。

2.2.2 设置加工环境

在图 2-2 加工环境配置对话框中的"要创建的 CAM 设置"列表框里列出了 UG 所支持的加工环境。包括以下选项：

（1）mill_planar（平面铣）：主要进行面铣削和平面铣削。用于移除平面层中的材料。这种操作最常用于粗加工材料，为精加工操作做准备。

（2）mill_contour（轮廓铣）：型腔铣、深度加工固定轴曲面轮廓铣，可移除平面层中的大量材料，最常用于在精加工操作之前对材料进行粗铣。"型腔铣"用于切削具有带锥度的壁以及轮廓底面的部件。

（3）mill_multi-axis（多轴铣）：主要进行可变轴的曲面轮廓铣、顺序铣等。多轴铣是用于精加工由轮廓曲面形成的区域的加工方法，允许通过精确控制刀轴和投影矢量，使刀轨沿着非常复杂的曲面的复杂轮廓移动。

（4）drill（钻）（点到点加工）：可以创建钻孔、攻螺纹、镗孔、平底扩孔和扩孔等操作的刀轨。它的其他用途还包括点焊和铆接操作，以及刀具定位到几何体，插入部件等操作。

（5）hole-making（孔加工）：孔加工。

（6）turning（车加工）：使用固定切削刀具加强并合并基本切削操作，可以进行粗加工、精加工、开槽、螺纹加工和钻孔功能。

（7）wire_edm（线切割）：对工件进行切割加工，主要有 2 轴和 4 轴两种线切割方式

2.3 UG CAM 操作界面

2.3.1 基本介绍

进入加工环境后，出现如图 2-5 所示的加工界面。

1. 菜单

用于显示 UG NX 9.0 中各功能菜单，主菜单是经过分类并固定显示的。通过菜单可激发各层级联菜单，UG NX 9.0 的所有功能几乎都能在菜单上找到，如图 2-5 UG 加工主界面中的"1 菜单"所示。

2. 功能区

功能区的命令以图形的方式在各个组和库中表示命令功能，以"主页"选项卡为例如图 2-6 所示，所有功能区的图形命令都可以在菜单中找到相应的命令，这样可以使用户避

免在菜单中查找命令的繁琐，方便操作，如图 2-5 UG 加工主界面中的"2 功能区"所示。

图 2-5　UG 加工主界面

图 2-6　"主页"选项卡中各个组和库

3．客户视图区

客户视图区用来显示零件模型、刀轨及加工结果等，是 UG 的工作区，如图 2-5 UG 加工主界面中的"3 客户视图区"所示。

4．对话框

对话框用来完成相关操作的参数设置。当用户在菜单中选择某一命令或在功能区中选择某一图标后，一般都会打开相应的对话框，在对话框中，用户可以通过设置对话框中各选项的参数来完成所要进行的操作，如图 2-5 UG 加工主界面中的"4 对话框"所示。

5．资源条

资源条包括一些导航器的按钮，例如"装配导航器""部件导航器""工序导航器""机床导航器""角色"等。通常导航器处于隐藏状态，当单击相应的导航器图标时将弹出导航器对话框，图 2-5 中"5 资源区"即为弹出的"程序顺序"导航器。

6. 提示行

提示用户当前正在进行的操作和操作的相关信息。根据提示栏里信息可以观察正在进行的信息，如图 2-5 UG 加工主界面中的"6 提示行"所示。

2.3.2 工序导航器

选择"菜单"→"工具"→"工序导航器"→"视图"下拉菜单，如图 2-7 所示，各图标功能如下：

（1）程序顺序视图：相当于一个具体工序（工步）的自动编程操作产生的刀轨（或数控程序）包括制造毛坯几何体、加工方法、刀具号等。

（2）机床视图：包含刀具参数、刀具号、刀具补偿号等。

（3）几何视图：包含制造坐标系、制造毛坯几何体、加工零件几何体等。

（4）加工方法视图：包含粗加工、半精加工、精加工、钻加工相关参数，如刀具、几何体类型等。

图 2-7　视图

在 UG 加工主界面中左边资源条上单击相关图标就会弹出导航器窗口，它是一个图形化的用户交互界面，可以在导航器对加工工件进行相关的设置、修改和操作等。

在导航器里的加工程序上单击鼠标右键弹出快捷菜单，可以进行剪切、复制、删除、生成等操作，如图 2-8a 所示。

在上边框条里共有 4 种显示形式，分别为程序顺序视图、机床视图、几何视图、加工方法视图，也就是父节点组共有 4 个，分别为程序节点、机床节点、几何节点、 加工方法节点。在导航器里的空白处单击右键弹出另外一个快捷菜单，可以进行 4 种显示形式的转换，单击在菜单底部的"列"可以弹出需要列出的有关视图信息，选中某个选项后，将在导航器的增加相关的列，例如在图 2-8b 中，选中了"换刀"选项，则在导航器里出现"换刀"列，如果取消"换刀"选项，则不显示在导航器里。

导航器快捷菜单中的导航器为"程序顺序"导航器，在根节点"NC_PROGRAM"下有两个程序组节点，分别为"不使用的项"和"PROGRAM"项。根节点"NC_PROGRAM"不能改变；"不使用的项"节点也是系统给定的节点，不能改变，主要用于容纳一些暂时不用的操作；"PROGRAM"是系统创建的主要加工节点。

a)   b)

图 2-8   导航器快捷菜单

图 2-8a 图中选项的功能如下：

（1）编辑：对几何体、刀具、导轨设置、机床控制等进行指定或设定。

（2）剪切：剪切选中的程序。

（3）复制：复制选中的程序。

（4）删除：删除选中的程序。

（5）重命名：重新命名选中的程序。

（6）生成：生成选中的程序刀轨。

（7）重播：重播选中的程序刀轨。

（8）后处理：后处理用于生成 NC 程序，单击此选项，弹出如图 2-9 所示的"后处理"对话框，其中的各项设置好后，单击"确定"将生成 NC 程序，保存为"*.txt"文件，NC 后处理程序如图 2-10 所示。

（9）插入：在图 2-8a 中单击"插入"后，将弹出如图 2-11 所示的"插入"菜单，可以创建工序、程序组、刀具、几何体、方法等。

（10）对象：在图 2-8a 中单击"对象"后，将弹出如图 2-12 所示的"对象"菜单，可以进行 CAM 的变换和显示。单击"变换"将弹出图 2-13"变换"对话框，可以进行平移、缩放、绕点旋转、绕直线旋转等。

图 2-9　"后处理"对话框

图 2-10　NC 后处理程序

图 2-11　"插入"菜单　　图 2-12　"对象"菜单　　图 2-13　"变换"对话框

如选择"绕直线旋转"类型，"变换"对话框如图 2-14a 所示。选择"直线方法"，选中某一直线，输入旋转角度为 90，选择"复制"单选按钮，单击"确定"按钮，变换后的刀轨如图 2-14b 所示。

（11）刀轨：在图 2-8a 中单击"刀轨"后，将弹出如图 2-15a 所示的"刀轨"菜单。可以进行刀轨的编辑、删除、列表、确认、仿真等。

在图 2-15a 中单击"编辑"选项后，将弹出"刀轨编辑器"对话框，可以对刀轨进行过切检查，动画仿真。更重要的是可以对刀轨的"CLSF"文件进行编辑、粘贴、删除等进行编辑，实现合理的"CLSF"，如图 2-15b 所示。

a)   b)

图 2-14 "变换"操作

在图 2-15a 中单击"列表"选项后，将弹出"信息"对话框，列出了"CLSF"文件的所有语句，供查看，如图 2-15c 所示。

a)   b)   c)

图 2-15 "刀轨"菜单

UG NX 9.0

2.3.3 功能区

功能区一般与主要的操作指令相关，可以直观快捷地执行操作，提高效率。经常用的有"插入"组"操作"下拉菜单"操作"组等。

1．"插入"组

"插入"组如图 2-16 所示，主要包括以下选项：

（1）创建程序：创建数控加工程序节点，对象将显示在"操作导航器"的"程序视图"中。

（2）创建刀具：创建刀具节点，对象将显示在"操作导航器"的"机床视图"中。

（3）创建几何体：创建加工几何节点，对象将显示在"操作导航器"的"几何视图"中。

（4）创建方法：创建加工方法节点，对象将显示在"操作导航器"的"加工方法视图"中。

（5）创建工序：创建一个具体的工序操作，对象将显示在"操作导航器"的所有视图中。

2．"操作"下拉菜单

"操作"下拉菜单如图 2-17 所示，主要包括以下选项：

（1）编辑对象：对几何体、刀具、导轨设置、机床控制等进行指定或设定。

（2）剪切对象：剪切选中的程序。

（3）复制对象：复制选中的程序。

（4）粘贴对象：粘贴复制的程序。

（5）删除对象：从操作导航器删除 CAM 对象。

（6）显示对象：从操作导航器删除 CAM 对象。

以上各功能与图 2-7 所示导航器快捷菜单的各功能作用相同，也可以在"工序导航器"中通过右击快捷菜单进行相应的操作。

图 2-16　"插入"组　　　　　　　　　　　　　　　图 2-17　"操作"下拉菜单

3. "操作"组

"操作"组如图 2-18 所示,主要包括以下选项:

图 2-18 "操作"组

(1) ⯈ 生成刀轨:为选中的操作生成刀轨。

(2) ⯈ 重播刀轨:在视图窗口中重现选定的刀轨。

(3) ⯈ 列出刀轨:在信息窗口中列出选定刀轨 GOTO、机床控制信息以及进给率等,如图 2-15(c)所示。

(4) ⯈ 确认刀轨:确认选定的刀轨并显示刀运动和材料移除,单击此图标将弹出"刀轨可视化"对话框。

(5) ⯈ 机床仿真:使用以前定义的机床仿真。

(6) ⯈ 同步:使四轴机床和复杂的车削装置的刀轨同步。

(7) ⯈ 后处理:对选定的操作进行后处理,生产 NC 程序,同图 2-8 导航器快捷菜单里的"后处理"选项功能相同。

(8) ⯈ 车间文档:创建加工工艺报告,其中包括刀具几何体、加工顺序和控制参数,单击此图标,将弹出图 2-19"车间文档"对话框,每种报告模式可保存为纯文本格式(TEXT文件)和超文本格式(HTML 文件)。纯文本格式的车间工艺文件不能包含图像信息,而超文本格式的车间工艺文件可以包含图像信息,需要利用 Web 浏览器阅读。

(9) ⯈ 输出 CLSF:列出可用的 CLSF 输出格式,单击此图标,将弹出如图 2-20 所示"CLSF 输出"对话框,单击"确定"后将生成图 2-15c 所示的"刀轨"操作信息框。

(10) ⯈ 批处理:提供以批处理方式处理与 NC 有关的输出的选项。

图 2-19 "车间文档"对话框

图 2-20 "CLSF 输出"对话框

2.4 UG CAM 加工流程

2.4.1 创建程序

1. "创建程序"对话框

选择"主页"选项卡→"插入"组→"创建程序"图标，弹出如图 2-21 所示"创建程序"对话框。

（1）类型：用于指定操作类型。

（2）程序子类型：指定一个工序模板，从中创建新的工序。

（3）位置：用于指定新创建的程序所在的节点，单击"程序"右边的下拉列表框，将弹出三个选项，分别为："NC_PROGRAM" "NONE" "PROGRAM"。如图 2-8 导航器快捷菜单所示，新创建的程序将在以上选中的某个节点之下，其中"NONE"为"不使用的项"，用于容纳暂时不用的操作，此节点是系统给定的节点，不能改变。

（4）名称：系统自动产生一个名字，作为新创建的程序名，用户也可以输入自己定义的习惯的名字，只要在"名称"下面的文本框里输入新创建的名字即可。

设置完毕，单击"确定"创建程序或单击"取消"放弃本次创建，单击"应用"创建一个程序，并可继续创建第二个程序。

2. 创建程序

在"NC_PROGRAM"程序节点下创建一个程序"PROGRAM_1"，设置完毕后，单击"应用"，创建第一个程序，继续创建第二程序，此时图 2-21 "创建程序"对话框中的"位置"栏里除了前面所述的"NC_PROGRAM" "NONE" "PROGRAM"三个程序节点外，增加了"PROGRAM_1" 程序节点，选择"PROGRAM_1" 程序节点，创建第二个程序"PROGRAM_2"，将"PROGRAM_2"建立在"PROGRAM_1"程序节点下，如果需要删除不需要的程序节点，可以在程序节点上单击右键弹出快捷菜单，选择"删除"，将删除此程序节点，如图 2-22 所示。

3. 继承关系

在"程序顺序"视图中有"相关性"一栏，在此栏里，列出了程序组的层次关系，单击"PROGRAM_1"，将在"相关性"一栏里，列出"PROGRAM_1"的层次关系。

（1）"PROGRAM_1"的子程序组为"PROGRAM_2"，"PROGRAM_3"；

（2）"PROGRAM_1"的父程序组为"NC_PROGRAM"这一根程序。

程序组在操作导航器中构成一种树状层次结构关系，彼此之间形成"父子"关系，在相对位置中，高一级的程序组为父组，低一级的程序组为子组，父组的参数可以传递给子组，不必在子组中进行重复设置，也就是说子组可以继承父组的参数。在子组中只对子组不同于父组的参数进行设置，以减少重复劳动，提高效率。如图 2-22"程序顺序"视图所示 "PROGRAM_1"程序将继承它的父组"NC_PROGRAM"这一根程序的参数，对"PROGRAM_1"程序有关参数设置完毕后，"PROGRAM_2"与 "PROGRAM_3"作为"PROGRAM_1"子组将继承"PROGRAM_1"参数，同时也继承了"NC_PROGRAM"的参数。如果改变了程序的位置或程序下面操作的位置，也就改变了它们和原来程序的父子关系，有可能导致失去从父组里继承来的参数，也不能把自身的参数传递给子组，导致子组或操作的参数发生变化。

图 2-21　"创建程序"对话框

图 2-22　"程序顺序"视图

4．继承关系

在操作导航器的程序节点和操作前面，通常会根据不同情况出现以下三种标记，表明程序节点和操作的状态，可以根据标记判断程序节点和操作的状态。

：需要重新生成刀轨。如果在程序节点前，表示在其下面包含有空操作或过期操作；如果在操作前，表示此操作为空操作或过期操作。

：需要重新后处理。如果在程序节点前，表示节点下面所有的操作都是完成的操作，并且输出过程序；如果在操作前，表示此操作为已完成的操作，并被输出过。

：如果在程序节点前，表示节点下面所有的操作都是完成的操作，但未输出过程序；如果在操作前，表示此操作为已完成的操作，但未输出过。

43

2.4.2 创建刀具

选择"主页"选项卡→"插入"组→"创建刀具"图标，弹出如图 2-23 所示的"创建刀具"对话框。在图中除了"库"栏外，其余各栏的和"创建程序"里面各栏的操作和功能相同。在"库"栏可以从"库"中选择已经定义好的刀具。

（1）在"库"栏中单击"从库中调用刀具"按钮，打开如图 2-24 所示的"库类选择"对话框。共分 4 个大类：铣、钻、车、实体。每个大类里面包括许多子类，如图中所示在"铣"大类里面就包括数个子类。

（2）选中某一子类，假如选中"端铣刀（不可转位）"子类，单击"确定"后，将弹出图 2-25 所示的"搜索准则"对话框，图中给出了参数选项：（D）直径，（FL）刃口长度，材料、夹持系统等。在全部或部分选项的右边文本框中，输入数值，单击"匹配数"按钮，右边将显示符合条件的刀具数量，单击"确定"按钮即可弹出如图 2-26 所示的"搜索结果"对话框，列出符合条件的刀具的详细信息。

图 2-23 "创建刀具"对话框　　图 2-24 "库类选择"对话框　　图 2-25 "搜索准则"对话框

（3）选中某个适合的刀具，在"库号"下选中"ugt0212-003"刀具，单击"显示"按钮，可以在视图区中图形上亮出刀具轮廓，显示刀具轮廓如图 2-27 所示。

（4）选定刀具后，单击"确定"按钮，返回到"创建刀具"对话框，同时在"机床"
工序导航器列出了创建的刀具，如图 2-28 所示。

刀具位置可以通过右键快捷菜单进行改变操作，快捷菜单与图 2-22"程序顺序"视图
对话框中的快捷菜单相似，可以对刀具节点进行编辑、切削、复制、粘贴、重命名等操作。
由于一个操作只能使用一把刀具，在同一把刀具下，改变操作的位置没有实际意义。但在
不同刀具之间改变操组的位置，将改变操作所使用的刀具。

图 2-26　搜索结果

图 2-27　显示刀具轮廓

图 2-28　"机床"工序导航器

2.4.3 创建几何体

1. "创建几何体"对话框

选择"主页"选项卡→"插入"组→"创建几何体"图标，弹出如图 2-29 所示的"创建几何体"对话框。

（1）"类型"一栏列出了具体的 CAM 类型。

（2）"几何体子类型"包括 WORKPIECE、MILL_BND、MILL_TEXT A、MILL_GEOM、MILL_AERA、MCS 等。

（3）"位置"列出了将要创建的几何体所在节点位置，主要有：GEOMETRY、MCS_MILL、NONE、WORKPIECE 4 个节点位置。

2. 创建几何体

在"创建几何体"对话框中选择"drill"类型，在"子类型"中选择"DRILL_GEOM"，在"位置"中选择"WORKPIECE"，在"名称"栏中的文本框输入"DRILLING"，单击"确定"建立一个几何体。按照同样方法建立第二个几何体，在"名称"栏中的文本框输入"COUNTERBORING"，两个几何体建立完毕后，打开如图 2-30 所示的"工序导航器-几何"。

图 2-29 "创建几何体"对话框

图 2-30 "工序导航器-几何"

图中各节点的作用说明如下：

（1）GEOMETRY：该节点是系统的根节点，不能进行编辑、删除等操作。

（2）未用项：该节点也是系统给定的节点，用于容纳暂时不用的几何体，不能进行编辑、删除等操作。

（3）MCS_MILL：该节点是一个几何节点，选中此节点，单击右键弹出快捷菜单，可以进行编辑、切削、复制、粘贴、重命名等操作。

（4）WORKPIECE：该节点是工件节点，用来指定加工工件。"DRILLING"和"COUNTERBORING"两工件节点是刚刚创建的几何体节点，在"WORKPIECE"下面，是"WORKPIECE"的子节点，构成父子关系，"WORKPIECE"是"MCS_MILL"的子节点，构成父子关系。"DRILLING"和"COUNTERBORING"作为最低层的节点，将继承"MCS_MILL"加工坐标系和"WORKPIECE"中定义的零件几何体和毛坯几何体的参数。

几何体节点可以定义成操作导航器中的共享数据，也可以在特定的操作中个别定义，只要使用了共享数据几何体，就不能在操作中个别定义几何体。

可以通过单击右键弹出快捷菜单对几何体节点进行编辑、切削、复制、粘贴、重命名等操作，如果改变了几何体节点的位置，使"父子"关系改变，会导致几何体失去从父组几何体中继承过来的参数，使加工参数发生改变；同时，其下面的子组也可能失去从几何体继承的参数，造成子组及其以下几何体和操作的参数发生改变。

2.4.4 创建方法

加工方法是为了自动计算切削进给率和主轴转速时才需要指定的，加工方法并不是生成刀具轨迹的必要参数。

1. "创建方法"对话框

选择"主页"选项卡→"插入"组→"创建方法"图标📋，弹出如图2-31a所示的"创建方法"对话框。对话框里的选项和"创建几何体"对话框的选项基本相同，区别在于"位置"栏，也就是指创建"方法"所在的位置不同，不同的"类型"提供容纳"方法"位置的数目不同。

例如：对于"mill_planar"提供4个位置：METHOD、MILL_FINISH、MILL_ROUGH、MILL_SEMI_FINISH、NONE，图2-31b所示。

对于"drill"只提供3个位置：METHOD、NONE、DRILL_METHOD，图2-31c所示。

a)　　　　　　　　　　b)　　　　　　c)

图2-31　"创建方法"对话框

UG NX 9.0

555

2．创建方法实例

在"类型"中选择"mill_planar"，在"位置"选择"METHOD"，利用默认的"名称"，单击"确定"按钮，弹出如图2-32所示的"铣削方法"对话框。在"铣削方法"对话框中由4部分组成：

（1）余量：主要指部件余量，在"部件余量"的右侧文本框内输入数值，即可指定本加工节点的加工余量。

（2）公差：设置包括"内公差"和"外公差"两项，使用"内公差"可指定刀具穿透曲面的最大量，使用"外公差"可指定刀具能避免接触曲面的最大量。在"内公差"和"外公差"右侧文本框内输入数值，为本加工节点指定内外公差。采用系统默认值。

（3）刀轨设置：包括"切削方法"和"进给和速度"两个选项。

1）切削方法：单击"切削方法"图标，弹出如图2-33所示的"切削方法"搜索结果对话框，列出了可以选择的切削方法。选定"END MILLING"，单击"确定"返回到"铣削方法"对话框。

图2-32　"铣削方法"对话框

图2-33　"切削方法"搜索结果对话框

2）进给：单击"进给"图标，弹出如图2-34所示的"进给"对话框，用于设置各运动形式的进给率参数，由"切削""更多"和"单位"组成。"切削"用于设置正常切削时的进给速度；"更多"给出了刀具的其他运动形式的参数；"单位"用于设置切削和非切削运动的单位。采用系统默认值。单击"确定"返回到"铣削方法"对话框。

（4）选项

1）颜色：单击"颜色"图标，打开如图2-35所示的"刀轨显示颜色"对话框，用于设置不同刀轨的显示颜色，单击每种刀轨右边的颜色图标，将弹出颜色对话框，进行颜色的选择和设置。

2）编辑显示：单击"编辑显示"▦图标，打开如图 2-36 所示的"显示选项"对话框，可以进行刀具和刀轨的设置。

以上各项设置完毕后，在"铣削方法"对话框中单击"确定"按钮，建立新的加工方法。同时在"加工方法"工序导航器列出了创建的加工方法，如图 2-37 所示。

图 2-35 "刀轨显示颜色"对话框

图 2-34 "进给"对话框

图 2-36 "显示选项"对话框

图 2-37 "工序导航器-加工方法"

图 2-37 中各节点的说明如下：

■ "METHOD"：系统给定的根节点，不能改变。

■ "未用项"：系统给定的节点，不能删除，用于容纳暂时不用的加工方法。

■ "MILL_ROUGH"：系统提供的粗铣加工方法节点，可以进行编辑、切削、复制、删除等操作。

■ "MILL_SEMI_FINISH"：系统提供的半精铣加工方法节点，可以进行编辑、切削、复制、删除等操作。

- ■ "MILL_FINISH"：系统提供的精铣加工方法节点，可以进行编辑、切削、复制、删除等操作。

- ■ "DRILL_METHOD"：系统提供的钻孔加工方法节点，可以进行编辑、切削、复制、删除等操作。

加工方法节点之上同样可以有父节点，之下有子节点。加工方法继承其父节点加工方法的参数，同时也可以把参数传递给它的子节点加工方法。在"DRILL_METHOD"下面有两个操作，分别为"DRILLING"和"COUNTERBORING"，这两个操作是"DRILL_METHOD"的子节点，"METHOD"则是"DRILL_METHOD"的父节点。

加工方法的位置可以通过单击鼠标右键弹出快捷菜单进行编辑、切削、复制、粘贴、重命名等操作。但改变加工方法的位置，也就改变了它的加工方法的参数，当系统执行自动计算时，切削进给量和主轴转速会发生相应的变化。

3．运动形式参数说明

图 2-34"进给"对话框中给出了需要进行进给率设置的各运动形式，在进行加工过程中，包含多种运动形式，可以分别设置不同的进给率参数，以提高加工效率和加工表面质量。

（1）刀具运动：完整刀具运动形式如图 2-38 所示，非切削运动形式如图 2-39 所示。

图 2-38　完整刀具运动形式示意图

图 2-39　非切削运动形式示意图

（2）各运动形式的含义

1）快速（Rapid）：非切削运动。仅应用到刀具路径中下一个 GOTO 点和 CLSF。其后的运动使用前面定义的进给率。如果设置为 0，则由数控系统设定的机床快速运动速度决定。

2）逼近（Approach）：指刀具从开始点运动到进刀位置之间的进给率，在平面铣和行型腔铣中，逼近进给率用于控制从一个层到下一个层的进给。如果为 0，系统使用"快速"进给率。

3）进刀（Engage）：非切削运动。指刀具从进刀点运动到初始切削位置的进给率，同时也是刀具在抬起后返回到工件时的返回进给率。如果为 0，系统使用"切削"进给率。

4）第一刀切削（First Cut）：切削运动。指切入工件第一刀的进给率，后面的切削将以"切削"进给率进行。如果为 0，系统使用"切削"进给率。由于毛坯表面通常有一定的硬皮，一般取进刀速度小的进给率。

5）步进（Step Over）：切削运动。刀具运动到下一个平行刀路时的进给率。如果从工件表面提刀，不使用"步进"进给率，它仅应用于允许往复（Zig-zag）刀轨的地方。如果为 0，系统使用"切削"进给率。

6）切削（Cut）：切削运动。刀具跟部件表面接触时刀具的运动进给率。

7）横越（Traversal）：非切削运动。指刀具快速水平非切削的进给率。只在非切削面的垂直安全距离和远离任何型腔岛屿和壁的水平安全距离时使用。在刀具转移过程中保护工件，也无须抬刀至安全平面。如果为 0，系统使用"快速"进给率。

8）退刀（Retract）：非切削运动。刀具从切削位置最后的刀具路径到退刀点的刀具运动进给率。如果为 0，对线性退刀，系统使用"快速"进给率退刀；对于圆形退刀，系统使用"切削"进给率退刀。

9）分离（Departure）：非切削运动。指刀具从"退刀"运动移动到"快速"运动的起点或"横越"运动时的进给率。如果为 0，系统使用"快速"进给率。

10）返回（Return）：非切削运动。刀具移动到返回点的进给率。如果为 0，系统使用"快速"进给率。

（3）单位：包括两个选项：设置非切削单位和设置切削单位。"设置非切削单位"用于设置非切削运动单位，"设置切削单位"用于设置切削运动单位。两者的设置方法相同，对于米制单位可以选择：mmpm、mmpr、none；对于英制单位可以选择：IPM、IPR、none。

2.4.5 创建工序

1."创建工序"对话框

选择"主页"选项卡→"插入"组→"创建工序"图标，弹出如图 2-40 所示的"创建工序"对话框。

（1）类型：列出了具体的 CAM 类型，可根据加工要求选择具体的类型。

（2）工序子类型：不同的类型有不同的工序子类型，在此栏中将显示不同的图标，可根据加工要求选择子类型。

（3）位置：位置栏给出了将要创建的工序在"程序""刀具""几何体""方法"中的位置。

1）"程序"：指定将要创建的工序的程序父组。单击右边的下拉箭头，将显示可供选择的程序父组。选定合适的程序父组，操作将继承该程序父组的参数。默认程序父组为名

51

称为"NC_PROGRAM"。

2）"刀具"：指定将要创建的工序的加工刀具。单击右边的下拉箭头，将显示可供选择的刀具父组。选定合适的使用刀具，所创建的操作将使用该刀具对几何体进行加工。如果之前用户没有创建刀具，则在下拉列表框中没有可选的刀具。需要用户在某一加工类型的工序对话框中单独创建。

3）"几何体"：指定将要创建的工序的几何体。单击右边的下拉箭头，将显示可供选择的几何体。选定合适的几何体，工序将对该几何体进行加工。默认几何体为 "MCS_MILL"。

4）"方法"：指定将要创建的操作的加工方法。单击右边的下拉箭头，将显示可供选择方法。选定合适的加工方法，系统将根据该方法中设置的切削速度、内外公差和部件余量对几何体进行切削加工。默认的加工方法为"METHOD"。

图 2-40　"创建工序"对话框

（4）名称：指定工序的名称。系统会为每个工序提供一个默认的名字，如果需要更改，可在文本框中输入一英文名称，即可为工序指定名称。

2．创建工序实例

创建工序的具体实例这里不再讲述，在后面的章节中会详细讲解。

第3章

UG CAM 铣削通用参数

　　UG CAM 铣削通用参数指那些由多个处理器共享的选项,但并不是对所有这些处理器来说都是必需的。每个处理器本身又有许多特定的选项,需要根据具体的使用环境进行特别的设置。

　　本章着重介绍了在铣削加工过程中通用的参数,包括几何体的概念和种类、具体的切削模式、切削参数的使用和设置方法、非切削移动的使用和设置参数等内容。其中切削模式主要介绍了往复、单向、单向轮廓、跟随周边、跟随部件、沿轮廓、标准驱动和摆线等方式。在学完本章内容后,可以对铣削过程中需要用到的概念和参数有初步的了解,再结合后面章节的学习中可进一步的理解本章内容。

重点与难点

- 切削模式
- 公用切削参数
- 公用铣削参数
- 非切削移动

3.1 几何体

在 UG CAM 铣削加工中涉及到多种几何体类型，包括部件几何体、毛坯几何体、检查几何体、裁剪几何体、面几何体、切削区域、壁几何体等，每种铣削操作中所用到的几何体类型和数目不相同，具体用到哪些几何体类型，由铣削操作类型、子类型以及驱动方法等确定。

3.1.1 部件几何体

用户指定用于表示已完成的部件，这就是部件几何体。为使用过切检查，必须指定或继承实体部件几何体。面铣削中的部件几何体和型腔铣的概念基本相同。

部件几何体可以在"操作导航器-几何"中指定。

（1）在 UG NX9.0 加工环境中，单击"上边框条"中的"几何视图"，如图 3-1 所示。

图 3-1　上边框条

（2）在图 3-2a"工序导航器-几何"中单击"WORKPIECE"进行部件几何体的指定，双击"WORKPIECE"，弹出如图 3-2b 所示的"工件"对话框，单击"指定部件"右边的"选择或编辑部件几何体"图标指定部件几何体，图 3-2c 为指定的部件几何体，图中通过不同颜色的轮廓线示出选中的几何体。

a)　　　　　　　　　　b)　　　　　　　　　　c)

图 3-2　指定部件几何体

3.1.2 毛坯几何体

在"工件"对话框中单击"指定毛坯"右边的"选择或编辑毛坯几何体" 图标指定毛坯。通过"指定毛坯"选项指定将表示要切削掉的原材料的几何体（如图 3-3a 所示）。毛坯边界不表示最终部件，但可以对毛坯边界直接进行切削或进刀，在底面和岛顶部定义切削深度。图 3-3 示意出了从毛坯几何体经过切削后形成最终部件几何体的过程。

a)毛坯几何体   b)切削   c)部件几何体

图 3-3 毛坯几何体

3.1.3 检查几何体

在"几何体"栏中单击"选择或编辑检查几何体" 图标指定检查几何体。"检查几何体"或"检查边界"允许指定体或封闭边界用于表示夹具。如果使用了封闭的边界，则检查边界的所有成员都具有相切的刀具位置。类似于"平面铣"操作中的"检查边界"，材料一侧是根据边界的方向定义的。它表示材料的位置，并且既可以在内部也可以在外部（沿刀具轴测量，从边界的平面开始）。检查边界平面的法向必须平行于刀具轴。

使用"指定检查"选项定义不希望与刀具发生碰撞的几何体，比如固定部件的夹具，如图 3-4 所示，在指定检查边界不会在"检查几何体"覆盖待删除材料空间的区域进行切削。用户可以指定"检查余量"的值（平面铣→切削参数→余量→检查余量，"切削参数"对话框，如图 3-5 所示）。当刀具遇到"检查几何体"时：

（1）如果选中"平面铣→切削参数→连接→优化"下的"跟随检查几何体"，如图 3-6 所示，刀具将绕着"检查几何体"切削，如图 3-7a 所示，可以看出刀轨绕开"检查几何体"。

（2）如果在图 3-6 中未选中"面铣→切削参数→连接→优化"下的"跟随检查几何体"，刀具将退刀，如图 3-7b 所示，可以发现刀具退刀从上面越过"检查几何体"。

（3）设定完"检查几何体"并选中"跟随检查几何体"后，图 3-7 生成的 3D 切削结果如图 3-8 所示，在夹具下面部分的材料未被切削。

UG NX 9.0

图 3-4 带有夹具的部件　　图 3-5 "切削参数"对话框　　图 3-6 "跟随检查几何体"选项

a)选中"跟随检查几何体"　　b)未选中"跟随检查几何体"

图 3-7 "检查几何体"刀轨　　　　图 3-8 设定"检查几何体"后的切削部件

3.1.4 修剪几何体

在"几何体"栏中单击"指定修剪边界"右边的"选择或编辑修剪边界" 图标，弹出如图 3-9 所示"修剪边界"对话框，指定修剪几何体。可以通过"修剪边界"选项指定将在各个切削层上进一步约束切削区域的边界。通过将"修剪侧"指定为"内部"或"外部"（对于闭合边界），或指定为"左侧"或"右侧"（对于开放边界），定义要从操作中排除的切削区域面积，如图 3-10 所示。

另外可以指定一个"修剪余量"值（在图 3-5 中通过"切削参数→余量→修剪余量"进行选择设定）来定义刀具与"修剪几何体"的距离，如图 3-11 所示。刀具位置"在上面"总是应用于"修剪边界"，不能将刀具位置指定为"相切于"

图 3-9　"修剪边界"对话框

图 3-10　外部修剪侧

图 3-11　修剪边界

3.1.5　边界几何体

　　"边界几何体"包含封闭的边界，这些边界内部的材料指明了要加工的区域，在图 3-2b 中的"指定部件""指定毛坯""指定检查"单击右边的图标（选择或编辑边界），都可弹出图 3-12 所示的"边界几何体"对话框。可通过选择以下任何一个"模式"选项来创建边界：

1. 面

　　如图 3-13 所示，在几何体中选择满足要求的平面。当通过面创建边界时，默认情况下，与所选面边界相关联的体将自动用作部件几何体，用于确定每层的切削区域。如果希望使用过切检查，则必须选择部件几何体作为几何体父组或操作中的部件。通过"曲线/边"或"点"创建的面边界不具有此关联性。

图 3-12 "边界几何体"对话框

图 3-13 选择"面"创建边界

2. 曲线和边

在"模式"中选择"曲线和边"，弹出如图 3-14 所示的"创建边界"对话框。其中"类型"用于确定边界是"封闭的"还是"开放的"，此时的选择将影响后面"材料侧"，如果"类型"为"封闭的"，则"材料侧"为"内部"或"外部"，如果"类型"为"开放的"，则"材料侧"为"左侧"或"右侧"。通过"曲线和边"创建的边界如图 3-15 所示。

图 3-14 "创建边界"对话框

图 3-15 选择"曲线和边"创建边界

3. 点

"点"连接起来必须可形成多边形。在"边界几何体"对话框中的"模式"中选择"点"，将弹出如图 3-16 所示的"创建边界"对话框。除边界通过"点方法"创建外，其余各选项与图 3-14"创建边界"的选项相同。

首先选择"点"，然后通过"点"创建"边界"。通过"点"创建的边界如图 3-17 所示。

选择"创建边界"的点

通过"点"创建的边界

图 3-16 "创建边界"对话框   图 3-17 利用"点"创建边界

 注意

面边界的所有成员都具有相切的刀具位置。必须至少选择一个面边界来生成刀轨。面边界平面的法向必须平行于刀具轴。

3.1.6 切削区域

"切削区域"是用于定义要切削的面，通过"切削区域"，可选择多个面，但只能用平直的面。在"mill_planar"（平面铣）中的 FLOOR_WALL、FACE_MILLING_ MANUAL 以及"mill_contour"（轮廓铣）等需利用"切削区域"定义要切削的面。

例如，在创建"面铣削"后，在如图 3-18 所示的"手工面铣削"对话框中单击"选择或编辑切削区域几何体"图标，弹出如图 3-19 所示的"切削区域"对话框，进行待切削面的选择，在如图 3-20a 所示的部件几何体上选择加工面，如图 3-20b 所示，作为待加工区域。

可以在"面铣削"操作中定义"切削区域"，或者直接从 MILL_AREA 几何体组中继承。

当"MILL_AREA"（面几何体）不足以定义部件体上所加工的面时，可使用"切削区域"。而且，当希望使用壁几何体时，如果加工的面已具有完成的壁，并且壁需要特别指定的余量而非部件余量时，可使用"切削区域"。只有垂直于刀具轴的平坦的"切削区域"面才会被处理。

图 3-18 "手工面铣削"对话框

图 3-19 "切削区域"对话框

a)部件

b)待切削区域

图 3-20 选择"切削区域"

要使用"切削区域",不能同时在"面铣削"操作中选择或继承"MILL_AREA",如果"MILL_AREA"与"切削区域"混合使用时,必须移除其中的一个,否则将弹出如图3-21 所示的"操作参数警告"对话框。

3.1.7 "切削区域"示例

根据图 3-22 所示的"工序导航器-几何"中建立"WORKPIECE"和"MILL_AREA"几何体,并同时建立"FACING_MILLING"操作。

图 3-21 "操作参数警告"对话框

图 3-22 "工序导航器-几何"视图

光盘\动画演示\第 3 章\"切削区域"示例.avi

1．创建毛坯

（1）选择"应用模块"选项卡→"设计"组→"建模"图标，在建模环境中，选择"菜单"→"格式"→"图层设置"命令，弹出如图 3-23 所示的"图层设置"对话框。新建工作图层"2"，单击"确定"按钮。

（2）选择"主页"选项卡→"特征"组→"设计特征下拉菜单"→"拉伸"图标，弹出"拉伸"对话框，选择加工部件的底部 4 条边线为拉伸截面，指定矢量方向为"ZC"，输入开始距离为 0，输入结束距离为 85，其他采用默认设置，单击"确定"按钮，生成毛坯如图 3-24 所示，选择"菜单"→"格式"→"图层设置"命令，双击选择图层"1"为工作图层，取消图层"2"前面的对勾。

图 3-23　"图层设置"对话框

图 3-24　毛坯模型

2．创建几何体

（1）选择"应用模块"选项卡→"加工"组→"加工"图标，进入加工环境。在上边框条中选择"几何视图"，选择"主页"选项卡→"插入"组→"创建几何体"图标，弹出如图 3-25 所示的"创建几何体"对话框，选择"mill_planar"类型，选择"WORKPIECE"几何体子类型，其他采用默认设置，单击"确定"按钮。

（2）弹出如图 3-26 所示的"工件"对话框，单击"选择或编辑部件几何体"按钮，选择如图 3-27 所示的部件。选择"菜单"→"格式"→"图层设置"命令，勾选图层"2"，单击"选择或编辑毛坯几何体"按钮，选择毛坯。单击"确定"按钮。

3．创建铣削区域

（1）选择"主页"选项卡→"插入"组→"创建几何体"图标，弹出如图 3-28 所示的"创建几何体"对话框，选择"mill_planar"类型，选择"MILL_AREA"几何体子类型，其他采用默认设置，单击"确定"按钮。

图 3-25   创建几何体

图 3-26   "工件"对话框

图 3-27   指定部件

图 3-28   "创建几何体"对话框

（2）弹出如图 3-29 所示"铣削区域"对话框，单击"选择或编辑切削区域几何体"按钮，弹出如图 3-30 所示的"切削区域"对话框，选择如图 3-20 所示切削区域。

图 3-29   "铣削区域"对话框

图 3-30   指定部件

4．创建工序

（1）选择"主页"选项卡→"插入"组→"创建工序"图标 ，弹出如图 3-31 所示的"创建工序"对话框，选择"MILL_PLANAR"类型，在工序子类型中选择"FACE_MILLING"，选择"MILL_AREA"几何体，输入名称为"FACE_MILLING"其他采用默认设置，单击"确定"按钮。

（2）弹出如图 3-32 所示的"面铣"对话框，单击"选择或编辑面边界"按钮 ，弹出"创建边界"对话框，选择如图 3-33 所示的曲线边界。

图 3-31   "创建工序"对话框

图 3-32   "面铣"对话框

（3）在"工具"栏中单击"新建"按钮 ，弹出"新建刀具"对话框，刀具子类型选择 MILL，创建直径为 10mm 的刀具，名称为"END10"。

（4）"切削模式"选择"往复"，单击"操作"栏的"生成刀轨" ，生成如图 3-34 所示的刀轨图。

图 3-33   指定曲线边界

图 3-34   生成的刀轨图

注意

> 如果创建"面铣削"操作时，选择的位置不是"WORKPIECE"而是"MILL_AREA"，那么不需要"指定面边界"，因为在前面创建"MILL_AREA"中已经指定了切削区域，如果再次指定面边界，将弹出警告对话框。

3.1.8 壁几何体

使用"壁余量"和"壁几何体"可以覆盖与工件体上的加工面相关的壁的"部件余量"。在"面铣削"操作中使用"壁余量"和"壁几何体"，可以将部件上待加工面以外的面选为"壁几何体"，并将唯一的"壁余量"应用到这些面上来替换"部件余量"。

"壁几何体"可以由任意多个修剪面或未修剪面组成，唯一的限制就是这些面都必须包括在"部件几何体"中。在"面铣削"操作的"切削参数"对话框中可定义"壁余量"，如图3-35所示。使用"壁几何体"时，必须首先选择或继承"切削区域"以定义"面铣削"操作中的加工面。在"面铣削"操作中选择"壁几何体"，或者从"MILL_AREA"几何体组中继承。图3-36说明了在"面铣削"操作中与部件体关联的几种不同"面"类型。

图3-35　壁余量设置

图3-36　需要特别"壁余量"的部件

在"面铣削区域"对话框中的"自动壁"选项，即为"自动壁识别"，通过使用"自动壁识别"，"面铣削"处理方式可以自动识别"壁余量"并将其应用到与选定"切削区域"面相邻的面。

3.1.9 过切检查

过切检查是在零件和检查几何体上查找过切，不检查毛坯上的过切。"过切检查"仅在选择手动切削模式时才可用，此检查能防止刀具碰撞部件几何体。"过切检查"只能处理具有 5 个参数的刀具。

3.2 切削模式

切削模式确定了用于加工切削区域的刀轨模式，不同的切削方式可以生成不同的路径。主要有"往复""单向""单向轮廓""跟随周边""跟随部件""沿轮廓""标准驱动"和"摆线"等切削方式。

"往复""单向"和"单向轮廓"都可以生成平行直线切削刀路的各种变化。"跟随周边"可以生成一系列向内或向外移动的同心的切削刀路。这些切削类型用于从型腔中切除一定体积的材料，但只能用于加工"封闭区域"。

各切削方式的主要特点为：

（1）"往复""单向"和"单向轮廓"切削都可生成各种平行线切削刀路。

（2）"跟随周边"可生成一系列同心切削刀路，这些刀路可向内或向外进行。

（3）"沿轮廓"可生成跟随切削区域轮廓的部件部分的单个切削刀路。与其他切削类型不同，"沿轮廓"的设计目的并不是去除一定量的材料，而是用于对部件的壁面进行精加工。"轮廓"和"标准驱动"可加工开放和封闭区域。如果切削区域完全由毛坯几何体组成，则轮廓切削方式不会在该区域生成任何切削运动。

3.2.1 往复式切削（Zig-Zag）

"往复"式切削创建一系列平行直线刀路，彼此切削方向相反，但步进方向一致。在步距的位移上没有提刀动作，刀具在步进时保持连续的进刀状态，是一种最节省时间的切削方法。切削方向相反，交替出现"顺铣"和"逆铣"切削。指定"顺铣"或"逆铣"切削方向不会影响切削行为，但会影响其中用到的"壁清理"操作的方向。

切削时将尽量保持直线"往复"切削，但允许刀具在限定的步进距离内跟随切削区域轮廓以保持连续的切削运动。这种方式的特点为：

（1）交替出现一系列"顺铣"和"逆铣"切削，"顺铣"或"逆铣"切削方向不会影响切削行为，但会影响"清壁"操作的方向。

（2）使用者如果没有指定切削区域起点，那么刀具的起刀点将尽量地从外围边界的起点处开始切削。

（3）"往复式切削"基本按直线进行，为保持切削运动的连续性，在不超出横向进给距离的条件下，刀具路径可以沿切削区域轮廓进行切削，但跟随轮廓的刀具路径不能和其他刀具路径相交，并且偏离走刀直线方向的距离应小于横向进给距离，如图 3-37 所示，最后一条"往复"刀路偏离了直线方向，而是跟随切削区域的形状以保持连续的切削刀轨。"往复式切削"刀路无法跟随切削区域轮廓，那么系统将生成一系列较短的刀路，并在子区域间移动刀具进行切削，如图3-38所示。步进始终跟随切削区域轮廓。

图 3-37　往复（沿切削区域轮廓）　　　图 3-38　往复（不沿切削区域轮廓）

（4）实际加工中，如果工件腔内没有工艺孔，刀具应该沿斜线切入工件，斜角应控制在5°以内。

3.2.2 单向切削（Zig）

"单向"切削方法生成一系列线性平行和单向切削刀具路径。在连续的刀路间不执行轮廓切削。它在横向进给前先退刀，然后跨越到下一个刀具路径的起始位置，再以相同的方法进行切削。"单向"切削方法生成的相邻刀具路径之间全是"顺铣"或"逆铣"。

（1）刀具从切削刀路的起点处进刀，并切削至刀路的终点。然后刀具退刀，移动至下一刀路的起点，并以相同方向开始切削。

图3-39和图3-40分别说明了"顺铣"和"逆铣"切削的"单向"刀具运动的基本顺序。

（2）在刀路不相交时，"单向"切削生成的刀路可跟随切削区域的轮廓。如果"单向"刀路不相交便无法跟随切削区域，那么将生成一系列较短的刀路，并在子区域间移动刀具进行切削，如图3-41所示。

（3）切削方向始终一致，即始终保持"顺铣"或"逆铣"，刀轨是连续的。

（4）"单向"切削非常适合于"岛屿"的精加工。

图 3-39 "单向"切削刀轨"顺铣" 图 3-40 "单向"切削刀轨"逆铣" 图 3-41 "单向"切削刀轨

3.2.3 "单向切削"示例

对图 3-42 所示的部件进行单向切削。

光盘\动画演示\第 3 章\"单向切削"示例.avi

1. 创建毛坯

（1）选择"应用模块"选项卡→"设计"组→"建模"图标，在建模环境中，选择"菜单"→"格式"→"图层设置"命令，弹出如图 3-43 所示的"图层设置"对话框。选择图层"2"为工作图层，单击"确定"按钮。

图 3-42 加工部件   图 3-43 "图层设置"对话框

（2）选择"主页"选项卡→"特征"组→"设计特征下拉菜单"→"拉伸"图标，弹出如图 3-44 所示的"拉伸"对话框，选择加工部件的底部 4 条边线为拉伸截面，指定矢量方向为"ZC"，输入开始距离为 0，输入结束距离为 50，其他采用默认设置，单击"确定"按钮，生成毛坯如图 3-45 所示。

图 3-44 "拉伸"对话框

图 3-45 毛坯

2．创建几何体

（1）选择"应用模块"选项卡→"加工"组→"加工"图标 ，进入加工环境。在上边框条中选择"几何视图"，选择"主页"选项卡→"插入"组→"创建几何体"图标 ，弹出"创建几何体"对话框，选择"MILL_PLANAR"类型，选择"WRKPLECE "几何体子类型，其他采用默认设置，单击"确定"按钮。

（2）弹出"工件"对话框，单击"选择或编辑部件几何体"按钮 ，选择如图 3-42 所示加工部件。单击"选择或编辑毛坯几何体"按钮 ，选择图 3-45 所示的毛坯。单击"确定"按钮。

3．创建工序

（1）选择"主页"选项卡→"插入"组→"创建工序"图标 ，弹出"创建工序"对话框，选择"MILL_PLANAR"类型，在工序子类型中选择"PLANAR_MILL"，选择"WORKPLECE"几何体，其他采用默认设置，单击"确定"按钮。

（2）弹出如图 3-46 所示的"平面铣"对话框，单击"选择或编辑部件边界"按钮 ，弹出"创建边界"对话框，，"模式"选择"曲线/边"，"材料侧"选择"外部"，选择如图 3-47 所示的曲线边界。单击"选择或编辑底平面几何体"按钮 ，弹出如图 3-48 所示的"平面"对话框，选择如图 3-46 所示的底面。

图 3-46　"平面铣"对话框

图 3-47　指定部件边界

底面

部件边界

UG NX 9.0

图 3-48　"平面"对话框

（3）在"工具"栏中单击"新建"按钮<img>，弹出"新建刀具"对话框，创建直径为
10mm 的刀具，名称为"END10"。

（4）在"刀轨设置"栏中进行如图 3-49 所示的设置。"切削模式"选择"单向"，
"切削角"选择"指定"，与"XC 的夹角"为 90，"步距"为"60%刀具平直百分比"。

（5）单击"切削层"按钮<img>，弹出如图 3-50 所示的"切削层"对话框，类型选择"用
户定义"，"公共"为 20，单击"确定"按钮。

图 3-49 "刀轨设置"对话框

图 3-50 "切削层"对话框

（6）单击"非切削移动"按钮 ，弹出如图 3-51 所示的"非切削移动"对话框。进刀封闭区域的"进刀类型"选择"插削"，"高度"为 0mm，其他采用默认设置；"退刀类型"选择"抬刀"，"高度"为 50mm；转移/快速的"安全设置选项"为自动平面、"安全距离"为 0mm，区域之间的"转移类型"为毛坯平面、"安全距离"为 0mm，区域内的"转移方式"为进刀/退刀、转移类型为安全距离—刀轴。

（7）以上设置完毕后，单击"操作"栏中的"生成" 和"确认" 生成刀轨，生成如图 3-52 所示的单向刀轨。

进刀类型设置

退刀类型设置

图 3-51 "非切削移动"对话框

图 3-52 单向切削刀轨

3.2.4 单向轮廓切削（Zig With Contour）

"单向轮廓"创建的"单向"切削图样将跟随两个连续"单向"刀路间的切削区域的轮廓。它将严格保持"顺铣"或"逆铣"切削。系统根据沿切削区域边界的第一个"单向"

刀路来定义"顺铣"或"逆铣"刀轨。

"单向轮廓"的切削刀路为一系列"环",如图 3-53 所示。第一个环有 4 个边,之后的所有环均只有三个边。

图 3-53　单向轮廓环

刀具从第一个环底部的端点处进刀。系统根据刀具从一个环切削至下一个环的大致方向来定义每个环的底侧。刀具移动的大致方向是从每个环的顶部移至底部。

切削完第一个环后,刀具将移动到第二个环的起始位置。由于第一个环的底部即对应于第二个环的顶部,因此第二个环中只剩下三个要切削的边。系统将从第二个环(上例中)的左侧边起点处进刀。后续环中将重复此模式。

"单向轮廓"切削方法与"单向"切削方法类似,只是在横向进给时,刀具沿区域轮廓进行切削形成的刀轨,如图 3-54 所示。

沿区域轮廓进行切削形成的刀轨

图 3-54　单向轮廓切削

这种方式的特点为:

(1)切削图样将跟随两个连续"单向"刀路间的切削区域的轮廓,由沿切削区域边界的第一个"单向"刀路来定义"顺铣"或"逆铣"刀轨。

(2)步进在刀具移动时跟随切削区域的轮廓。"单向"刀路也跟随切削区域的轮廓,但必须轮廓不会导致刀路相交。

(3)如果存在相交刀路使得"单向"刀路无法跟随切削区域的轮廓,那么系统将生成一系列较短的刀路,并在子区域间移动刀具进行切削。

(4)这种加工方式适合于在粗加工后要求余量均匀的零件加工,如侧壁高且薄的零件,加工比较平稳,不会影响零件的外形。

(5)刀轨运动顺序。图 3-55 所示为刀轨运动顺序示意图,图中各数字刀轨为运动顺序。

图 3-55 刀轨运动顺序示意图

刀具每步运动的过程如下：

（1）进刀：首次进刀应刀具应倾斜一定角度，避免直接切入腔体拐角或沿壁面进刀，使切削更加规则。

（2）初始步距。

（3）初始切削刀路，此刀路与后面其他"单向切削"刀路（图 3-55 中的 5、10、16、22）方向相反。此刀路决定"顺铣"或"逆铣"。

（4）步进。

（5）第一个单向刀路。

（6）退刀。

（7）移刀。

（8）进刀。

（9）步进。

（10）第二个单向刀路。

（11）步进。

后面的切削过程重复以上过程中的（6）～（11）步。

3.2.5 "单向轮廓切削"示例

建立如图 3-56 所示的部件，进行单向轮廓切削。

光盘\动画演示\第 3 章\"单向轮廓切削"示例.avi

1．创建毛坯

（1）选择"应用模块"选项卡→"设计"组→"建模"图标，在建模环境中，选择"菜单"→"格式"→"图层设置"命令，弹出如图 3-57 所示的"图层设置"对话框。将图层"2"设置为工作图层，单击"确定"按钮。

图 3-56　"单向轮廓"待切削部件

图 3-57　"图层设置"对话框

（2）选择"主页"选项卡→"特征"组→"设计特征下拉菜单"→"拉伸"图标，弹出如图 3-58 所示的"拉伸"对话框，选择加工部件的底部 4 条边线为拉伸截面，指定矢量方向为"ZC"，输入开始距离为 0，输入结束距离为 30，其他采用默认设置，单击"确定"按钮，生成毛坯如图 3-59 所示。

图 3-58　"拉伸"对话框

图 3-59　毛坯模型

2．创建几何体

（1）选择"应用模块"选项卡→"加工"组→"加工"图标，进入加工环境。在上

73

边框条中选择"几何视图",选择"主页"选项卡→"插入"组→"创建几何体"图标 ,弹出"创建几何体"对话框,选择"MILL_PLANAR"类型,选择"WRKPLECE "几何体子类型,其他采用默认设置,单击"确定"按钮。

(2)弹出"工件"对话框,单击"选择和编辑部件几何体"按钮 ,选择如图 3-56所示部件。单击"选择和编辑毛坯几何体"按钮 ,选择图 3-59 所示的毛坯。单击"确定"按钮。

3.创建工序

(1)选择"主页"选项卡→"插入"组→"创建工序"图标 ,弹出"创建工序"对话框,选择"MILL_PLANAR"类型,在工序子类型中选择"PLANAR_MILL",选择"WORKPLECE"几何体,其他采用默认设置,单击"确定"按钮。

(2)弹出"平面铣"对话框,单击"选择或编辑部件边界"按钮 ,弹出"创建边界"对话框,选择如图 3-60 所示的曲线边界。单击"选择或编辑底平面几何体"按钮 ,弹出如图 3-61 所示的"平面"对话框,选择如图 3-60 所示的底面。

(3)在"工具"栏中单击"新建"按钮 ,弹出"新建刀具"对话框,创建直径为10mm 的刀具,名称为"END10"。

图 3-60 指定部件边界和底面

图 3-61 "平面"对话框

(4)在"刀轨设置"栏中进行如图 3-62 所示的设置。"切削模式"选择"单向轮廓","切削角"选择"指定","与 XC 的夹角"为 90,"步距"为"刀具平直百分比"。

(5)单击"切削层"按钮 ,弹出如图 3-63 所示的"切削层"对话框,"类型"选择"用户定义","公共"为 10,单击"确定"按钮。

(6)单击"非切削移动"按钮 ,弹出如图 3-64 所示的"非切削移动"对话框。"进刀类型"选择"沿形状斜进刀","倾斜角"为 15。

(7)以上设置完毕后,单击"操作"栏中的"生成" 和"确认" 生成刀轨,生成如图 3-65 所示的单向轮廓切削刀轨。

图 3-62　"刀轨设置"对话框

图 3-63　"切削层"对话框

图 3-64　进刀类型设置

图 3-65　单向轮廓切削刀轨

3.2.6　跟随周边切削（Follow Periphery）

"跟随周边切削"能跟随切削区域的轮廓生成一系列同心刀路的切削图样。通过偏置该区域的边缘环可以生成这种切削图样。当刀路与该区域的内部形状重叠时，这些刀路将合并成一个刀路，然后再次偏置这个刀路就形成下一个刀路。可加工区域内的所有刀路都将是封闭形状。"跟随周边切削"通过使刀具在步进过程中不断地进刀而使切削运动达到最大程度。

"跟随周边切削"是沿切削区域外轮廓产生一系列同心线，来创建刀具路径。该方法创建的刀具路径与切削区域的形状有关，刀具路径是通过偏置切削区域外轮廓得到的。如果偏置的刀具路径与切削区域内部形状有交叠，则合并成一条刀具路径，并继续偏置下一条刀具路径，所有的刀具路径都是封闭的。

这种方式的特点为：

（1）刀具的轨迹是同心封闭的。

（2）刀具的切削方向与往复式走刀方法一样，跟随周边走刀方法在横向进给时，一直保持切削状态，可以产生最大化切削，所以特别适合于粗铣。用于内腔零件的粗加工，如模具的型芯和型腔。

（3）如果设置的进给量大于刀具的半径，两条路径之间可能产生未切削区域，导致切削不完全，导致在加工工件表面留有残余材料。

利用"跟随周边切削"方法进行切削除需要指定"顺铣"和"逆铣"外，还需要在切削参数对话框中指定横向进给方向："向内"或"向内"。

使用"向内"腔体方向时，离切削图样中心最近的刀具一侧确定"顺铣"或"逆铣"，如图3-66所示；使用"向外"腔体方向时，离切削区域边缘最近的刀具一侧确定"顺铣"或"逆铣"，如图3-67所示。

对于"向内"进给切削，系统首先切削所有开放刀路，然后切削所有封闭的内刀路。切削时根据零件外轮廓向内偏置，产生同心轮廓。

图 3-66　向外"逆铣"

图 3-67　向内"逆铣"

对于"向外"进给切削，系统首先切削所有封闭的内刀路，然后切削所有开放刀路。刀具从工件要切削区域的中心向外切削，直到切削到工件的轮廓。

图3-68a所示为使用"顺铣"切削和"向内"腔体方向，图b所示为使用"顺铣"切削和"向外"腔体方向时"跟随周边切削"刀具运动的轨迹。

a)顺铣、向内

b)顺铣、向外

图 3-68　跟随周边

3.2.7　跟随部件切削（Follow Part）

"跟随部件切削"方法，是根据所指定的零件几何产生一系列同心线，来切削区域轮廓。该方法和"跟随周边切削"方法类似，不相同是"跟随周边切削"只能从零件几何或毛坯几何定义的外轮廓偏置得到刀具路径，"跟随部件切削"可以保证刀具沿零件轮廓进行切削。

1．特点

（1）"跟随部件切削"方法不允许指定横向进给方向，横向进给方向由系统自动确定，即总是朝向零件几何，也就是靠近零件的路径最后切削。

（2）如果切削区域中没有"岛屿"等几何形状，此切削方式和"跟随周边切削"方式产生的刀具轨迹相同。

（3）根据工件的几何形状来规定切削方向，不需要指定切除材料的内部还是外部。

（4）对于型腔加工，加工方向是向外；对于岛屿，加工方向是向内部。

（5）适合加工零件中有凸台或岛屿的情况，这样可以保证凸台和岛屿的精度。

（6）如果没有定义零件几何，该方法就用毛坯几何进行偏置得到刀具路径。

与"跟随周边切削"方法的区别如下：

（1）"跟随部件切削"方法通过从整个指定的"部件几何体"中形成相等数量的偏置。

（2）不需要指定切除材料的内部还是外部，对于型腔加工，加工方向是向外，对于"岛屿"，加工方向是内部。

（3）在带有岛的型腔区域中使用"跟随部件切削"，不需要使用带有"岛清理"的"跟随周边切削"方式。"跟随部件切削"将保证在不设置任何切换的情况下完整切削整个"部件"几何体。

（4）"跟随部件切削"可以保证刀具沿着整个"部件"几何体进行切削，无需设置"岛清理"刀路

2．步进方向

（1）面区域：对于面区域（区域的边缘环由"毛坯"几何体定义且不存在"部件"几何体）如图 3-69 所示，偏置将跟随由"毛坯"几何体定义的边缘形状，并且步进方向向内。

毛坯几何体　　　　　　　　　　　　　　　　步进方向

图 3-69　面区域

（2）型芯区域：对于型芯区域（边缘环通过"指定毛坯边界"定义，岛通过"指定部件边界"定义），偏置跟随"部件"几何体的形状，步进方向为向内朝向定义每个岛的"部件"几何体，如图3-70所示。

a)   b)

图3-70　型芯区域

（3）型腔区域：对于型腔区域（边缘环通过"指定部件边界"确定）步进方向向外时则朝向定义型腔边缘的"部件"几何体，步进方向向内时则朝向定义每个岛的"部件"几何体，如图3-71所示。

a)   b)

图3-71　型腔区域

（4）开放侧区域：对于开放侧区域（这些区域中，由于"部件"几何体和"毛坯"几何体相交，"部件"几何体偏置不创建封闭边缘形状），步进方向向外时则朝向定义边缘的"部件"几何体，向内时则朝向定义岛的"部件"几何体。

3.2.8 "跟随部件切削"示例

建立如图3-72所示的部件，进行跟随部件切削。

光盘\动画演示\第3章\"跟随部件切削"示例.avi

1．创建毛坯

（1）选择"应用模块"选项卡→"设计"组→"建模"图标 ，在建模环境中，选择"菜单"→"格式"→"图层设置"命令，弹出如图 3-73 所示的"图层设置"对话框。将图层"2"设置为工作层，单击"确定"按钮。

（2）选择"主页"选项卡→"特征"组→"设计特征下拉菜单"→"拉伸"图标 ，弹出如图 3-74 所示的"拉伸"对话框，选择加工部件的底部 4 条边线为拉伸截面，指定矢量方向为"ZC"，输入开始距离为 0，输入结束距离为 50，其他采用默认设置，单击"确定"按钮，生成毛坯如图 3-75 所示。

图 3-72　待加工部件

2．创建几何体

（1）选择"应用模块"选项卡→"加工"组→"加工"图标 ，进入加工环境。在上边框条中选择"几何视图"，选择"主页"选项卡→"插入"组→"创建几何体"图标 ，弹出"创建几何体"对话框，选择"MILL_PLANAR"类型，选择"WRKPLECE "几何体子类型，其他采用默认设置，单击"确定"按钮。

图 3-73　"图层设置"对话框

图 3-74　"拉伸"对话框

（2）弹出"工件"对话框，单击"选择或编辑部件几何体"按钮 ，选择如图 3-72 所示部件。单击"选择或编辑毛坯几何体"按钮 ，选择图 3-75 所示的毛坯。单击"确定"按钮。

图 3-75　毛坯

3．创建工序

（1）选择"主页"选项卡→"插入"组→"创建工序"图标 ，弹出"创建工序"对话框，选择"MILL_PLANAR"类型，在工序子类型中选择"PLANAR_MILL"，选择"WORKPLECE"几何体，其他采用默认设置，单击"确定"按钮。

（2）弹出如图 3-76 所示的"平面铣"对话框，单击"选择或编辑部件边界"按钮 ，弹出"边界几何体"对话框，选择如图 3-77 所示的面。单击"选择或编辑毛坯边界"按钮 ，选择如图 3-78 所示的毛坯边界。单击"选择或编辑底平面几何体"按钮 ，弹出"平面"对话框，选择如图 3-79 所示的底面。

（3）在"工具"栏中单击"新建"按钮 ，弹出"新建刀具"对话框，创建直径为10mm 的刀具，名称为"END10"。

图 3-76　"平面铣"对话框

图 3-77　指定部件边界

（4）在"刀轨设置"栏中切削模式选择"跟随部件"，"步距"为"80%刀具平直百分比"，单击"非切削移动"按钮 ，在"转速/快速"选项卡中，"安全设置选项"为自动平面。

图 3-78 指定毛坯边界

图 3-79 选择底面

（5）以上设置完毕后，单击"操作"栏中的"生成" 图 和"确认" 图 生成刀轨，生成如图 3-80 所示的跟随部件切削刀轨。

图 3-80 跟随部件切削刀轨

3.2.9 轮廓加工切削（Profile）

"轮廓加工切削"方法是沿切削区域创建一条或多条刀具路径的切削方法，对部件壁面进行精加工。它可以加工开放区域，也可以加工闭合区域。如图 3-81 所示，其切削路径与区域轮廓有关，该方法是按偏置区域轮廓来创建刀具路径。

图 3-81 轮廓切削类型

"轮廓加工切削"可以通过"附加刀路"选项来指定多条刀具路径，如图 3-82 所示，图 a 中无附加刀路，图 b 中两条附加刀路。

a)0 条"附加刀路"　　　　　　　　　b)两条"附加刀路"

图 3-82　"沿轮廓"切削与"附加刀路"

这种方式的特点为：

（1）可以加工开放区域，也可以加工闭合区域。

（2）可通过一条或多条切削刀路对部件壁面进行精加工。

（3）可以通过在"附加刀路"字段中指定一个值来创建附加刀路以允许刀具向部件几何体移动，并以连续的同心切削方式切除壁面上的材料。

（4）对于具有封闭形状的可加工区域，轮廓刀路的构建和移动与"跟随部件"切削图样相同。

可以同时切削多个"开放"区域。如果几个开放区域相距过近导致切削刀路出现交叉，系统将调整刀轨。如果一个"开放形状"和一个"岛"相距很近，系统构建的切削刀路将只从"开放形状"指向外，并且系统将调整该刀路使其不会过切岛。如果多个"岛"相距很近，系统构建的切削刀路将从"岛"指向外，并且在交叉处合并在一起，如图 3-83 所示。

开放的形状和岛　　　　　　　　两个岛

■ = 部件几何体　　　── = 刀路

图 3-83　"轮廓加工"切削类型

 注意

当步进非常大时（步进大于刀具直径的 50%，小于刀具直径的 100%），连续刀路间的某些区域可能切削不到。"沿轮廓"切削操作使用的边界不能够自相交，否则将导致边界的材料侧不明确。

3.2.10 标准驱动切削（Standard Drive）

"标准驱动切削"（Standard Drive）是一种轮廓切削方式方法，类似于"沿轮廓"切削方法，刀具准确地沿指定边界移动，产生沿切削区域轮廓刀具路径，但允许刀轨自交叉，可以在平面铣操作对话框中的切削参数"自相交"选择决定是否允许刀轨自相交，如图 3-84 所示。

注意

（1）与"沿轮廓"切削方法不同，该方法产生的刀具路径完全按指定的轮廓边界产生，因此刀具路径可能产生交叉，也可能产生过切的刀具路径。

（2）"标准驱动"不检查过切，因此可能导致刀轨重叠。使用"标准驱动"切削方式时，系统将忽略所有"检查"和"修剪"边界。

这种方式的特点为：

（1）取消了自动边界修剪功能。

（2）使用"自相交"选项确定是否允许刀轨自相交。

（3）每个形状都作为一个区域来处理，不在形状间执行布尔操作。

（4）刀具轨迹只依赖于工件轮廓。

利用"标准驱动"与"轮廓驱动"产生的刀轨如图 3-85 所示。

在以下情况下使用"标准驱动"可能会导致无法预见的结果：

（1）在与边界的自相交处非常接近的位置更改刀具的位置（"位于"或"相切于"）。

（2）在刀具切削不到的拐角处使用"位于"刀具位置（刀具过大，如设为"位于"，则切削不到该拐角）。

（3）由多个小边界段组成的凸角，例如由样条创建的边界形成的凸角。

标准驱动　　　　　　　　　沿轮廓驱动

图 3-84　切削参数"自相交"选项　　　　　图 3-85　标准驱动与轮廓驱动产生的刀轨

3.2.11 摆线切削（Cycloid）

当需要限制过大的步距以防止刀具在完全嵌入切口时折断，且需要避免过量切削材料时，需使用此功能。在进刀过程中的岛和部件之间以及窄区域中，几乎总是会得到内嵌区域。系统可从部件创建摆线切削偏置来消除这些区域。

摆线切削是一种刀具以圆形回环模式移动而圆心沿刀轨方向移动的铣削方法。图 3-86 说明了"摆线切削"图样，请注意回环切削图样。刀具以小型回环运动方式来加工材料，也就是说，刀具在以小型回环运动方式移动的同时，也在旋转。将这种方式与常规切削方式进行比较，在后一种情况下，刀具以直线刀轨向前移动，其各个侧面都被材料包围。选择"摆线切削"模式后，切削参数的设置如图 3-87 摆线设置里的各项所示。

图 3-86　"摆线切削"图样　　　　图 3-87　摆线"切削参数"对话框

1. 摆线宽度

摆线宽度如图 3-88 所示。图 3-89 所示为摆线切削图样。

小刀轨宽度　　　　大刀轨宽度

图 3-88　摆线宽度　　　　图 3-89　摆线切削图样

2. 摆线向前步长

"摆线向前步长"必须小于或等于刀轨设置里面的步距，如图 3-90 所示，步距的"平面直径百分比"为 50%。如果图 3-87 摆线"切削参数"对话框中的"摆线向前步长"为 40%，则在生成刀轨时会弹出图 3-91 所示的"摆线"切削设置错误对话框，如果将步距的"平面直径百分比"改为大于 50% 或将"摆线向前步长"改为 30%，则可消除设置错误。

a)

b)

图 3-90 摆线刀轨宽度和步距

图 3-91 "摆线"切削设置错误

此种切削方式的特点和要注意的问题如下：

（1）使用"跟随周边"切削模式时，可能无法切削到一些较窄的区域，从而会将一些多余的材料留给下一切削层。鉴于此原因，应在切削参数中打开"壁清理"和"岛清理"。这可保证刀具能够切削到每个部件和岛壁，从而不会留下多余的材料。

（2）使用"跟随周边""单向"和"往复"切削模式时，应打开"壁清理"选项。这可保证部件的壁面上不会残留多余的材料，从而不会出现在下一切削层中刀具应切削的材料过多的情况。

（3）使用"跟随周边"切削模式时，应打开"岛清理"选项。这可保证岛的壁面上不会残留多余的材料，防止在下一切削层中刀具应切削的材料过多。

（4）"沿轮廓"和"标准驱动"将生成沿切削区域轮廓的单一的切削刀路。与其他切削类型不同，"沿轮廓"和"标准驱动"不是用于切除材料，而是用于对部件的壁面进行精加工。"沿轮廓"和"标准驱动"可加工"开放"和"封闭"区域。

UG NX 9.0

3.2.12 "摆线切削"示例

 光盘\动画演示\第 3 章\"摆线切削"示例.avi

1．创建毛坯和几何体

同 3.2.3 节中的步骤 1 和步骤 2。

2．创建工序

（1）选择"主页"选项卡→"插入"组→"创建工序"图标 ，弹出"创建工序"对话框，选择"MILL_PLANAR"类型，在工序子类型中选择"PLANAR_MILL"，选择"WORKPIECE"几何体，其他采用默认设置，单击"确定"按钮。

（2）弹出如图 3-92 所示的"平面铣"对话框，单击"选择或编辑部件边界"按钮 ，弹出"边界几何体"对话框，"模式"选择曲线/边，，弹出"创建边界"对话框，选择如图 3-93 所示的曲线边界，"材料侧"选择外部。单击"选择或编辑底平面几何体"按钮 ，弹出如图 3-94 所示的"平面"对话框，选择如图 3-95 所示的底面 1。

项卡的安全设置中，"安全设置选项"选择"平面"，选择如图 3-95 所示的底面 2。

图 3-92 "平面铣"对话框

图 3-93 部件边界

（3）在"工具"栏中单击"新建"按钮 ，弹出"新建刀具"对话框，创建直径为 10mm 的刀具，名称为"END10"。

（4）在"刀轨设置"栏中进行如图 3-96 所示的设置。切削模式选择"摆线"，"步距"为"刀具平直百分比"。

（5）单击"切削层"按钮 ，弹出"切削层"对话框，类型选择"用户定义"，"公共"为 20，单击"确定"按钮。

（6）单击"切削参数"按钮 ，弹出如图 3-97 所示的"切削参数"对话框，"摆线宽度"为"60%刀具"；"最小摆线宽度"为"20%刀具"；"步距限制"为 150；"摆线向前步长"为"40%刀具"，其他参数采用默认设置，单击"确定"按钮。

（7）单击"非切削移动"按钮 ，弹出如图 3-98 所示的"非切削移动"对话框。在"进刀"选项卡的封闭区域中设置"进刀类型"为"插削"，"高度"为 80mm；在开放区域中设置"进刀类型"为"线性"；"长度"为"50%刀具"。

图 3-94　"平面"对话框

图 3-95　底面

图 3-96　"刀轨设置"对话框

图 3-97　"切削参数"对话框

（8）以上设置完毕后，单击"操作"栏中的"生成" 和"确认" 生成刀轨，生成如图 3-99 所示的单向刀轨。

图 3-98　"非切削移动"对话框

图 3-99　"摆线"切削刀轨

3.3　步距

　　"步距"用于指定切削刀路之间的距离，是相邻两次走刀之间的间隔距离。间隔距离指在 XY 平面上铣削的刀位轨迹间的距离。因此，所有加工间隔距离都是以平面上的距离来计算的。该距离可直接通过输入一个常数值或刀具直径的百分比来指定，也可以输入残余波峰高度由系统计算切削刀路间的距离。图 3-100 为"步距"示意图。

　　确定"步距"的方法，如图 3-101 所示，主要有：恒定、残余高度、刀具直径百分比、多个（可变）。可以通过输入一个常数值或刀具直径的百分比，直接指定该距离；也可通过输入波峰高度并允许系统计算切削刀路间的距离，间接指定该距离。另外，也可以指定"步距"使用的允许范围，或指定"步距"大小和相应的刀路数目来定义"多个（可变）"步距。

图 3-100　"步距"示意图

图 3-101　"步距"选项

　　当选择不同的"步距"设置方式，"步距"对应的设置方式也将发生变化。以下将介绍各个"步距"选项及其所需的输入值。

1．恒定

"恒定"用于指定连续切削刀路间的固定距离。在图 3-102a 中，部件切削区域长度为 180mm，切削步距为 15mm，共有 13 条刀路，12 个步距。如果指定的刀路间距不能平均分割所在区域，系统将减小这一刀路间距以保持恒定步进，例如：如果在图 3-102a 中，将步距改为 11mm，那么将生成 17 条刀路，16 个步距，每个步距的长度将改变为 180/16=11.25mm，如图 3-102b 所示。

a)

b)

图 3-102　系统保持恒定步进

对于"轮廓"和"标准驱动"模式，"常数"可通过指定"附加刀路"值来指定连续切削刀路间的距离以及偏置的数量。"附加刀路"定义了除沿边界切削的"轮廓"或"标准驱动"刀路之外的其他刀路的数量。如图 3-103 所示。

2．残余高度

"残余高度"可用于指定残余波峰高度（两个刀路间剩余材料的高度），从而在连续切削刀路间建立起固定距离，如图 3-104 所示。系统将计算所需的步进距离，从而使刀路间剩余材料的高度不大于指定的残余高度。由于边界形状不同，所计算出的每次切削的步进距离也不同。为保护刀具在切除材料时负载不至于过重，最大步进距离被限制在刀具直径长度的 2/3 以内。

对于"轮廓"和"标准驱动"模式,"残余波峰"可通过指定"附加刀路"值来指定残余波峰高度以及偏置的数量。

图 3-103　两个附加刀路

图 3-104　残余波峰高度

3．刀具平直百分比

"刀具平直百分比"可用于指定刀具直径的百分比,从而在连续切削刀路之间建立起固定距离。如果刀路间距不能平均分割所在区域,系统将减小这一刀路间距以保持恒定步进。有效的刀具直径如图 3-105 所示。对于"轮廓"和"标准驱动"模式,"刀具直径"可通过指定"附加刀路"值来指定连续切削刀路间的距离以及偏置的数量。

图 3-105　有效刀具直径

4．变量平均值

当切削方法不同时,变量值字段的输入方式也不同。对于"往复""单向"和"单向轮廓"对应为"变量平均值",要求输入步距最大值和最小值。对于"跟随周边""跟随部件""轮廓"和"标准驱动"模式对应为"多个",要求输入多个刀路数和步距。

"变量平均值"选项可以为"往复""单向"和"单向轮廓"创建步距,该步距能够不断调整以保证刀具始终与边界相切并平行于 Zig 和 Zag 切削,可建立一个允许的范围值,系统将使用该值来决定步进大小和刀路数量,如图 3-106a 所示。系统将计算出最少步进数量,这些步进可以将平行于 Zig 和 Zag 刀路的壁面间的距离平均分割,同时系统还将调整步进以保证刀具始终沿着壁面进行切削而不会剩下多余的材料。

5．多个

对于"跟随周边""跟随部件""轮廓"和"标准驱动"模式,"多个"可指定多个步进大小以及每个步进大小所对应的刀路数量,如图 3-106b 所示。

如果为"变量平均值"步距的最大值和最小值指定相同的值,系统将严格地生成一个固定步距值,如这可能导致刀具在沿平行于 Zig 和 Zag 切削的壁面进行切削时留下未切削的材料,如图 3-107 所示,最大步距和最小步距都为 11mm,进行往复切削时,刀路步距固定为 11mm,但在最后刀路切削完毕后,将留有部分未切削材料。

图 3-106b 步距列表中的第一部分始终对应于距离边界最近的刀路，对话框随后的部分将逐渐向腔体的中心移动，如图 3-108 所示。当结合的"步距"和"刀路数量"超出或无法填满要加工的区域时，系统将从切削区域的中心减去或添加一些刀路。例如在图 3-108 中，结合的"步距"和"刀路数"超出了腔体的大小，系统将保留指定的距边界最近的"刀路数"（步距=4 的 3 个刀路和步距=8 的 2 个刀路，共 5 个刀路），但将减少腔体中心处的刀路数（从指定的步距=2 的 8 个刀路减少到 5 个刀路）。

a)

b)

图 3-106 可变步距

图 3-107 相同的最大和最小值   图 3-108 跟随部件多个步距

 注意

"多个"选项实质上定义了"轮廓"或"标准驱动"中使用的附加刀路，因此，使用

"轮廓"或"标准驱动"时，如果在"附加刀路"中输入的值对刀路数量的产生没有影响，即"附加刀路"处于非激活状态。

3.4 公用切削参数

"切削参数"可设置与部件材料的切削相关的选项。大多数（但并非全部）处理器将共享这些切削参数选项。

"切削参数"对话框如图 3-109 所示，使用此对话框可以修改操作的切削参数。可用的参数会发生变化，并由操作的"类型""子类型"和"切削方式"共同决定。

图 3-109 "切削参数"对话框

3.4.1 策略参数

切削选项是否可用将取决于选定的加工方式（"平面铣"或"型腔铣"）和切削模式（"直线""跟随部件""轮廓"等）。下面介绍在特定的加工方式或切削模式中可用的选项。

1. 切削顺序

切削顺序指定如何处理贯穿多个区域的刀轨，定义刀轨的处理方式，主要有两种切削顺序：层优先和深度优先，如图 3-110 所示。

（1）层优先：刀具在完成同一切削深度层的所有切削区域后，再切削下一个切削深度层，通常适用于工件中有薄壁凹槽的情况，在图 3-111 中，图 a 毛坯经过"层优先"切削加工得到图 b，两个腔的切削深度相同，最终得到工件图 c。

图 3-110　切削顺序

图 3-111　"层优先"加工示意图

（2）深度优先：系统将切削至每个腔体中所能触及的最深处。也就是说，刀具在到达底部后才会离开腔体。刀具先完成某一切削区域的所有深度上的切削，然后切削下一个特征区域，可减少提刀动作，如图 3-112 所示。

从图 3-111b 和图 3-112 相比较可以发现，"层优先"切削顺序是 A 和 B 两个区域一起切削，同时切削完毕，但"深度优先"切削则是 A 区域全部切削完毕，再切削 B 区域。图 3-113 给出了切削顺序对比示意图，希望能够加深对切削顺序的理解。

图 3-112　"深度优先"加工示意图

图 3-113　切削顺序对比示意图

2．切削方向

"切削方向"主要有：顺铣（Climb Cut）、逆铣（convertion Cut）、跟随边界（Follow Boundary）、边界反向（Reverse Boundary）4 种，可从这 4 种方式中指定切削方向，如图 3-114 所示。

（1）顺铣：铣刀旋转产生的切线方向与工件进给方向相同，则为"顺铣"，如图 3-115 所示。

（2）逆铣：铣刀旋转产生的切线方向与工件进给方向相反，则为"逆铣"，如图 3-116 所示。

图 3-114 切削方向

图 3-115 顺铣

图 3-116 逆铣

（3）跟随边界：切削行进的方向与边界选取时的顺序一致，如图 3-117 所示。

（4）边界反向：切削行进的方向与边界选取时的顺序相反，如图 3-118 所示。

图 3-117 跟随边界

图 3-118 边界反向

3．刀路方向

腔体方向（仅"跟随周边"）允许指定刀具从部件的边缘向中心切削（或从部件的中心向边缘切削），如图 3-119 所示。这种使腔体加工刀轨反向的处理过程为面切削或型芯切削提供了一种方式，它无需预钻孔，从而减少了切屑的干扰。该选项可在"向内"和"向外"之间切换。"向外"则使刀具从中心向边缘切削（如图 3-120a 所示）；"向内"从边缘向中心切削（如图 3-120b 所示）。系统默认是"向外"。

4．岛清根

"岛清根"选项（"跟随周边"和"轮廓"切削）可确保在"岛"的周围不会留下多

余的材料，每个"岛"区域都包含一个沿该岛的完整清理刀路，如图 3-121 所示。

a)"向外"　　　　　b)"向内"

图 3-119　"刀路方向"对话框　　　　　图 3-120　图样方向

 注意

　　"岛清理"主要用于粗加工切削。应指定"部件余量"以防止刀具在切削不均等的材料时便将岛切削到位。当使用"沿轮廓"切削模式时，不需要打开"岛清理"选项。

　　5. 壁清理

　　"壁清理"是"面切削""平面铣"和"型腔铣"操作中都具有的切削参数，如图 3-122 所示。当使用"单向""往复"和"跟随周边"切削模式时，使用"壁清理"参数可以去除沿部件壁面出现的脊。系统通过在加工完每个切削层后插入一个"轮廓刀路"来完成清壁操作。使用"单向"和"往复"切削模式时，应打开"壁清理"选项。这可保证部件的壁面上不会残留多余的材料，从而不会出现在下一切削层中刀具应切削的材料过多的情况。使用"跟随周边"时无需打开"壁清理"选项。

有岛清理　　　　　无岛清理

要注意的区域

图 3-121　岛清理

图 3-122　壁清理

　　"壁清理"主要包括三个选项：

　　（1）无：在切削过程中没有清壁过程，如图 3-123 所示，对工件进行平面铣，采用"往复"切削模式，在"壁清理"中选择"无"，切削完毕后，在工件周围壁上留有残余材料（脊）。

（2）在起点：在切削时，先进行"壁清理"，然后进行剩余材料的切削。如图 3-124 所示，对工件进行平面铣，采用"往复"切削模式，在"壁清理"中选择"在起点"，系统先切削周围的壁，然后在把内部待切削的材料切除。

（3）在终点：在切削时，先进行"壁清理"，然后进行剩余材料的切削。如图 3-125 所示，对工件进行平面铣，采用"往复"切削模式，在"壁清理"中选择"在终点"，从图中可以看到，切削完内部材料后，工件壁上留有残余材料，系统将通过清壁切除残料（脊）。

此选项与"沿轮廓"切削点不同，"壁清理"用在粗加工中而"沿轮廓"切削属于精加工，"壁清理"使用"部件余量"而"沿轮廓"切削使用"精加工余量"来偏置刀轨。

图 3-123　无"壁清理"切削　　图 3-124　"在起点"清壁切削　　图 3-125　"在终点"清壁切削

6．切削角方式和度数

"切削角"可在所有"单向"和"往复"切削类型中使用，输入要将刀轨旋转的角度（相对于 WCS），如图 3-126 所示。

"切削角"方式允许指定切削角度，也可由系统自动确定该角度。切削角是刀轨相对于指定切削角时的 WCS 的 XC 轴所成的角度。切削角可用在"单向""往复"和"单向轮廓"切削操作中。

"切削角度"是特定于"面铣削"的一个切削参数。它可以相对于 WCS 旋转刀轨。"切削角度"只决定"平行线切削模式"中的旋转角度。该旋转角度是相对于"工作坐标系"(WCS) 的 XC 轴测量的，如图 3-127 所示。使用此选项时，可以选择"指定"并输入一个角度；或选择"自动"让系统来确定每一切削区域的切削角度；或选择"最长线段"，让系统建立平行于外围边界中最长线段的切削角。

图 3-126　定义切削角

"切削角"方式主要由以下三种选择方式：

（1）自动：允许系统评估每个切削区域的形状，并确定一个最佳的切削角度以尽量减少区域内部的进刀运动，如图 3-128 所示。

图 3-127　45°切削角的往复切削

（2）指定：允许用户指定"切削角度"。系统相对于 WCS 的 XC-YC 平面的 X 轴测量"切削角度"，图 3-129 所示为定义的 90°切削角。对于"往复"切削模式，切削角度增加 180°将得到同样结果。例如，45°切削角和 225°切削角的效果相同。

（3）最长线段：此选项原本只用于外围边界中包含可辨识直线段的情形。如果外围边界中不包含线段，系统将在内部边界中搜索最长线段。

如果为一个矩形腔体指定一个 45°的切削角，刀具将进入切削层，沿腔体的拐角移动，并以 45°角开始第一次 Zig 切削，所有其他的 Zig 和 zag 切削都将与第一次的 Zig 切削平行。

图 3-128　"自动"切削角方式　　　　图 3-129　"指定"（90°）切削角方式

 注意

退出"切削参数"对话框后移动 WCS 不会影响切削的方向，在下次打开该对话框时系统将重新计算切削角度。即使输入了一个相对于"工作坐标系"的角度值，系统中保存的"切削角度"仍相对于"绝对坐标系"。

7．自相交

"自相交"选项（仅用于"标准驱动"切削）用于"标准驱动"切削方式中是否允许使用自相交刀轨，如图 3-130 所示。关闭此选项将不允许在每个形状中出现自相交刀轨，但允许不同的形状相交。

由于工件各部分的形状不同以及加工所使用的刀具直径的不同，都会导致产生自相交刀轨。图 3-131 所示为同一个工件采用不同直径的刀具时产生的不同刀轨，

在图 3-131a 为采用 10mm 的直径产生的刀轨，但在图 3-131b 中采用 13mm 的直径并选择"自相交"选项后产生的刀轨。这里刀具的直径只是为了说明问题，在实际使用时请根据实际情况选择刀具。

a)   b)

图 3-130　自相交选项　　　　　　　　　图 3-131　"自相交"刀轨示意

8．切削区域

"切削区域"对话框如图 3-132 所示。

（1）毛坯距离：定义要去除的材料总厚度，它是在所选面几何体的平面上并沿刀具轴测量而得，"毛坯距离"示意图如图 3-133 所示。

图 3-132　"切削区域"对话框　　　　　　图 3-133　"毛坯距离"示意图

（2）延伸到部件轮廓：将切削刀路的末端延伸至部件边界。影响到刀具切削的刀轨是否到达部件的轮廓。图 3-133 中对同一工件进行面铣削，切削模式为"跟随部件"，图 3-134a 为选中"延伸到部件轮廓"时形成的刀轨，图 3-134b 为未选中"延伸到部件轮廓"时形成的刀轨。

a)   b)

图 3-134　延伸到部件轮廓

（3）合并距离：是指当它的值大于工件同一高度上的断开距离时，刀路就自动连接起来不提刀。反之则提刀。

9．精加工刀路

"精加工刀路"（平面铣）是刀具完成主要切削刀路后所作的最后一次切削的刀路。在该刀路中，刀具将沿边界和所有岛作一次轮廓铣削。系统只在"底面"的切削层上生成此刀路。

对于腔体操作，使用余量-> 精加工余量选项输入此刀路的余量值。

 注意

对于精加工刀路，不管您指定何种进刀和退刀方式，系统将始终针对剩余操作应用"自动"进刀和退刀方式。

10．最终底面余量

"最终底面余量"定义了在面几何体上剩余未切削的材料厚度。要去除的材料总厚度是指"毛坯距离"和"最终底面余量"之间的距离。进刀/退刀允许定义正确的刀具运动，以便向工件进刀或从其退刀。正确的进刀和退刀运动有助于避免刀具承受不必要的应力，并能使驻留标记数或部件过切程度减至最小。加工参数允许设置与切削刀具以及切削时刀具与部件材料间的交互有关的选项。

11．延伸刀轨

对于"自动清根""区域铣削"和"Z 级轮廓铣"操作，"延伸刀轨"位于"切削参数"对话框中，如图 3-135 所示。

（1）在边上延伸：使用"在边上延伸"来加工部件周围多余的铸件材料。还可以使用它在刀轨路径的起始点和结束点添加切削移动，以确保刀具平滑地进入和退出部件。刀路将以相切的方式在切削区域的所有外部边界上向外延伸。

对图 3-136 所示的部件进行"FIXED_CONTOUR"铣削，"切削区域"如图中的黄线所示，"驱动方法"为"区域铣削"，"切削模式"为"往复"式切削。

图 3-135 "延伸刀轨"对话框

图 3-136 指定的"切削区域"

图 3-137a 是"在边上延伸"关时的铣削刀轨，图 b 是"在边上延伸"为开，"距离"为 15mm 时的铣削刀轨。

请注意，图 3-137b 中的边以及刀轨的起始和终止都是沿着部件的侧面延伸的。

UG NX 9.0

使用"在边界上延伸"时系统将根据所选的切削区域来确定边界的位置。如果选择的实体不带切削区域，则没有可延伸的边界，延伸长度的限制为刀具直径的 10 倍。

a)"在边上延伸"关   b)"在边上延伸"开

图 3-137   "在边上延伸"关与开比较

（2）在凸角上延伸：是专用于轮廓铣的切削参数。在"在凸角上延伸"可在切削运动通过内凸角边时提供对刀轨的额外控制，以防止刀具驻留在这些边上。当选中"在凸角上延伸"时，它可将刀轨从部件上抬起少许而无需执行"退刀/转移/进刀"序列。可指定"最大拐角角度"，若小于该角度则不会发生抬起。"最大拐角角度"是专用于"固定轴曲面轮廓铣"的切削参数。为了在跨过内部凸边进行切削时对刀轨进行额外的控制，以免出现抬起动作。此抬起动作将输出为切削运动。

（3）在边缘滚动刀具：是特定于轮廓铣和深度加工的切削参数。驱动轨迹延伸超出部件表面边缘时，刀具尝试完成刀轨，同时保持与部件表面的接触，如图 3-138 所示，刀具很可能在边缘滚动时过切部件。在"延伸刀轨"对话框选中"在边缘滚动刀具"复选框以允许刀具在边缘滚动，如图 3-138a 所示。如果清除该复选框可防止刀具在边缘滚动，如图 3-138b 所示。清除"在边缘滚动刀具"复选框时，过渡刀具移动是非切削移动。边界跟踪不会发生在使用"垂直于部件""相对于部件""4-轴垂直于部件""4-轴相对于部件"或"双 4-轴相对于部件"等刀具轴定义的可变刀具轴操作中。

a)选中"在边缘滚动刀具"   b)清除"在边缘滚动刀具"

图 3-138   在边缘滚动刀具

刀具滚动只会发生在以下情形：

■   当驱动轨迹延伸超出部件表面的边缘时。

■ 当刀轴独立于部件表面的法向时，如在固定轴操作中。

1）缝隙：部件曲面上横穿切削方向的缝隙会导致边界跟踪的发生。当刀具沿部件曲面切削时如果遇到缝隙，刀具将从边界上掉落。随后刀具越过缝隙，爬升到下一边界并继续切削。如果缝隙小于刀具直径（如图 3-139 所示），则刀具会保持与部件曲面的固定接触。系统将此视为连续的切削运动，且不会使用退刀或进刀。在这种情况下，不能清除"在边缘滚动刀具"复选框。

图 3-139　缝隙小于刀具直径

如果缝隙大于或等于刀具直径，则系统必须应用退刀和进刀来跳过缝隙。在这种情况下，可清除"在边缘滚动刀具"复选框，如图 3-140 所示。

图 3-140　大于或等于刀具直径的缝隙

对于往复切削类型，当驱动路径延伸超出部件曲面的距离小于刀具半径时，总是会发生边界跟踪。随着刀具沿部件曲面边界滚动，刀具会到达投影的边界，并在掉落前停止。然后刀具跳到下一刀路，同时保持与部件曲面的接触，并开始以相反的方向切削。因为这是一个连续的切削运动并且不需要退刀和进刀，因此不能清除"在边缘滚动刀具"，此情形仅适用于往复切削类型。

要清除"在边缘滚动刀具"，必须首先修改边界，以使其要么与部件边界相对应，要

UG NX 6.0

101

么向部件曲面外延伸的距离足以促使刀具进刀和退刀。

2）竖直台阶："在边缘滚动刀具"总是发生在竖直台阶横穿切削方向时，这会使刀具掉落或爬升到另一部件曲面，对于竖直台阶，不能清除"在边缘滚动刀具"，如图 3-141 所示。

图 3-141　竖直台阶的"在边缘滚动刀具"

3）顺应：当刀具沿平行于切削方向的边界滚动并继续与该边界保持接触时，会发生顺应的"在边缘滚动刀具"，如图 3-142 所示。通常不希望删除顺应的"在边缘滚动刀具"，因为需要它们来切削边界附近的材料。因此不能清除顺应的"在边缘滚动刀具"。

4）尖端边界：当切削方向横穿由相邻部件曲面之间的锐角所形成尖端边界时，总是会发生"在边缘滚动刀具"。可使用"在凸角处延伸"来避免发生"在边缘滚动刀具"。

图 3-142　顺应的边界跟踪

3.4.2 "策略参数"示例

对图 3-143 所示工件进行"FIXED_CONTOUR"（固定轮廓铣）切削。

 光盘\动画演示\第 3 章\"策略参数"示例.avi

（1）选择"主页"选项卡→"插入"组→"创建工序"图标 ，弹出"创建工序"对话框，选择"MILL_CONTOUR"类型，在工序子类型中选择"FIXED_CONTOUR"，选择"WORKPLECE"几何体，其他采用默认设置，单击"确定"按钮。

（2）弹出如图 3-144 所示的"固定轮廓铣"对话框，单击"选择或编辑切削区域几何体"按钮 ，弹出"切削区域"对话框，选择如图 3-145 所示切削区域。

（3）在驱动方法栏中选择"区域铣削"方法。

图 3-143　待加工部件　　　　　　　图 3-144　"固定轮廓铣"对话框

（4）单击"切削参数"按钮 ，弹出"切削参数"对话框，"切削角"选择"指定"并设置与 XC 的夹角为 90°，选中"在凸角上延伸"并将"最大拐角角度"设置为 60，不选中"在边上延伸"，其他参数采用默认设置。

（5）以上设置完毕后，单击"操作"栏中的"生成" 和"确认" 生成刀轨，生成如图 3-146 所示的刀轨。

图 3-145　切削区域

图 3-146　刀轨

3.4.3　余量参数

1. 余量参数种类

"余量参数"因"操作子类型"及"切削模式"的不同而异，如图 3-147 所示，包括以下几种：

图 3-147　"余量"对话框

（1）部件余量：加工后残留在部件上的环绕着"部件几何体"的一层材料"平面铣""面铣削""轮廓铣"。

（2）壁余量：主要用在"面铣"。

（3）毛坯余量：主要用在"平面铣""型腔铣""面铣"。

（4）毛坯距离：主要用在"平面铣""型腔铣"。

（5）检查余量：主要用在"平面铣""型腔铣""Z 级铣""面铣""轮廓铣"。

（6）最终底面余量：主要用在"平面铣""面铣""平面轮廓铣"。

（7）精加工余量：主要用在"平面铣"。

（8）部件底面余量：主要用在"型腔铣""Z 级铣""拐角粗加工""平面铣""面铣削"。

（9）部件侧面余量：主要用在"Z 级铣""型腔铣"。

（10）底面余量与侧面余量相同：主要用在"型腔铣""Z 级铣"。

（11）底面余量与壁余量相同：主要用在"固定和可变轮廓铣""轮廓剖面铣"方式。

（12）修剪余量：主要用在"平面铣""型腔铣""Z 级铣"。

（13）边界余量：主要用在"曲面轮廓铣–固定轮廓铣且边界驱动方式""轮廓铣""固定和可变轮廓铣"。

2．余量参数

"余量"选项决定了完成当前操作后部件上剩余的材料量。可以为底面和内部/外部部件壁面指定"余量"，分别为"底面余量"和"部件余量"。还可以指定完成最终的轮廓刀路后应剩余的材料量（"精加工余量"，将去除任何指定余量的一些或全部），并为刀具指定一个安全距离（最小距离），刀具在移向或移出刀轨的切削部分时将保持此距离。可通过使用"定制边界数据"在边界级别、边界成员级别和组级别上定义"余量要求"。

主要的余量参数如下：

（1）最终底面余量：主要用在平面铣中，可指定在完成由当前操作生成的切削刀轨后，腔体底面（底平面和岛的顶部）应剩余的材料量，如图 3-148 所示。在进行切削产生刀轨时，由于留有"最终底面余量"，刀具离工件的最终底面一定距离。对图 3-149 进行"跟随部件"平面切削，图 3-150a 为"最终底面余量"为 0 形成的切削刀轨，图 3-150b 为"最终底面余量"为 5 形成的切削刀轨。

图 3-148　"最终底面余量"示意图

图 3-149　待切削部件

最终底面余量=5　　　　　　最终底面余量=0

a)　　　　　　　　　　b)

图 3-150　"最终底面余量"刀轨示意图

（2）部件余量：主要用在平面铣中，是完成"平面铣"粗加工操作后，留在部件壁面上的材料量。通常这些材料将在后续的精加工操作中被切除。在图 3-151 中，对中间含有岛屿的工件进行"跟随部件"平面切削。除了在图 3-151a 中将"部件余量"设置为 5 外，其余两图中的设置完全相同。从中间岛屿可以看出，在进行"跟随部件"切削中，图 3-151a 中刀轨比图 3-151b 中的刀轨距离要大，主要因为图 3-151a 要留有设置的部件余量。

"部件余量"=5　　　　　　　"部件余量"=0

a)　　　　　　　　　　b)

图 3-151　"部件余量"刀轨示意图

在边界或面上应用"部件余量"将导致刀具无法触及到某些要切除的材料（除非过切）。图 3-152 说明了由于存在"部件余量"，刀具将无法进入某一区域。

如果将"刀具位置"设置为"开"后定义加工边界，系统将忽略"部件余量"并沿边界进行加工。当指定负的"部件余量"时，所使用的刀具的圆角半径（R1 和/或 R2）必须大于或等于负的余量值。

（3）部件底面余量和部件侧面余量：主要用在型腔铣中，如图 3-153 所示。"部件底面余量"和"部件侧面余量"取代了"部件余量"参数，"部件余量"参数只允许为所有部件表面指定单一的余量值。

1）部件底面余量：指底面剩余的部件材料数量，该余量是沿刀具轴（竖直）测量的，如图 3-154 所示。该选项所应用的部件表面必须满足以下条件：用于定义切削层、表面为平面、表面垂直于刀具轴（曲面法向矢量平行于刀具轴）。

106

G NX 9.0 中文版数控加工从入门到精通

图 3-152 存在部件余量时的切削区域   图 3-153 "切削参数"对话框

2）部件侧面余量：指壁面剩余的部件材料数量，该余量是在每个切削层上沿垂直于刀具轴的方向（水平）测量的，如图 3-154 所示。它可以应用在所有能够进行水平测量的部件表面上（平面、非平面、垂直、倾斜等）。

图 3-154 底面和侧面余量

对于"部件底面余量"，曲面法向矢量必须与刀具轴矢量指向同一方向。这可以防止"部件底面余量"应用到底切曲面上，如图 3-155 所示。由于弯角曲面和轮廓曲面的实际侧面余量通常难以预测，因此"部件侧面余量"一般应用在主要由竖直壁面构成的部件中。

（4）毛坯余量：是"平面铣"和"型腔铣"中都具有的参数。"毛坯余量"是刀具定位点与所定义的毛坯几何体之间的距离，应用于具有"相切于"条件的毛坯边界或毛坯几何体，如图 3-156 所示。

 注意

如果在"面铣削"中选择了面，则这些面实际上是毛坯边界。因此，系统会绕所选面周围偏置一定距离，即"毛坯余量"；如果用户选择了切削区域，则系统会绕切削区域周围偏置该距离，即"毛坯余量"，这将扩大切削区域，以包括要加工面边缘的多余材料。

图 3-155　曲面法向矢量

图 3-156　"毛坯余量"示意图

3.4.4　拐角

"拐角"是在"平面和型腔铣""固定和可变轮廓铣"以及"顺序铣"中都有的一个对话框，这些选项可防止在切削凹角或凸角时刀具过切部件，图 3-157"拐角"对话框示出了"拐角"设置参数。

（1）凸角：在凸角处添加圆弧或延伸相切。

（2）光顺：在指定的"最小"和"最大"范围内的拐角处，在切削刀路上添加圆弧。

（3）圆弧上进给调整：调整所有圆弧记录以维持刀具侧边而不是中心的进给率。

（4）拐角处进给减速：设置长度、开始位置和减速速度

（5）拐角角度：定义在使用"圆角"和"减速"时要包括的最小和最大角度

这些选项仅适用于"平面铣""型腔铣""固定和可变轮廓铣"以及"顺序铣"中遇到的以下情况：在切削和第一次切削运动期间；在沿着部件壁切削时。

图 3-157　"拐角"对话框

1. 凸角

主要指在凸角处添加圆弧或延伸相切，包括"延伸并修剪""延伸"和"绕对象滚动"，

下面主要介绍"延伸并修剪"和"延伸"。

（1）"延伸并修剪"：在进行 "跟随周边""跟随部件""轮廓铣"等切削时，"凸角"处的外部切削刀路将在凸角处前行延伸一定距离并修剪材料，如图 3-158 所示，可以观察切削材料的过程。

（2）"延伸"：是在进行 "跟随周边""跟随部件""轮廓铣"等切削时，"凸角"处的外部切削刀路将在凸角处前行延伸一定距离但不修剪材料，如图 3-159 所示，可以观察切削材料的过程。

a) 刀轨　　　　　　　　　　　　b) 3D 仿真切削

图 3-158　"延伸并修剪"切削示意图

2. 光顺

"光顺"可添加到外部切削刀路的拐角、内部切削刀路的拐角以及在切削刀路和步距之间形成的拐角，使拐角成为圆角，当加工硬质材料或高速加工时，为所有拐角添加圆角尤其有用。拐角可使刀具运动方向突然改变，这样会在加工刀具和切口上产生过多应力。

可用的"圆角"选项会根据指定的切削类型的不同而不同。使用"跟随周边""跟随工件""跟随腔体"等切削类型，可以将圆角添加到外部切削刀路和内部切削刀路。使用"轮廓铣""标准驱动"切削类型，可以将圆角添加到外部切削刀路。"单向"和"往复"切削类型不使用"圆角"。

a)刀轨　　　　　　　　　　　　b)3D 仿真切削

图 3-159　"延伸"切削示意图

圆角共有两个选项：无、所有刀路。使用"所有刀路"可将圆角添加到外部切削刀路的拐角、内部切削刀路的拐角以及在切削刀路和步距之间形成的拐角。这就消除了整个刀轨中的拐角。该选项只能用于插座腔切削类型。选择该选项并键入所需的"圆角半径"。图 3-160 给出了"光顺"选择"所有刀路"形成的刀轨。

图 3-160 "光顺""所有刀路"后的刀轨形状

3.4.5 连接

"连接"参数因"操作子类型"的不同而异，如图 3-161 所示。包括以下几种：

（1）区域排序：提供了几种自动和手动指定切削区域的加工顺序的方法。

（2）跟随检查几何体：确定刀具在遇到检查几何体（"平面铣""型腔铣"） 时将如何操作。

（3）开放刀路：用于在"跟随工件"切削模式中转换开放的刀路。

（4）在层间进行切削：当切削层之间存在缝隙时创建额外的切削。适应于"Z 级轮廓陡峭"。

（5）步距：允许指定切削刀路间的距离。

（6）层到层：切削所有层，而无须提回至安全平面（仅适用于 Z 层）。

（7）最小化进刀数：当存在多个区域时，安排刀轨以将进刀和退刀运动次数减至最少。适应于"平面铣""面铣"和"型腔铣"中的"往复"切削方法。

（8）最大切削移动距离：定义不切削时希望刀具沿工件进给的最长距离。当系统需要连接不同的切削区域时，如果这些区域之间的距离小于此值，则刀具将沿工件进给。如果该距离大于此值，则系统将使用当前传送方式来退刀、转换并进刀至下一位置。

（9）跨空区域：是一个特定于"面铣削"的切削参数。

1．区域排序

"区域排序"是"平面铣""型腔铣"和"面铣削"操作中都存在的参数。"区域排序"提供了多种自动或手动指定切削区域加工顺序的方式，如图 3-162 所示。

选择所需的"区域排序"选项并生成刀轨。使用"跟随起点"和"跟随预钻点"选项时还需指定"预钻进刀点"和"切削区域起点"，然后才可生成刀轨。

图 3-161 "连接"对话框

图 3-162 区域排序（优化）

"区域排序"主要包括：

（1）标准：允许处理器决定切削区域的加工顺序，如图 3-163a 所示。对于"面铣削"操作，当选择曲线作为边界时，系统通常使用边界的创建顺序作为加工顺序，当选择面作为边界时，使用面的创建顺序作为加工顺序，图 3-163a 和 b 分别通过两种不同的面创建顺序形成的加工顺序（图中数字即为加工顺序）。但情况并不总是这样，因为处理器可能会分割或合并区域，这样顺序信息就会丢失。因此，此时使用该选项，切削区域的加工顺序将是任意和低效的。当使用"层优先"作为"切削顺序"来加工多个切削层时，处理器将针对每一层重复相同的加工顺序。

a) b)

图 3-163 "标准"排序

（2）优化：将根据加工效率来决定切削区域的加工顺序。处理器确定的加工顺序可使刀具尽可能少地在区域之间来回移动，并且刀具的总移动距离最短，如图 3-164 所示。

当使用"深度优先"作为"切削顺序"来加工多个切削层时，将对每个切削区域完全加工完毕，在进行下一个区域的切削，如图 3-164a 所示。

当使用"层优先"作为"切削顺序"来加工多个切削层时，"优化"功能将决定第一个切削层中区域的加工顺序，在图 3-164b 中为 1-2-3-4-5-6 的顺序，第二个切削层中的区域将以相反的顺序进行加工，以此减少刀具在区域间的移动时间，在图 3-164b 中为 6-5-4-3-2-1 的顺序，图中箭头给出了加工顺序，这种交替反向将一直继续，直至所有切削层加工完毕。

a)   b)

图 3-164 "优化"排序

（3）跟随起点，跟随预钻点：将根据指定"切削区域起点"或"预钻进刀点"时所采用的顺序来确定切削区域的加工顺序，如图 3-165 所示。这些点必须处于活动状态，以便"区域排序"能够使用这些点。如果为每个区域均指定了一个点，处理器将严格按照点的指定顺序加工区域，如图 3-166 所示。

图 3-165 跟随起点

如果没有为每个区域均定义点，处理器将根据连接指定点的线段链来确定最佳的区域加工顺序，如图 3-167 所示。

当使用"层优先"作为"切削顺序"来加工多个切削层时，处理器将针对每一层重复相同的加工顺序。

图 3-166 每个区域中均定义了起点 (p1-p8)

图 3-167 定义了 4 个起点

如果在使用"跟随起点"或"跟随预钻点"生成刀轨时没有定义实际的"预钻进刀点"或"切削区域起点"，或只定义了一个点，那么处理器将使用"标准区域排序"。

 注意

"区域排序"不使用系统生成的"预钻点"。

2. 跨空区域

"跨空区域"是专用于面铣削的切削参数，如图 3-168 所示。为使系统识别跨空区域，该区域必须是完全封闭的腔体或孔。

当"跨空区域"切削时，有跟随、切削和移刀三个选项可供选择：

（1）跟随：将尝试在切削层上在空区域的周围运动，如图 3-169 所示。

（2）切削：将继续沿着相同的方向以切削进给

图 3-168　跨空区域

率进行切削，实际上忽略跨空区域，如图 3-170 所示，在空区域附近的刀轨和在其他区域的刀轨一致，不考虑空区域的影响。

（3）移刀：将继续沿着相同的方向切削，如图 3-171 所示，但是如果跨越空区域的距离超过移刀距离，则当刀具完全悬空时会将切削进给率变为移刀进给率。仅当刀具完全离开工件而非仍然接触工件时，才激活移刀进给率。"移刀距离"是系统允许刀具以切削进给率在悬空状态下经过的最长距离。当超过"移刀距离"时，进给率将从切削进给率变为移刀进给率。

当选择面作为"切削区域"时，面将会转化为处理器中的毛坯边界，会自动打开"忽略孔"选项，导致使用"切削区域"时无法使用"跨空区域"功能。

图 3-169　"跨空区域"设置为"跟随"

图 3-170 "跨空区域"设置为"切削"

图 3-171 "跨空区域"设置为"移刀"

3．开放刀路

"开放刀路"提供了"保持切削方向"或"变换切削方向"的方式，如图 3-172 所示。该方式用于在"跟随部件"切削模式的切削过程中转换开放刀路。

（1）保持切削方向：将在"跟随部件"切削模式中保持切削方向不变，如图 3-173a 所示，完成一个切削刀路后，需要抬刀、移刀、进刀进行下一个切削过程。

（2）变换切削方向：将在"跟随部件"切削模式中改变切削方向，类似于"往复"式切削模式，如图 3-173b 所示。完成一个切削刀路后，不需要抬刀、移刀、进刀进行下一个切削过程，完成全部切削后抬刀。

图 3-172 开放刀路

对同一工件进行进行平面铣，切削模式为"跟随部件"，刀具直径为 10mm，在"切削参数"对话中的"连接"中的"开放刀路"分别选择为"保持切削方向"和"更改切削方向"。

a)保持切削方向

b)变换切削方向

图 3-173 转换刀路

图 3-174 为"保持切削方向"切削示意图，在图 3-174b 中可以看出刀具抬离毛坯，从图 3-174a 中可以看出每切削一次都要刀具抬刀、移刀，以保持同一切削方向。

a)刀轨　　　　　　　　　　　　　b)3D 切削(抬刀)

图 3-174　保持切削方向

图 3-175 为"变换切削方向"切削示意图，在从图 3-175b 中可以看出刀具不抬离毛坯，从图 3-175a 中的可以看出刀具抬刀、移刀的次数比"保持切削方向"少很多，减少了抬刀、移刀时间，提高了加工效率。

a)刀轨　　　　　　　　　　　　　b)3D 切削(抬刀)

图 3-175　变换切削方向

3.4.6　更多参数

"更多"选项栏里选项的设置如图 3-176 所示。

1．区域连接

"区域连接"是"平面铣"和"型腔铣"都具有的切削参数，主要在"跟随周边""跟随部件""轮廓"等切削方式中使用，如图 3-176 所示。

生成刀路时，刀轨可能会遇到诸如岛、凹槽等障碍物，此时刀路会将该切削层中的可加工区域分成若干个子区域。刀具从一个区域退刀，然后在下一个子区域重新进入部件，以此连接各个子区域。"区域连接"决定了如何转换刀路以及如何连接这些子区域。处理器将优化刀路间的步进移动，寻找一条没有重复切割且无需抬起刀具的刀轨，当区域的刀路被分割成若干内部刀路时，区域的"起点"可能被忽略。

"区域连接"可在"开（选中）"和"关（未选中）"之间切换，其状态将影响到基于部件几何体的刀轨。

（1）关闭"区域连接"：当关闭"区域连接"时，如果处理器确认刀轨存在自相交（通常不会发生在简单的矩形刀轨中），它会将交叉部分当作一个区域。岛中的区域将被忽略。关闭"区域连接"后，刀具将在移动至一个新区域时退刀以防止过切凹槽。

关闭"区域连接"可保证生成的刀轨不会出现交叠或过切。此时，系统将分析整个边界并加工刀具可以进入的所有区域。

当部件中的区域间包含岛或凹槽时，系统快速地生成一条刀轨。但是，这可能会产生频繁的退刀和进刀运动，因为系统不会试图保持刀具与凹槽中工作部件的连续接触。

（2）打开"区域连接"：将允许系统更好地预测刀轨的起始位置，以及更好地控制进给率。当从内向外加工腔体时（方向—>向外），刀轨将从最内侧的刀路处开始，如果区域被分割开，将从最内侧刀路中最大的一个刀路处开始。当从外向内加工腔体时（方向—>向内），刀轨的结束位置将位于最内侧刀路。只要刀具完全嵌入材料之中（如初始切削），系统便会使用"第一刀切削进给率"，否则，系统将使用"切削进给率"，不使用"步进进给率"。

2．容错加工

在不过切部件的情况下查找正确的可加工区域，主要用于"型腔铣"操作中。"容错加工"是特定于"型腔铣"的一个切削参数。对于大多数铣削操作，都应将"容错加工（用于型腔铣）"方式打开。它是一种可靠的算法，能够找到正确的可加工区域而不过切部件。面的"刀具位置"属性将作为"相切于"来处理，而不考虑用户的输入。

由于此方式不使用面的"材料侧"属性，因此当选择曲线时刀具将被定位在曲线的两侧，当没有选择顶面时刀具将被定位在竖直壁面的两侧。

3．边界逼近

切削参数"边界逼近"常用在"平面铣"和"型腔铣"中的跟随周边、跟随部件、轮廓的切削操作中。

当边界或岛中包含二次曲线或 B 样条时，使用"边界逼近"可以减少处理时间并缩短刀轨，其原因是系统通常要对此类几何体的内部刀路（即远离"岛"边界或主边界的刀路）进行不必要的处理，以满足公差限制。

注意

第二个刀路的实际步进和近似公差分别是指定步进的 75% 和 25%。第三个刀路的实际步进和近似公差均为指定步进的 50%。

4．防止底切

在"型腔铣"中，"允许底切"可允许系统在生成刀轨时考虑底切几何体，以此来防止刀夹摩擦到部件几何体。"底切处理"只能应用在非容错加工中（即将"容错加工"按钮切换为"关"），如图 3-177 所示。

图 3-176 "更多"对话框

图 3-177 "允许底切"选项

注意

打开"防止底切"后，处理时间将增加。如果没有明确的底切区域存在，可关闭该功能以减少处理时间。

关闭"防止底切"后，系统将不会考虑底切几何体。这将允许在处理竖直壁面时使用更加宽松的公差。

5. 斜向上角/斜向下角

"斜向上角"和"斜向下角"是专用于轮廓铣的切削参数，"倾斜"对话框如图 3-178 所示。"斜向上角"和"斜向下角"允许指定刀具的向上和向下角度运动限制。角度是从垂直于刀具轴的平面测量的，只对"固定轴"操作可用。

"斜向上角"需要输入一个从 0～90 的角度值。输入的值允许刀具在从 0°（垂直于固定刀具轴的平面）到指定值范围内的任何位置向上倾斜，如图 3-179 所示。

图 3-178 "倾斜"对话框

图 3-179 30°斜向上角

"斜向下角"需要输入一个从 0～90 的角度值。输入的值允许刀具在从 0°（垂直于固定刀具轴的平面）到指定值范围内的任何位置向下倾斜，如图 3-180 所示。

图 3-180　30°斜向下角

默认的斜向上和斜向下值都是 90°。实际上，这些值会禁用此功能，因为它们不对刀具运动进行任何限制。在往复切削类型中，刀具方向在每个刀路上反转，这使得斜向上和斜向下角在每个刀路上颠倒侧面，如图 3-181 所示。

图 3-181　斜向上角度 90°/斜向下角度 45°

当"部件轮廓"和"刀具形状"限制可安全去除的材料量时，"斜向下角度"非常有用，可防止刀具掉落到需要单独精加工刀路的小腔体中，如图 3-182 所示。掉落到"斜向下角度"以下的刀具位置会沿刀具轴抬起到该层。

6. 应用于步距

"应用于步距"是专用于轮廓铣的切削参数。"应用于步距"与斜向上和斜向下角度选项结合使用，可将指定的倾斜角度应用于步距。

图 3-183 显示了"应用于步距"是如何影响往复刀轨的。"斜向上角度"设置为 45°，"斜向下角度"设置为 90°。当打开"应用于步距"时，这些值会应用到"步距"及往复刀路中。向下倾斜的刀路和"步距"都受 0°～45°的角度范围限制。

7. 优化刀轨

"优化刀轨"是专用于轮廓铣的切削参数。此选项可使系统在将斜向上和斜向下角度与单向（Zig）或往复结合使用时优化刀轨。优化意味着在保持刀具与部件尽可能接触的情况下计算刀轨并最小化刀路之间的非切削运动。仅当斜向上角度为 90°且斜向下角度为 0°～90°时，或当斜向上角度为 0°～90°且斜向下角度为 90°时，此功能才可用。

图 3-182 用于避免小腔体的斜向下角度

图 3-183 应用于步距

例如，在只允许向上倾斜的单向（Zig）运动中，系统通过在两个阶段创建刀轨来优化刀轨。在第一阶段，系统沿单向（Zig）方向步进通过所有爬升刀路。在第二阶段，系统沿单向（Zig）的相反方向步进通过所有爬升刀路。

图 3-184 显示了系统如何使用 0°～90°的斜向下角和 90°的斜向上角来优化单向（Zig）运动。0°的斜向下角可防止刀具向下切削。因此在第一阶段，系统在部件的一侧生成所有向上切削并移动到部件另一侧，然后在第二阶段中，在部件的另一侧生成所有向上切削。请注意，"步距"方向在第二阶段是相反的，目的是进一步优化刀轨。

图 3-184 单向 (Zig) 优化仅用于斜向上

在图 3-178 "倾斜"对话框中将"斜向下角"设置为 0°。图 3-185 所示为"斜向下角"为 0°时的切削刀轨，通过图 3-185b 3D 切削示意图可知刀具只有爬升刀路，只切削部件两个凸起部分，中间部分不切削，从图 3-185a 可以发现，刀路需要不停的抬起、移刀和进刀切削。

a)   b)

图 3-185   "斜向下角"为 0°时的切削刀轨

在图 3-178"倾斜"对话框中将"斜向下角"设置为 90°。图 3-186 所示为"斜向下角"为 90°时的切削刀轨，通过图 3-186b 3D 切削示意图可知刀具除了切削部件两个凸起部分外，中间部分也同时被切削，从图 3-186a 可以发现，刀路完全按照普通的"往复"切削，切削过程中不需要抬起刀具，一直切削完毕然后抬刀。

a)   b)

图 3-186   "斜向下角"为 90°时的切削刀轨

8．延伸至边界

"延伸至边界"是专用于轮廓铣的切削参数。"延伸至边界"可在创建"仅向上"或"仅向下"切削时将切削刀路的末端延伸至部件边界。

对"优化刀轨"一节中的部件进行"延伸至边界"设置。只进行如下改变：

- 切削模式：单向。
- 斜向上角：设置为 0°。
- 斜向下角：设置为 90°。
- 在图 3-178"倾斜"对话框中清除"优化刀轨"，其余设置不变。

在图 3-178 所示"倾斜"对话框中选中"延伸至边界"。图 3-187a 所示为选中"延伸至边界"时的切削刀轨，刀轨延伸到了边界。

在图 3-178 所示"倾斜"对话框中清除"延伸至边界"。图 3-187b 所示为清除"延伸至边界"时的切削刀轨，刀轨没有延伸到边界。

图 3-187 延伸至边界

　　下面分 4 种情况分别演示"延伸至边界"对刀轨的影响。

　　（1）将"仅向上"（斜向上角=90，斜向下角=0）、"延伸至边界"为清除（OFF）时，每个刀轨都在部件顶部停止切削（如图 3-188 中的 A）。

　　（2）将"仅向上"（斜向上角=90，斜向下角=0）、"延伸至边界"为选中（ON）时，每个刀轨都沿切削方向延伸至部件边界（如图 3-188 中的 B）。

　　（3）将"仅向下"（斜向上角=0，斜向下角=90）、"延伸至边界"为清除（OFF）时，每个刀轨都在部件顶部开始切削（如图 3-188 中的 C）。

　　（4）将"仅向下"（斜向上角=0，斜向下角=90）、"延伸至边界"为选中（ON）时，每个刀轨都在每次切削的开始处延伸至边界（如图 3-188 中的 D）。

图 3-188 "延伸至边界"不同切削刀轨

3.4.7 多刀路参数

"多刀路"参数应用于固定和可变轮廓铣操作。主要包括"部件余量偏置""多重深度切削""步进方法""增量"等，如图 3-189 所示。

1．部件余量偏置

"部件余量偏置"是专用于轮廓铣的切削参数。"部件余量偏置"是在操作过程中去除的材料量。"部件余量"是操作完成后所剩余的材料量。"部件余量偏置"加上"部件余量"即是操作开始前的材料量。即最初余量 = 部件余量 + 部件余量偏置。因此，"部件余量偏置"是增加到"部件余量"的额外余量，必须大于或等于零。

- 在对移刀运动的碰撞检查过程中，"部件余量偏置"用于刀具和刀柄。
- "部件余量偏置"还用于非切削运动中，以确定自动进刀/退刀距离。
- 当使用"多重深度切削"选项时，"部件余量偏置"还用于定义刀具开始切削的位置。

图 3-189　"多条刀路"参数

2．多重深度切削

"多重深度切削"允许沿着"部件几何体"的一个切削层逐层加工，以便一次去除一定量的材料。每个切削层中的刀轨是作为垂直于"部件几何体"的"接触点"的偏置单独计算的。由于当刀轨轮廓远离部件几何体时刀轨轮廓的形状会改变，因此每个切削层中的刀轨必须单独计算。"多重深度切削"将忽略部件曲面上的定制余量（包括部件厚度）。例如：

对图 3-190a 所示部件进行"固定轮廓铣"。

（1）在"创建工序"对话框中选择"mill_contour"类型，选择"FIXED_CONTOUR"操作子类型，创建直径为 10mm 的刀具，名称为"END10"，选中该刀具；选择"WORKPIECE"　几何体，名称为 FIXED_CONTOUR。

（2）单击"确定"按钮，弹出"固定轮廓铣"对话框，指定部件如图 3-190a 所示。指定切削区域如图 3-190a 所示。选择"区域铣削"。

（3）单击"驱动方法"右边的，弹出"区域铣削驱动方法"对话框，设置切削模式为往复，步距为 50%刀具直径，步距已应用选择在平面上，切削角设置为"指定"，输入与 XC 的夹角为 0°。

图 3-190　多重深度切削示例

（4）在"切削参数"对话框中的"多条刀路"设置"部件余量偏置"为 10，"部件余量"为 5。选中"多重深度切削"，激活"步进方法"为"增量"，"增量"为 5。

"增量"如图 3-190b 所示，生成两个深度为为 5 的刀路。图 3-190c 所示为形成的刀轨（对部件进行了垂直于 Z 轴的剖切）。

（5）如果在"切削参数"对话框中的"多条刀路"设置"部件余量"为 2，"部件余量偏置"为 10，选中"多重深度切削"，激活"步进方法"为"增量"，如果"增量"值为 5，形成 2 层刀轨，如图 3-191a 所示；如果"增量"值为 4，形成两个 4mm 深的层和 1 个 2mm 的层，共 3 个层，如图 3-191b 所示。

（6）如果在"切削参数"对话框中的"多条刀路"设置"部件余量"为 10，"部件余量偏置"为 10。选中"多重深度切削"，激活"步进方法"为"增量"，如果"增量"值为 4，形成两个 4mm 深的层和 1 个 2mm 的层，共 3 个层，如图 3-191c 所示；但对图 3-191c 和 b 进行比较可以发现，两者的部件余量不同，图 3-191c 中底部和四周都留有 10mm 的部件余量。

图 3-191　多重深度切削

 注意

只能为使用"部件几何体"的操作生成多重深度切削（如果未选择"部件几何体"，

G NX 9.0中文版数控加工从入门到精通

则在驱动几何体上只生成一条刀轨）。仅当"部件余量偏置"大于或等于零时才能使用多重深度余量。

3. 步进方法

"多重深度切削"是一个切换按钮，选中它可激活"步进方法"或"增量"选项。

切削层的数量是根据"增量"或"刀路数"指定的。"增量"允许定义切削层之间的距离。默认的"增量"值是"部件余量偏置"值。默认的"刀路数"是 1。如果指定了"刀路数"，则系统会自动计算增量。如图 3-191多重深度切削所示，"部件余量偏置"为 10，如果指定"刀路数"为 3，则每层的增量为 10/3。

如果指定了"增量"，则系统会自动计算刀路数量。如果指定的"增量"未平均分配到要去除的材料量（部件余量偏置）中，则系统计算的"刀路数"将调整为下一个更大的整数，最后的余量将是剩余部分，如图 3-192 所示，"部件余量偏置"为 10，如果指定"增量"为 4，则刀路数为 3，其中第一层和第二层为 4，最后一层（即图中的第三层刀路）的"增量"为 2。

图 3-192　步长方式

注意

如果"部件余量偏置"为零，则余量值必须为零且只生成一层刀路。如果"部件余量偏置"为零且未选择"刀路数量"选项，则可使用任何正整数并可生成该数量的刀路。这对于精加工切削后的部件平滑切削很有用。

3.5 公用铣削参数

公用"铣削选项"是指那些由多个处理方式共享的选项，但并不是对所有这些处理方式来说都是必需的。仅特

图 3-193　"切削层"对话框

定于单个处理方式选项的信息，可参考相应的处理方式。

3.5.1 切削深度和最大值

"切削深度"主要用于"平面铣"中，可确定多深度"平面铣"操作中的切削层。在"平面铣"对话框"刀轨设置"栏中的"切削层"进行设置，

可使用如图 3-193 所示的选项定义"切削层"对话框。

1．类型

（1）用户自定义：选择此选项后，将激活"最大值"、"最小值""初始"和"最终"4 个字段。用户可根据具体切削部件进行相关设置。

1）公共为 6，最小值为 1，切削层顶部为 2，上一个切削层为 2，形成的切削刀轨如图 3-194a 所示，在图中第一层刀轨和最后一层刀轨的切削深度都为 2，中间 3 层深度由系统均分，但深度值在公共 6 和最小值 1 之间。

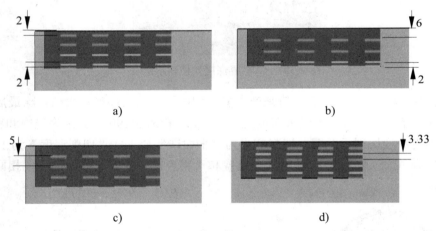

a) b)

c) d)

图 3-194　"用户定义"切削深度参数

2）公共为 6，最小值为 1，切削层顶部为 0，上一个切削层为 2。形成的切削刀轨如图 3-194b 所示，最后一层刀轨的切削深度都为 2，其他 3 层的切削深度均分为 6。

3）公共为 6，最小值为 1，切削层顶部为 0，上一个切削层为 0。形成的切削刀轨如图 3-194c 所示，系统将整个腔深均分为 4 层，每层切削深度分为 5。

4）公共为 3.5，最小值为 3，切削层顶部为 0，上一个切削层为 0。形成的切削刀轨如图 3-194d 所示，系统将整个腔深均分为 6 层，每层切削深度分为 20/6=3.33。

（2）仅底面：切削层深度直到"底部面"，在底面创建一个唯一的切削层，选中"仅底面"后，如图 3-195 所示。

（3）底面或临界深度：切削层位置分别在"底面"和"临界深度"，在底面与岛顶面

创建切削层，岛顶的切削层不超出定义的岛屿边界，仅局限在岛屿的边界内切削毛坯材料，一般用于水平面的精加工。选中本选项后，切削刀轨如图 3-196 所示。

图 3-195　"仅底面"切削示意　　　　图 3-196　"底面和临界深度"切削示意

（4）临界深度：用于分多层切削，切削层位置在岛屿的顶面和底平面上，与"底面或临界深度"选项的区别在于所生成的切削层刀路将完全切除切削层平面上的所有毛坯资料，不局限于边界内切削毛坯材料。选中本选项后，如图 3-197 所示。

图 3-197　"临界深度"切削示意

（5）恒定：以一个固定的深度值来产生多个切削层，输入深度最大值，除最后一层可能小于最大深度值，其余层等于最大深度值。图 3-198 和图 3-199 中分别为选中和删除"临界深度"时固定深度切削示意图，切削方式为"平面铣"加工，"切削深度"为 12，"侧面余量增量"为 0，总腔深度为 20，其余设置和"用户自定义"一节中的设置相同。共形成两个切削层。

第一个切削刀路　　第二个切削刀路

a)　　　　　　　　　　b)

图 3-198　恒定（含临界深度）

2. 公共

"公共"定义了在切削过程中每层切削的最大切削量，对于"恒定"方式，"公共"用来指定各切削层的切削深度。

临界深度切削刀　第一个切削刀路　第二个切削刀路

a)　　　　　　　　　　　b)

图 3-199　恒定（不含临界深度）

3．最小值

"最小值"定义了在切削过程中每层切削的最小切削量。

4．切削层顶部

"切削层顶部"定义了在切削过程中第一层的切削量，多深度平面铣操作定义的第一个切削层深度，从毛坯几何体的顶面开始算起，如果没有定义毛坯几何体，从部件边界平面处测量。

5．上一个切削层

"上一个切削层"定义了在切削过程中最后一层的切削量，多深度平面铣操作定义的最后一个切削层深度，该深度从底平面测量。

6．临界深度

选中"临界深度顶面切削"复选框，系统会在每个岛屿的顶部创建一条独立路径，可参考"固定深度"一节里的相关内容。

7．刀柄间隙

在切削深度参数中，"增量侧面余量"选项用于为多深度平面铣操作的每个后续切削层增加一个侧面余量值，以保持刀具与侧面间安全距离。使用此选项，可以生成带有拔模角的零件，通过计算切削深度，输入"增量侧面余量"值，可产生一个带有一定拔模角度的零件。

3.5.2　进给和速度

在刀轨前进的过程中，不同的刀具运动类型，其"进给率"值会有所不同。另外，可以按每分钟英寸或每转英寸（ipm，ipr）来提供进给率；对于米制部件，也可以按每分钟毫米或每转毫米（mmpm，mmpr）来提供进给率。默认的进给率是 10 ipm（英制）和 10 mmpm（米制）。

在任一铣削工序对话框中的"刀轨设置"栏里单击"进给率和速度"按钮，如图 3-200 所示，打开如图 3-201 所示的"进给率和速度"对话框。根据使用的加工子模块，可

UG NX
9.0

以将进给率指定给以下某些或全部的刀具移动类型。

图 3-200　"进给率和速度"选项　　　　图 3-201　"进给率和速度"对话框

1. 速度

（1）表面速度：是刀具的切削速度。它在各个齿的切削边处测量，测量单位是每分钟曲面英尺或米。在计算"主轴速度"时，系统使用此值。

（2）每齿进给量：是每个齿去除材料量的度量。它以英寸或毫米为单位。在计算"切削进给率"时，系统使用此值。

（3）主轴速度：是一个计算所得的值，它决定刀具转动的速度，单位为"rpm"。主轴输出模式：可从以下选项中进行选择：

■　RPM：按每分钟转数定义主轴速度。

■　SFM：按每分钟曲面英尺定义主轴速度。

■　SMM：按每分钟曲面米定义主轴速度。

2. 进给率

描述了刀具进行切削的整个运动过程，进给率主要有以下选项，每项的在整个切削过程中的顺序如图 3-202 所示。

图 3-202 进给率图

（1）切削：是在刀具与部件几何体接触时为刀具运动指定的"进给率"。

（2）快速：只适用于刀轨和 CLSF 中的下一个 GOTO 点。后续的移动使用上一个指定的进给率。

（3）逼近：是为从"起点"到"进刀"位置的刀具运动指定的"进给率"。在使用多个层的"平面铣"和"型腔铣"操作中，使用"逼近"进给率可控制从一个层到下一个层的进给。零"进给率"可以使系统使用快速进给率。

（4）进刀：是为从"进刀"位置到初始切削位置的刀具运动指定的进给率。当刀具抬起后返回工件时，此进给率也可用于返回"进给率"。零"进给率"可以使系统使用"切削"进给率。

（5）第一刀切削：是为初始切削刀路指定的"进给率"（后续的刀路按"切削"进给率值进给）。零"进给率"可以使系统使用"切削"进给率。

对于单个刀路轮廓，指定第一刀切削进给率可以使系统忽略切削进给率。要获得相同的进给率，则需设置切削进给且将第一刀进给率保留为 0。

（6）步进：是刀具移向下一平行刀轨时的"进给率"。如果刀具从工作表面抬起，则"步距"不适用。因此，"步距"进给率只适用于允许"往复"刀轨的模块。零"进给率"可以使系统使用"切削"进给率。

（7）移刀：是当"进刀/退刀"菜单中的"移动方式"选项的状态为"上一层"（而不是"安全平面"）时用于快速水平非切削运动的"进给率"。

只有当刀具是在未切削曲面之上的"竖直间隙"距离，并且是距任何型腔岛或壁的"水平间隙"距离时，才会使用"移刀进给率"。这可以在移刀时保护部件，并且刀具在移动时也不用抬至"安全平面"。进给率为 0 将使刀具以"快速进给率"移动。

（8）退刀：是为从"退刀"位置到最终刀轨切削位置的刀具。

（9）分离：是刀具移至"返回点"的"进给率"。"分离"进给率为 0 将使刀具以"快速进给率"移动。

3．单位

（1）设置非切削单位：可将所有的"非切削进给率"单位设置为"mmpr""mmpm"或"无"，每个非切削进给也可以单独在进给选项里设置单位。

（2）设置切削单位：可将所有的"切削进给率"单位设置为"in/min""in/r"或"无"，每个非切削进给也可以单独在进给选项里设置单位。

3.6 非切削移动

3.6.1 概述

"非切削移动"可控制刀具不切削零件材料时的各种移动，可发生在切削移动前，切削移动后或切削移动之间，"非切削移动"包含一系列适应于部件几何表面和检查几何表面的进刀、退刀、分离、跨越与逼近移动以及在切削路径之间的刀具移动，控制如何将多个刀轨段连接为一个操作中相连的完整刀轨，图 3-203 所示非切削移动。非切削移动可以简单到单个的"进刀"和"退刀"，或复杂到一系列定制的进刀、退刀和移刀（分离、移刀、逼近）移动，这些移动的设计目的是协调刀路之间的多个部件曲面、检查曲面和提升操作。"非切削移动"包括刀具补偿，因为刀具补偿是在非切削移动过程中激活的。

图 3-203　非切削移动

要实现精确的刀具控制，所有非切削移动都是在内部向前（沿刀具运动方向）计算的。但是进刀和逼近除外，因为它们是从部件表面开始向后构建的，以确保切削之前与部件的空间关系，如图 3-204 所示。以向前方向计算上述的移刀运动时，系统可以使用"出发点"作为已知的固定参考位置。

非切削移动类型及功能见表 3-1。

如果安全平面未定义：刀具会从"起点"直接转至进刀移动的起点，从"退刀"移动的终点直接转至"返回"点，如图 3-205 所示。

图 3-204 移刀运动的向前构造

表 3-1 非切削移动类型

类型	描述
快进	在安全几何体上或其上方的所有移动
移刀	在安全几何体下方移动。示例："直接"和"最小安全值 Z"类型的移动
逼近	从"快进"或"移刀"点到"进刀"移动起点的移动
进刀	使刀具从空中来到切削刀路起点的移动
退刀	使刀具从切削刀路离开到空中的移动
分离	从"退刀"移动到"快进"或"移刀"移动起点的移动

如果安全平面已定义，则：

■ 如果"起点"位于安全平面的上方，则刀具会转至"起点"，然后转至安全平面。所指定的移动类型是"快进"。如果"起点"位于安全平面下方，则刀具会转至安全平面，然后转至"起点"。所指定的移动类型是"逼近"。

■ 如果"返回"点位于安全平面的上方，则刀具会转至安全平面或退刀移动的点，然后转至"返回"点。所指定的移动类型是"快进"。

■ 如果返回点位于安全平面的下方，则刀具会转至返回点，然后转至安全平面或退刀移动的起点。所指定的移动类型是分离，如图 3-206 所示。

图 3-205 安全平面没有定义非切削运动类型   图 3-206 安全平面定义了非切削运动类型

131

非切削移动对话框如图 3-207 所示。

比较重要的两个概念为"封闭区域"和"开放区域"。"封闭区域"是指刀具到达当前切削层之前必须切入材料中的区域，"开放区域"是指刀具在当前切削层可以凌空进入的区域，如图 3-208 所示。在确定区域是开放区域还是封闭区域时，不仅仅只考虑几何体，还要考虑包括操作、切削模式和修剪边界。如果使用修剪边界来定位切削区域，NX 将假定该区域是封闭区域，即使修剪边界以外只有一小块毛坯或者修剪边界与毛坯重合时也如此。

图 3-207 "非切削移动"对话框

图 3-208 开放区域 (1) 和封闭区域 (2)

3.6.2 "非切削移动"示例

对图 3-209 所示的部件进行加工。进行"开放区域"和"封闭区域"说明。

光盘\动画演示\第 3 章\"非切削移动"示例.avi

1. 创建毛坯

（1）选择"应用模块"选项卡→"设计"组→"建模"图标 ，在建模环境中，选择"菜单"→"格式"→"图层设置"菜单命令，弹出"图层设置"对话框。新建工作图层"2"，单击"确定"按钮。

（2）选择"主页"选项卡→"特征"组→"设计特征下拉菜单"→"拉伸"图标 ，弹出"拉伸"对话框，选择加工部件的底部 4 条边线为拉伸截面，指定矢量方向为"ZC"，输入开始距离为 0，输入结束距离为 50，其他采用默认设置，单击"确定"按钮，生成毛坯如图 3-210 所示。

2．创建几何体

（1）选择"应用模块"选项卡→"加工"组→"加工"图标 ，进入加工环境。在上边框条中选择"几何视图"，选择"主页"选项卡→"插入"组→"创建几何体"图标 ，弹出"创建几何体"对话框，选择"mill_planar"类型，选择"WRKPLECE "几何体子类型，选择"MCS_MILL"几何体，其他采用默认设置，单击"确定"按钮。

图 3-209　加工部件　　　　　　　　　　　　　　图 3-210　毛坯模型

（2）弹出"工件"对话框，单击"选择或编辑部件几何体"按钮 ，选择如图 3-209 所示部件。单击"选择或编辑毛坯几何体"按钮 ，选择图 3-210 所示的毛坯。单击"确定"按钮。

3．创建刀具

（1）选择"主页"选项卡→"插入"组→"创建刀具"图标 ，弹出如图 3-211 所示的"创建刀具"对话框，选择"mill_planar"类型，选择"MILL"刀具子类型，输入名称为 END10，其他采用默认设置，单击"确定"按钮。

（2）弹出如图 3-212 所示的"铣刀-5 参数"对话框，输入直径为 10，其他采用默认设置，单击"确定"按钮。

图 3-211　"创建刀具"对话框　　　　　　　　　图 3-212　"铣刀-5 参数"对话框

133

4．创建工序

（1）选择"主页"选项卡→"插入"组→"创建工序"图标 ，弹出"创建工序"对话框，选择"mill_planar"类型，在工序子类型中选择"FLOOR_WALL"，选择"WORKPLECE"几何体，刀具选择"END10"，其他采用默认设置，单击"确定"按钮。

（2）弹出如图 3-213 所示的"面铣削区域"对话框，单击"选择或编辑切削几何体"按钮 ，弹出"平面"对话框，选择如图 3-214 所示的底面。

图 3-213 "面铣削区域"对话框

图 3-214 指定切削区域

（3）在"刀轨设置"栏中切削模式选择"跟随部件"，"步距"为"80%刀具平直百分比"。

（4）单击"非切削移动"按钮 ，弹出"非切削移动"对话框，区域 1 是开放的：进刀从空中开始。区域 2 是封闭的：进刀将切入部件材料。在"面铣削区域"对话框中的"操作"栏中单击"生成" 和"确认" 生成刀轨如图 3-215 所示。

（5）如果"切削模式"选择"轮廓加工"切削方式，在"面铣削区域"对话框中的"操作"栏中单击"生成" 和"确认" 生成刀轨，如图 3-216 所示。

（6）区域 1 是开放的：进刀从空中开始。区域 2 是开放的：进刀从空中开始。如果"切削模式"选择"跟随周边"切削方式，在"面铣削区域"对话框中的"操作"栏中单击"生成" 和"确认" 生成刀轨，如图 3-217 所示。

图 3-215　区域 1 =开放，区域 2 =封闭　　　　图 3-216　区域 1 =开放，区域 2 =封闭

图 3-217　区域 1 =开放，区域 2 =封闭

3.6.3　进刀

进刀分为"封闭区域"和"开放区域"进刀。"封闭区域"是刀具到达切削层时必须切入到部件材料内部的区域，"开放区域"是通过非闭合区域到达切削层的区域。一般来说，开放区域进刀是首选，其次是封闭区域。

如果开放区域进刀失败，封闭区域进刀作为备份进刀使用，封闭区域进刀第一次试着到达最小安全平面值的外面作为开放区域，避免刀具全部进入零件内部。该区域只有沿着壁的材料，且封闭区域内的区域是开放的。

1．封闭区域

（1）进刀类型

1）螺旋：螺旋进刀轨迹是螺旋线，"螺旋"首先尝试创建与起始切削运动相切的螺旋进刀。如果进刀过切部件，则会在起始切削点周围产生螺旋，如图 3-218 所示。如果起始

切削点周围的螺旋失败，则刀具将沿内部刀路倾斜，就像指定了"在形状上"一样。

　　螺旋进刀的一般规则是：如果处理器根据输入的数据无法在材料外找到开放区域来向工件进刀，则刀具将倾斜进入切削层。当使用轮廓切削方法时，在许多情况下刀具都有向工件进刀的空间，并且此空间位于材料外。在这些情况下刀具不会倾斜进入切削层。如果没有可以作为进刀的开放区域时，刀具将倾斜进入切削层，否则，刀具将进刀到开放区域。

　　如果无法执行螺旋进刀或如果已指定"单向""往复"或"单向轮廓"，则系统在使刀具倾斜进入部件时会沿着对刀轨的跟踪路线运动。系统将沿远离部件壁的刀轨运动，以避免刀具沿壁运动。在刀具下降到切削层后，刀具会步进到第一个切削刀路（如有必要）并开始第一个切削，如图3-219所示。

　　在使用向外递进的"跟随周边"操作中，系统在倾斜进入部件时将沿着刀轨的最内部刀路运动。如果最内部的刀轨受到太多限制，则系统会沿着刀轨的下一个最大的刀路跟踪。

图3-218　螺旋进刀运动　　　　　　图3-219　"螺旋"倾斜类型（往复刀轨）

　　2）插削：允许倾斜只出现在沿直线切削的情形中。当与"跟随部件""跟随腔体"或"轮廓"（当没有隐含的安全区域时）一起使用时，进刀将根据步进向内还是向外来跟踪最内侧或最外侧的切削刀路。圆形切削将保持恒定的深度，直到出现下一直线切削，这时倾斜将恢复。

　　"跟随周边"模式下的"插削"倾斜类型，刀轨向外"插削"对于"跟随周边"等带"向内"腔体方向的、为避免沿弯曲壁倾斜的操作非常有用，如图3-220所示。

　　当与"单向""往复"或"单向轮廓"一起使用时，进刀将跟踪远离部件的直线切削刀路，以避免刀具沿部件运动，如图3-221所示。在刀具沿此刀路倾斜运动到切削层后，刀具会步进到第一个切削刀路（如有必要）并开始第一个切削。

图 3-220　"插削"倾斜类型（跟随周边）　　　　图 3-221　"插削"倾斜类型（往复刀轨）

3）沿形状斜进刀：允许倾斜出现在沿所有被跟踪的切削刀路方向上，而不考虑形状。当与"跟随部件""跟随腔体"或"轮廓"（当没有隐含的安全区域时）一起使用时，进刀将根据步距向内还是向外来跟踪向内或向外的切削刀路。与"跟随周边"一起使用的"沿形状斜进刀"倾斜类型，向外当与"单向""往复"或"单向轮廓"一起使用时，"在形状上"与"在直线上"的运动方式相同，如图 3-222 所示。

（2）斜坡角：是当执行"沿形状斜进刀"或"螺旋"时，刀具切削进入材料的角度，是在垂直于部件表面的平面中测量的，如图 3-223 所示。斜坡角决定了刀具的起始位置，因为当刀具下降到切削层后必须靠近第一切削的起始位置。指定大于 0°但小于 90°的任何值。如果要切削的区域小于刀具半径，则不会出现倾斜。

图 3-222　"沿形状斜进刀"（跟随周边）　　　　图 3-223　倾斜角度

（3）直径：可为螺旋进刀指定所需的或最大倾斜直径。此直径只适用于"螺旋"进刀类型。当决定使用"螺旋"进刀类型时，系统首先尝试使用"直径"来生成螺旋运动。如果区域的大小不足以支持"直径"，则系统会减小倾斜直径并再次尝试螺旋进刀。此过程会一直继续直到"螺旋"成功或刀轨直径小于"最小倾斜长度-直径"。如果区域的大小不足以支持与"最小倾斜长度直径"相等的"直径"，则系统不会切削该区域或子区域，而继续切削其余的区域。

"直径"表示为了在部件中打孔，而又不在孔的中央留下柱状原料，刀具可能要走的最大刀轨直径，如图 3-224 所示。无论何时对材料采用螺旋进刀都应使用"直径"。

（4）最小斜面长度：可为"螺旋""沿形状斜进刀"指定最小斜面长度或直径。无论在何时使用非中心切削刀具（例如插入式刀具）执行斜削或螺旋切削材料，都应设置"最小斜面长度"。这可以确保倾斜进刀运动不会在刀具中心的下方留下未切削的小块或柱状材料，如图 3-225 所示。"最小斜面长度"选项控制自动斜削或螺旋进刀切削材料时，刀具必须走过的最短距离。对于防止有未切削的材料接触到刀的非切削底部的插入式刀具，"最小斜面长度"格外有用。

如果切削区域太小以至于无足够的空间用于最小螺旋直径或最小倾斜长度，则会忽略该区域，并显示一条警告消息。这可防止插入式刀具进入太小的区域。必须更改进刀参数，或使用不同的刀具来切削这些区域。

2．开放区域

（1）与封闭区域相同：如果没有开放区域进刀，使用封闭区域进刀。

图 3-224　直径　　　　　　　　　　　图 3-225　最小倾斜长度

1—最小倾斜长度-直径百分比　2—希望避免的小块或柱状材料

（2）线性："线性"进刀将创建一个线性进刀移动，其方向可以与第一个切削运动相同，也可以与第一个切削运动成一定角度。输入"旋转角度"是相切于初始切削点的矢量方向的夹角，输入"倾斜角度"是垂直于工件表面与初始切削点的矢量方向的夹角，如图 3-226 所示。

a)　　　　　　　　　　　　　　　b)

图 3-226　"旋转角度"和"倾斜角度"

（3）线性-相对于切削：将创建一个线性进刀移动，其方向可以与第一个切削运动相同，也可以与第一个切削运动成一定角度。

（4）圆弧：圆弧进刀生成和开始切削运动相切的圆弧进刀。

（5）点：由点构造器指定的点作为进刀点，允许运动从指定的点开始，并且添加一圆弧光滑过渡进刀。

（6）线性-沿矢量：通过矢量构造器指定一个矢量来决定进刀方向，输入一个距离值来决定进刀点位置。如图所示。

（7）角度-角度-平面：通过平面构造器指定一个平面决定进刀点的高度位置，输入两个角度值决定进刀方向。角度可确定进刀运动的方向，平面可确定进刀起点。

1）旋转角度：是根据第一刀的方向来测量的。正旋转角度值是在与部件表面相切的平面上，从要加工的第一点处第一刀的切向矢量开始，逆时针方向测量的。

2）斜坡角：是在与包含旋转角度所述矢量的部件表面相垂直的平面上，沿顺时针方向测量的。负倾斜角度值是沿逆时针方向测量的。

在图 3-227 和图 3-228 中，角 1 =旋转角度，角 2 =倾斜角度，图 3-227 所示为"角度-角度-平面"进刀示意图，图 3-228 为"角度-角度-平面"退刀示意图。

图 3-227　使用"角度-角度-平面"进刀　　　　图 3-228　使用"角度-角度-平面"退刀

3）指定平面：需要通过矢量构造器指定一个矢量来决定进（退）刀方向，通过平面构造器指定一个平面来决定进（退）刀点，这种进（退）刀运动是直线。

3．初始封闭区域

指一个切削封闭区域，其"进刀类型"设置和封闭区域设置相同。

4．初始开放区域

指一个切削开放区域，其"进刀类型"设置和开放区域设置相同。

3.6.4 "进刀"示例

对图 3-229 所示部件进行"平面铣"。

图 3-229　待加工部件

光盘\动画演示\第 3 章\"进刀"示例.avi

1．创建毛坯和几何体

同 3.2.8 节中的步骤 1 和步骤 2。

2．创建工序

（1）选择"主页"选项卡→"插入"组→"创建工序"图标 ，弹出"创建工序"对话框，选择"MILL_PLANAR"类型，在工序子类型中选择"PLANAR _MILL"，选择"WORKPLECE"几何体，其他采用默认设置，单击"确定"按钮。

（2）弹出"平面铣"对话框，单击"选择或编辑部件边界"按钮 ，弹出"创建边界"对话框，选择如图 3-230 所示的曲线边界。单击"选择或编辑底平面几何体"按钮 ，弹出"平面"对话框，选择如图 3-230 所示的底面。单击"选择或编辑毛坯边界"按钮 ，选择如图 3-231 所示的毛坯边界。

<table>
<tr><td>图 3-230　部件边界与底面</td><td>图 3-231　选择毛坯边界</td></tr>
</table>

（3）在"刀轨设置"栏中进行设置。切削模式选择"跟随部件"，"步距"为"40%刀具平直百分比"。

（4）单击"非切削移动"按钮 ，弹出"非切削移动"对话框。"封闭区域"选择与"与开放区域相同"；"开放区域设置进刀"类型为"线性"；"长度"为"100%刀具"；"旋转角度"为 30；"斜陡角"为 30；"高度"为 15；"最小安全距离"为"50%刀具"；"初始封闭区域"中"进刀类型"选择"无"；"初始开放区域"中"进刀类型"选择"与开放区域相同"；退刀："退刀类型"选择"与进刀相同"。

（5）在"平面铣"对话框中的"操作"栏中单击"生成" 🖼 和"确认" 🖼 生成刀轨，如图 3-232a 所示。

（6）如果在"非切削参数"中对"开放区域"设置"进刀类型"为"圆弧"；"半径"为 3mm；"圆弧角度"为 90；"高度"为 15；"最小安全距离"为 50%；在"转移/快速"选项卡中，"安全设置选项"选择"平面"，并选择如图 3-231 所示的底面；其余设置不变。在"平面铣"对话框中的"操作"栏中单击"生成" 🖼 和"确认" 🖼 生成刀轨，如图 3-232b 所示。

a)　　　　　　　　　　　　　　　b)

图 3-232　"跟随部件"铣削

3.6.5　退刀

退刀类型主要有以下几种：与进刀相同、线性、线性-相对于切削、圆弧、点、抬刀、线性-沿矢量、角度角度平面、矢量平面、无。

各种类型的设置方法与进刀相同。

3.6.6　起点/钻点

"非切削移动"中"起点/钻点"对话框设置内容主要包括：重叠距离、区域起点、预钻孔点等主要设置选项，如图 3-233 所示。

图 3-233　"起点/钻点"对话框

1. 重叠距离

"重叠距离"是在切削过程中刀轨进刀点与退刀点重合的刀轨长度，可提高切入部位的表面质量，如图 3-234 所示。

图 3-234　自动进刀和退刀的重叠距离

2. 区域起点

"区域起点"有两种方式：默认和自定义指定。定义切削区域开始点来定义进刀位置和横向进给方向。默认的"区域起点"选项为"中点"和"拐角"，如图 3-235 所示。自定义"区域起点"可以通过点构造器进行选择指定，指定的自定义点在下面的"列表"中列出，亦可在"列表"中删除。

3. 预钻孔点

"预钻孔点"允许指定"毛坯"材料中先前钻好的孔内或其他空缺内的进刀位置。所定义的点沿着刀具轴投影到用来定位刀具的"安全平面"上。然后刀具向下移动直至进入空缺处，在此空缺处，刀具可以直接移动到每个层上处理器定义的起点。"预钻孔进刀点"不会应用到"轮廓驱动切削类型"和"标准驱动切削类型"。

中点

拐角

图 3-235 默认"区域起点"选项

在做平面铣挖槽加工时，经常是在整块实心毛坯上铣削，在铣削之前可在毛坯上位于每个切削区的适当位置预先钻一个孔用于铣削时进刀。在创建平面铣的挖槽操作时，通过指定与钻进刀点来控制刀具在预钻孔位置进刀。刀具在安全平面或最小安全间隙开始沿刀具轴方向对准预钻进刀点垂直进刀。刀具在安全平面或最小安全间隙开始沿刀具轴方向对准预钻进刀点垂直进刀，切削完各切削层。

如果以一个切削区指定了多个预钻进刀点，只有最接近这个区的切削刀轨起始点的那一个有效，对于轮廓和标准驱动切削方法，预钻进刀点无效。设定预钻孔点必须指定孔的位置和孔的深度。这里指定的预钻孔点不能应用于点位加工操作的预钻选项中，点位加工操作只能运用进/退刀方法选项中的预钻孔创建的预钻点。

3.6.7 "起点/钻点"示例

对图 3-236 所示的部件进行加工，对"预钻孔"设置进行说明。

光盘\动画演示\第 3 章\"起点\钻点"示例.avi

1. 创建几何体

（1）选择"应用模块"选项卡→"加工"组→"加工"图标，进入加工环境。在上边框条中选择"几何视图"，选择"主页"选项卡→"插入"组→"创建几何体"图标，弹出"创建几何体"对话框，选择"mill_planar"类型，选择"WRKPLECE"几何体子类型，其他采用默认设置，单击"确定"按钮。

（2）弹出"工件"对话框，单击"选择和编辑部件几何体"按钮，选择如图 3-236 所示部件。单击"选择和编辑毛坯几何体"按钮，选择图层 2 中的模型为毛坯，如图 3-237

UG NX 9.0

所示。单击"确定"按钮。

图 3-236 待加工部件   图 3-237 毛坯模型

2. 创建刀具

（1）选择"主页"选项卡→"插入"组→"创建刀具"图标，弹出"创建刀具"对话框，选择"MILL_PLANAR"类型，选择"MILL"刀具子类型，输入名称为 END10，其他采用默认设置，单击"确定"按钮。

（2）弹出"铣刀-5 参数"对话框，输入直径为 10，其他采用默认设置，单击"确定"按钮。

3. 创建工序

（1）选择"主页"选项卡→"插入"组→"创建工序"图标，弹出"创建工序"对话框，选择"MILL_PLANAR"类型，在工序子类型中选择"PLANAR_MILL"，选择"WORKPLECE"几何体，选择"END10"刀具，其他采用默认设置，单击"确定"按钮。

（2）弹出"平面铣"对话框，单击"选择或编辑部件边界"按钮，弹出"边界几何体"对话框，"模式"选择"面"，选择如图 3-238 所示的面。单击"选择或编辑毛坯边界"按钮，选择如图 3-239 所示的面；单击"选择或编辑底平面几何体"按钮，弹出"平面"对话框，指定如图 3-240 所示的底面。

图 3-238 部件边界   图 3-239 毛坯边界   图 3-240 指定底面

（3）在"刀轨设置"栏中设置切削模式选择"跟随周边"，"步距"为"50%刀具平直百分比"。

（4）单击"切削层"按钮，弹出"切削层"对话框，"类型"选择"恒定"，"公共"为 6，其他采用默认设置，单击"确定"按钮。

（5）单击"非切削移动"按钮，弹出"非切削移动"对话框。在"进刀"选项卡中，"封闭区域"的"进刀类型"为"插削"，"高度"为 3mm；"进刀类型"为"线性"，长度为"50%刀具"。在"起点/钻点"选项卡中，"预钻孔点"选择预钻孔的中心点，如

图 3-237 所示，在"起点/钻点"选项卡中"预钻孔点"的"有效距离"设置为"指定"，"距离"为"300%刀具"，单击"确定"按钮。

（6）以上设置完毕后，单击"操作"栏中的"生成" 和"确认" 生成刀轨，生成如图 3-241 所示的刀轨。

图 3-241　"预钻进刀点"刀轨

3.6.8　转移/快速

"转移/快速"是刀具从一个切削区转移到下一个切削区的运动。共有三种情形：从当前的位置移动到指定的平面；移动从指定的平面内到高于开始进刀点的位置（或高于切削点）；移动从指定的平面内到开始进刀点（或切削点）。"转移/快速"对话框如图 3-242 所示。

图 3-242　"转移/快速"对话框

（1）安全设置：刀具在间隙或垂直安全距离的高度做传递运动，如图 3-243 所示，有 4 种类型方式用于指定安全平面。

图 3-243　传递运动

1）使用继承的：使用在加工几何父节点组 MCS 指定的安全平面。

2）无：不使用"间隙"。

3）自动平面：使用零件的高度加上"安全距离"值定义安全平面。

4）平面：使用平面构造器定义安全平面。

（2）区域内：为在较短距离内清除障碍物而添加的退刀和进刀。

1）转移方式：用于指定刀具如何从一个切削区转移到下一个切削区，可通过定义"进刀/退刀""抬刀和插削"指定"转移方式"。使用"进刀/退刀（默认值）"会添加水平运动；"提升和冲削"会随着竖直运动移刀。

2）转移类型：指定要将刀具移动到的位置，主要有：

■ "最小安全值 Z"：首先应用直接运动（如果它是无干扰的），否则最小的安全 Z 使用先前的安全平面。 对于平面铣，最小的安全 Z 由部件几何体和检查几何体中的较大者定义。 对于型腔铣，"最小的安全 Z"由部件几何体、检查几何体、毛坯几何体加毛坯距离或用户定义顶层中的最大者定义。

■ "前一平面"：返回到先前的等高（切削层）。先前的平面可使刀具在移动到新切削区域前抬起到并沿着上一切削层的平面运动。但是，如果连接当前位置与下一进刀开始处上方位置的转移运动受到工件形状和检查形状的干扰，则刀具将退回到并沿着"安全平面"（如果它处于活动状态）或隐含的安全平面（如果"安全平面"处于非活动状态）运动。对于"型腔铣"，当刀具从一个切削层移动到下一较低的层（如图 3-244a 所示的区域 1 和区域 2）时，刀具将抬起，直到其距离等于当前切削层上方的"竖直安全距离"值。然后，刀具水平运动但不切削，直至到达新层的进刀点，接着刀具向下进刀到新切削层。对于"型腔铣"和"平面铣"，当在同一切削层上相连的区域间（如图 3-244a 所示的区域 2 和区域 3）运动时，刀具将抬起，直到其距离等于上一切削层上方的"竖直安全距离"值。随后，刀具按如上所述进行运动，只是进刀运动会返回到当前切削层。

■ "直接"：直接移到下一个区域，而不会为了清除障碍而添加运动。

■ "毛坯平面"：返回到毛坯平面，移到下一个区域。

区域1　第一切削层

区域3　第二切削层　区域2

a)

第二切削层　转移运动　竖直安全距离
第一切削层

b)

图 3-244 "前一平面"移刀类型

（3）区域之间：用于指定刀具在不同的切削区间跨越到何处，主要包括：前一平面、直接、最小安全值 Z、毛坯平面等选项。各选项的使用方法和功能和"区域内"相同。

3.6.9 "转移/快速"示例

对图 3-245 所示部件进行"型腔铣"。

光盘\动画演示\第 3 章\"转移\快速"示例.avi

1. 创建毛坯

（1）选择"应用模块"选项卡→"设计"组→"建模"图标，在建模环境中，选择"菜单"→"格式"→"图层设置"菜单命令，弹出"图层设置"对话框。新建工作图层"2"，单击"确定"按钮。

（2）选择"主页"选项卡→"特征"组→"设计特征下拉菜单"→"拉伸"图标，弹出"拉伸"对话框，选择加工部件的底部四条边线为拉伸截面，指定矢量方向为"ZC"，输入开始距离为 0，输入结束距离为 40，其他采用默认设置，单击"确定"按钮，生成毛坯如图 3-246 所示。

图 3-245 待加工部件

图 3-246 毛坯模型

2．创建工序

（1）选择"应用模块"选项卡→"加工"组→"加工"图标，进入加工环境。在上边框条中选择"几何视图"，选择"主页"选项卡→"插入"组→"创建工序"图标，弹出"创建工序"对话框，选择"MILL_CONTOUR"类型，在工序子类型中选择"CAVITY_MILL"，选择"NONE"几何体，其他采用默认设置，单击"确定"按钮。

（2）弹出"型腔铣"对话框，单击"选择或编辑部件几何体"按钮，弹出"部件几何体"对话框，选择如图 3-245 所示的部件；单击"选择或编辑毛坯几何体"按钮，弹出"毛坯几何体"对话框，选择如图 3-246 所示的毛坯；单击"选择或编辑切削区域几何体"按钮，弹出"切削区域"对话框，选择如图 3-247 所示的切削区域。

（3）在"工具"栏中单击"新建"按钮，弹出"新建刀具"对话框，创建直径为10mm 的刀具，名称为"END10"。

（4）在"刀轨设置"栏中切削模式选择"跟随部件"，"步距"为"50%刀具平直百分比"，"每刀的公共深度"为"恒定"，"最大距离"为30。

（5）单击"非切削移动"按钮，弹出如图 3-248 所示的"非切削移动"对话框。在"转移/快速"选项卡的"区域之间"设置"转移类型"为"毛坯平面"，"安全距离"为0mm。

图 3-247　指定切削区域

图 3-248　"非切削移动"对话框

（6）生成的刀轨如图 3-249a 所示。如果将"安全距离"设为 20，生成的刀轨如图 3-249b所示。

a)"安全距离"为 0　　　　　b)"安全距离"为 20

图 3-249　"安全距离"示意图

3.6.10 避让

"避让"是控制刀具作非切削运动的点或平面，操作刀具的运动可分为两部分：一部分是刀具切入工件之前或离开工件之后的刀具运动，成为非切削运动；另一部分是刀具去除零件材料的切削运动。

刀具切削零件时，由零件几何形状决定刀具路径；在非切削运动中，刀具的路径则由避让几何制定的点或平面控制。并不是每个操作都必须定义所有的避让几何，一般是根据实际需要灵活确定，"避让"由出发点、起点、返回点、零点等共同决定，如图 3-250 所示。

图 3-250 "避让"对话框

（1）出发点：指定新刀轨开始处的初始刀具位置。
（2）起点：为可用于避让几何体或装夹组件的起始序列指定一个刀具位置。
（3）返回点：指定切削序列结束时离开部件的刀具位置。
（4）回零点：指定最终刀具位置。经常使用出发点作为此位置。

第4章

平面铣

平面铣是 UG NX 提供的最基本，也是最为常用的加工方式之一。平面铣主要用来对具有平面特征的面和岛进行加工。本章将对 UG NX 平面铣的相关内容做详细介绍。

本章着重介绍了平面铣削加工的切削方式及概念，给出了多个加工实例，通过练习实例，可以掌握平面铣的操作过程。在学完本章内容后，可以对平面铣削的基本知识有较深的理解，领会平面铣相关参数和选项的设置意义。

重点与难点
- 平面铣的子类型
- 切削深度
- 创建平面铣的基本过程
- 平面铣综合加工实例

4.1 平面铣概述

"平面铣"是一种 2.5 轴的加工方式，在加工过程中首先完成水平方向 XY 两轴联动，然后再对零件进行 Z 轴切削。

"平面铣"可以加工零件的直壁、岛屿顶面和腔槽底面为平面的零件。根据二维图形定义切削区域，所以不必做出完整的零件形状；它可以通过边界指定不同的材料侧方向，定义任意区域为加工对象，可以方便地控制刀具与边界的位置关系。

"平面铣"是用于切削具有竖直壁的部件以及垂直于刀具轴的平面岛和底面，如图 4-1 所示。"平面铣"操作创建了可去除平面层中的材料量的刀轨，这种操作类型最常用于粗加工材料，为精加工操作做准备。

图 4-1 平面铣部件

平面铣主要加工零件的侧面与底面，可以有岛屿和腔槽，但岛屿和腔槽必须是平面平面铣的刀具轨迹是在平行于 XY 坐标平面的切削层上产生的，在切削过程中刀具轴线方向相对工件不发生变化，属于固定轴铣，切削区域由加工边界确定约束。

4.2 平面铣的子类型

在如图 4-2 所示的"插入"组中单击"创建工序"图标，弹出如图 4-3 所示的"创建工序"对话框。在"类型"选项卡中，系统默认为"mill_planar"，即为平面铣类型。

在"工序子类型"中列出了平面铣的所有加工方法，一共有 15 种子类型，其中前 4 种为主要的平面铣加工方法，应用比较广泛，一般的平面铣加工多用前 4 种，基本上能满足要求，其他的加工方式由前 4 种演变产生，适合于一些比较特殊的几何形状的加工。下面依次介绍这 15 种子类型：

（1） FACE_MILLING（使用边界面铣削）：基本的面切削操作，用于切削实体上的平面。

（2） FACE_MILLING_MANUAL（手工面铣削）：它使用户能够把刀具正好放在所需的位置。

（3） PLANAR_MILL（平面铣）：用平面边界定义切削区域，切削到底平面。

（4） PLANAR_PROFILE（平面轮廓铣）：特殊的二维轮廓铣切削类型，用于在不定义毛坯的情况下轮廓铣，常用于修边。

UG NX 9.0

图 4-2　"插入"组　　　　　　　图 4-3　"创建工序"对话框

（5）FLOOR_WALL（底壁加工）：切削底面和壁。

（6）FLOOR_WALL_IPW（带 IPW 的底壁加工）：使用 IPW 切削底面和壁。

（7）GROOVE_MILLING（槽铣削）：使用槽铣削处理器的工序子类型切削实体上的平面可高效加工线型槽和使用 T 形刀具的槽。

（8）HOLE_MILLING（铣削孔）：使用螺旋式和/或螺旋切削模式来加工盲孔和通孔或凸台。

（9）CLEANUP_CORNERS（清理拐角）：使用来自于前一操作的二维 IPW，以跟随部件切削类型进行平面铣。常用于清除角，因为这些角中有前一刀具留下的材料。

（10）FINISH_WALLS（精加工壁）：默认切削方法为轮廓铣削，默认深度为只有底面的平面铣。

（11）FINISH_FLOOR（精加工底面）：默认切削方法为跟随零件铣削，将余量留在底面上的平面铣。

（12）THREAD_MILLING（螺纹铣）：使用螺旋切削铣削螺纹孔。

（13）PLANAR_TEXT（平面文本）：对文字曲线进行雕刻加工。

（14）MILL_CONTROL（铣削控制）：建立机床控制操作，添加相关后置处理命令。

（15）MILL_USER（用户定义的铣削）：自定义参数建立操作。

4.3　创建平面铣的基本过程

4.3.1　创建平面铣操作

选择"主页"选项卡→"插入"组→"创建工序"图标，弹出如图 4-3 所示的"创建工序"对话框。选中一种加工方式，例如 PLANAR_MILL（平面铣），然后单击"确定"或"应用"按钮，弹出如图 4-4 所示的"平面铣"对话框，进行相关操作。

4.3.2 "平面铣"设置

1. 几何体

"几何体"栏给出了在进行数控编程时需要用到的多种几何体边界设置，如"指定部件边界""指定毛坯边界""指定检查边界""指定修剪边界"和"指定底面"。单击"几何体"右边的 ￥ 图标，"几何体"栏将展开，如图 4-5 所示。各选项的简单说明如下：

图 4-4　"平面铣"对话框　　　　图 4-5　指定几何体边界

（1）指定部件边界：该选项指定表示将完成的"部件"的几何体，如图 4-6 所示。

图 4-6　"边界"几何体示意图

（2）指定毛坯边界："毛坯"选项指定表示将要切削掉的原材料的几何体，如图 4-6 所示。毛坯边界不表示最终部件，但可以对毛坯边界直接进行切削或进刀。

（3）指定检查边界：通过使用"检查"选项定义不希望与刀具发生碰撞的几何体，如夹具和压板位置，如图 4-6 所示。不会在"检查几何体"覆盖将要删除的材料空间的区域进行切削。用户可以指定"检查余量"的值（"切削"→"检查余量"），此值定义刀具

153

位置和"检查几何体"之间的距离。"相切于"刀具位置被应用于"检查边界"。当刀具遇到"检查几何体"时,它将绕着"检查几何体"切削,或者退刀,这取决于"切削参数"对话框中"跟随检查"的状态。检查边界没有开放边界,只有封闭边界。可以通过指定检查边界的余量(Check Stock)定义刀具离开检查边界的距离。当刀具碰到检查几何体时,可以在检查边界的周围产生刀位轨迹,也可以产生退刀运动,可以根据需要在"切削参数"对话框中设置。

(4)指定修剪边界:可以通过"修剪"选项指定将在各个切削层上进一步约束切削区域的边界。通过将"修剪侧"指定为"内部"或"外部"(对于闭合边界),或指定为"左侧"或"右侧"(对于开放边界),用户可以定义要从操作中排除的切削区域的面积。

用户可以指定一个"修剪余量"值(切削→修剪余量)来定义刀具与"修剪几何体"的距离。刀具位置"在上面"总是应用于"修剪边界",用户不能选择将刀具位置指定为"相切于"。

(5)指定底面:定义最低(最后的)切削层,如图 4-6 所示。所有切削层都与"底面"平行生成。每个操作只能定义一个"底面"。重新定义"底面"将自动替换现有"底面"。刀具必须能够到达"底面",并且不会过切部件。如果"底面"定义的切削层无法到达则会显示一条错误信息。如果未指定"底面",系统将使用机床坐标系 (MCS) 的 X-Y 平面。

在"几何体"栏中单击各"指定边界"右边的图标时,将弹出如图 4-7 所示的"边界几何体"对话框,进行边界创建,此时创建的边界为临时边界。所谓临时边界是指创建的边界受制于所属的几何体,几何体如果发生了变化,对应的临时边界也将发生变化,临时边界可以通过曲线/边、边界、面、点等创建。

2. 模式

模式选项列出了 4 种创建临时边界的模式。单击右边的下拉列表框将弹出 4 个模式,分别为:曲线/边、边界、面、点。

(1)曲线/边:该选项指定利用"曲线/边"的模式定义临时边界,选中此选项后将弹出如图 4-8 所示的"创建边界"对话框。

1)类型:包括"封闭的"和"开放的"。"封闭的"用于工件轮廓是封闭的临时边界。"开放的"应用于工件加工时采用"轮廓切削"或"标准驱动"的切削方式。否则,系统将打开的边界的首尾点连接起来使边界成为封闭的边界,默认为"封闭的"。

在创建封闭边界时,如果选择的曲线和边界没有封闭,系统自动以第一段和最后一段延长后相交形成封闭的边界;如果第一段和最后一段延长后不相交,那么系统将用第一段的起点和最后一段的终点形成封闭的边界。

2)平面

包括"手工"和"自动"两个选项,指定临时边界所在的平面。

"自动"选项为系统的默认选项,由于创建依赖于几何体的临时边界,几何体发生变化,对应的平面也将作出改动。如果选择的所有边界在同一个平面内,则指定此平面为边界所在的平面，否则以工作坐标（WCS）的 XY 平面作为边界所在的平面，用所有的曲线和边缘沿 Z 轴方向投影到 XY 平面后的曲线来定义几何区域。

图 4-7　"边界几何体"对话框

图 4-8　"创建边界"对话框

选择"用户定义"选项后，将弹出如图 4-9 所示的"平面"对话框，提供了指定平面的方式，并用所有的曲线和边缘沿 Z 轴方向投影到指定平面后的曲线来定义几何区域。

图 4-9　"平面"对话框

3）材料侧：指定切削使保留材料在临时边界的那一边。"内部"和"外部"有两个选项。对于封闭边界，材料侧分为"内部"和"外部"；对于非封闭边界，材料侧"左边"或"右边"的确定由边界的方向决定。选择"内部"选项时，加工时保留边界内侧的材料；选择"外部"选项时，加工时保留边界外侧的材料。同理，选择"内部"选项时，加工时沿边界保留内侧的材料；选择"外部"选项时，加工时沿边界保留外侧的材料。保留侧不生成刀轨，切削侧是切除材料、生成刀轨的部分。

 注意

对于不同类型的边界，其内外侧的定义不同。对于部件边界：材料侧为加工时保留部分；对于毛坯边界：材料侧为加工时切除部分；对于检查边界：材料侧为加工时保留部分。

4）刀具位置：指定刀具相对于临时边界的位置。有"相切"与"对中"两个选项，分别指定刀体与临时边界相切或刀具的中心位置在临时边界上。

对于"相切于"成员，偏置值等于该成员与刀具半径的组合余量值。对于"对中"成员，偏置值等于该成员的定制余量值，分别如图4-10和图4-11所示。

5）定制成员数据：单击"定制成员数据"可以对内外公差、余量、切削进给率和后处理命令等进行设置。单击"定制成员数据"后，将在弹出的"编辑边界"对话框中增加"定制边界数据"栏，如图4-12所示。

图4-10　刀具位置-相切于　　　　　　　　　　图4-11　刀具位置-对中

6）成链：单击"成链"将弹出图4-13所示的"成链"对话框。可以对一组首尾相连的曲线链进行选取，如果对曲线链指定了"名称"，只要输入名称即可选定相应的曲线链，也可以利用鼠标直接在图像上选择曲线链的首尾线元，选取整条曲线链。

图4-12　"编辑边界"对话框

图4-13　"成链"对话框

7）移除上一个成员：如果选取轮廓边界时选错了物体，可单击该按钮，删除最后一次的边界。

8）创建下一个边界：如果边界超过一个，则在选取下一个外形边界前，单击该按钮，系统接下来选择的曲线和边缘将创建下一个边界。

（2）边界：此模式将选择已创建的永久边界定义为临时边界，选择此模式图4-8将变为图4-14模式，可以在"名称"栏里输入已创建的永久边界名称，也可以直接在图形上选取永久边界，"列出边界"按钮将列出当前模型中所有的永久边界。

（3）面：面选择用于指定使用哪种类型的内部边缘去创建边界。如果采用"面"创建边界时，"忽略孔""忽略岛""忽略倒斜角""凸边""凹边"等选项将激活。

1）忽略孔：如果选择此项，系统将忽略定义边界时所选面中的孔，如图4-15a所示；如果此选项被关掉，系统将在所选面上的每个孔周围建立边界，如图4-15b所示。

图4-14　"边界几何体"对话框

a)　　　　　　　　　　　　b)

图4-15　"忽略孔"开/关

2）忽略岛：如果选择此项，系统将忽略定义边界时所选面中的岛，如图4-16a所示；如果此选项被关掉，系统将在所选面上的每个岛周围建立边界，如图4-16b所示。

a)　　　　　　　　　　　　b)

图4-16　"忽略岛"开/关

3）忽略倒斜角：当"忽略倒角"被激活时，创建的边界将包括与所选面相邻的边倒圆、倒圆角和圆面，如图4-17所示；当"忽略倒角"被关掉时，边界将建立在所选面的边缘，如图 4-18 所示。

4）凸边：控制选定面上刀具沿凸边边界的位置，系统同样提供了两种选择，分别是"对中"和"相切于"。"对中"为沿凸边边界定义"位于"刀具位置；"相切于"为沿凸边边界定义"相切"刀具位置，是默认设置。凸边通常位于开口位置并设定为"对中"，如图 4-19 所示为凸凹边界示意图。

5）凹边：控制选定面上刀具沿凹边边界的位置，系统同样提供了两种选择，分别是"对中"和"相切于"。"对中"为沿凹边边界定义"位于"刀具位置；"相切于"为沿凹边边界定义"相切"刀具位置，是默认设置。凹边通常位于内壁并设定为"相切于"，如图 4-19 凸凹边界示意图。

图 4-17　"忽略倒角"被激活　图 4-18　"忽略倒角"被关掉　图 4-19　凸凹边界示意图

3．定制边界数据

使用"定制边界数据"，用户可以设置与所选的边界或单个边界成员相关的参数，在如图 4-20 所示"边界几何体"对话框中单击"定制边界数据"按钮，将会展开"定制边界数据"选项。

通过控制"定制边界数据"可以决定在部件中的何处指定定制边界数据。例如，考虑加工部件中某些复杂区域，用户可以为此特殊区域指定一个较大的余量值。在任何需要的位置进行调整可以使用户更为灵活地加工部件，这样可获得高质量的加工部件。

（1）余量：使用"余量"指定从刀具到边界的距离。一般来说，当刀具位置为"对中"时，系统会忽略余量值。不过，当用户为边界的单个成员定义定制余量值时，情况则不同。对于"相切于"成员，偏置值等于该成员与刀具半径的组合余量值，如图 4-10 所示；对于"对中"成员，偏置值等于该成员的定制余量值，如图 4-11 所示。在图 4-20 中选中"余量"选项，将会激活右边的文本框，输入具体的数值即可确定余量。

图 4-20　"边界几何体"对话框

（2）公差：包括"内公差"和"外公差"。"内公差"指边界内侧（左侧）所允许的最大偏离值；"外公差"指边界外侧（右侧）所允许的最大偏离值。在图 4-20 中选中"公差"

选项，将会激活"内公差"和"外公差"右边的文本框，输入具体的数值即可确定公差。

（3）毛坯距离：在毛坯距离右边的文本框中输入数值，即可确定毛坯与所选边界的偏置距离。

（4）切削进给率：在切削进给率下边的文本框中输入该边界的切削进给率，在文本框右边的下拉列表中选择采用"英制"或"公制"单位。

定制进给率值在以下操作中的应用各有不同：

- 轮廓和标准驱动（平面铣）。
- 定制进给率取代离边界最近的最终刀路上的切削进给率。

4.3.3 刀轨设置

刀轨设置如图 4-21 所示。

1．方法

方法主要有 METHOD、MILL_FINISH、MILL_ROUGH、MILL_SEMI_FINISH、 NONE 等系统本身的方法，也可以单击右边的图标为本操作创建方法。

2．切削模式

"平面铣"和"型腔铣"操作中的"切削类型"决定了加工切削区域的刀轨图样。可以使用以下的切削类型：

"往复""单向"和"单向轮廓"都可以生成平行直线切削刀路的各种变化。"跟随周边"可以生成一系列向内或向外移动的同心的切削刀路。这些切削类型用于从型腔中切除一定体积的材料，但只能用于加工封闭区域。

图 4-21　刀轨设置

使用"跟随周边"切削模式时，可能无法切削到一些较窄的区域，从而会将一些多余的材料留给下一切削层。鉴于此原因，应在切削参数中打开清壁和岛清理。这样可以保证刀具能够切削到每个部件和岛壁，从而不会留下多余的材料。

使用"跟随周边""单向"和"往复"切削模式时，应打开"清壁"选项。这可保证部件的壁面上不会残留多余的材料，从而不会在下一切削层中出现刀具应切削材料过多的情况。

"轮廓"和"标准驱动"将生成沿切削区域轮廓的单一的切削刀路。与其他切削类型不同，"轮廓"和"标准驱动"不是用于切除材料，而是用于对部件的壁面进行精加工。"轮廓"和"标准驱动"可加工开放和封闭区域。

用户定义或系统定义的控制点将决定每种切削类型的初始进刀位置。

4.4 切削深度

切削深度允许用户决定多深操作的切削层。"切削深度"可以由岛顶部、底平面和键入值来定义。只有在刀具轴与底面垂直或者部件边界与底面平行的情况下,才会应用"切削深度"参数。如果刀具轴与底面不垂直或部件边界与底面不平行,则刀轨将仅在底面上生成(正如将"类型"设为"仅底面")。切削深度显示一个对话框,它包含以下选项:

1. 最大值

最大值是指在"初始"层之后且在"最终"层之前的每个切削层定义允许的最大切削深度。

2. 最小值

最小值是指在"初始"层之后且在"最终"层之前的每个切削层定义允许的最小切削深度。

3. 初始

初始是指多层"平面铣"操作的第一个切削层定义的切削深度。

4. 最终

最终是指多层"平面铣"操作的最后一个切削层定义的切削深度。

5. 侧面余量增量

侧面余量增量是指向多层粗加工刀轨中的每个后续层添加侧面余量值。

6. 岛顶部的层

岛顶部的层是指在处理器不能通过切削层进行初始清理的每个岛的顶部生成一个单独的刀路。

4.4.1 类型

"类型"允许用户指定定义切削深度的方式。主要的"类型"描述如下:

1. 用户定义

"用户定义"可以只输入数值来指定切削深度。此选项可激活最大、最小、初始、最终以及侧面余量增量字段。"岛顶部的层"按钮也变成可用的。

2. 仅底面

仅底面在"底平面"上生成单个切削层。

3. 底面及临界深度

"底面及临界深度"在底平面上生成单个切削层,接着在每个岛顶部生成一条清理刀路。清理刀路仅限于每个岛的顶面,且不会切削岛边界的外侧。

4. 临界深度

"临界深度"在每个岛的顶部生成一个平面切削层,接着在"底平面"生成单个切削层。与不切削岛边界外侧的清理刀路的区别是,切削层生成的刀轨可完全删除每个平面层内的所有毛坯材料。

5. 恒定

"恒定"可在某一恒定深度生成多个切削层。最大值可用指定切削深度,也可以指定一个侧面余量增量值。"临界深度"可以用来为与切削层不重合的岛顶部定义附加清理刀路。

4.4.2 公共和最小值

"公共"为在"切削层顶部"之后且在"上一个切削层"之前的每个切削层定义允许的最大切削深度。"最小值"为在"切削层顶部"之后且在"上一个切削层"之前的每个切削层定义允许的最小切削深度。这两个选项一起作用时可以定义一个允许的范围,在该范围内可以定义切削深度,如图4-22所示。系统创建相等的深度,使其尽可能接近指定的"公共"深度。位于此范围的"临界深度"将定义切削层。不在此范围内的岛顶部将不会定义切削层,但可能会通过清理刀路使用岛顶面切削选项对其进行加工。

图4-22 公共和最小值

 注意

如果"公共"等于0.000,则系统将在底平面上生成单个切削层,不考虑其他"切削深度"参数。例如,如果"公共"等于0.000,则"临界深度"和"上一个切削层"将不会影响操作。

4.4.3 切削层顶部

"切削层顶部"允许为多层"平面铣"操作的第一个切削层定义切削深度。此值从"毛坯边界"平面测量（在未定义"毛坯边界"的情况下从最高的"部件边界"平面测量），且与"最大值"和"最小值"无关。

4.4.4 上一个切削层

"上一个切削层"允许为多层"平面铣"操作的最后一个切削层定义切削深度。此值从"底平面"测量。

如果最终大于 0.000，则系统至少生成两个切削层：一个在"底平面"上方最终距离处，另一个在"底平面"上。"公共"必须大于零以便生成多个切削层。

4.4.5 增量侧面余量

增量侧面余量可向多层粗加工刀轨中的每个后续层添加侧面余量值。添加"增量侧面余量"可维持刀具和壁之间的侧面间隙，并且当刀具切削更深的切削层时，可以减轻刀具上的压力。

4.4.6 临界深度

如果选中"临界深度"，则系统将在每个处理器不能在某一切削层上进行初始清理的岛的顶部生成一条单独的刀路。当切削值的最小深度大于岛顶部和先前的切削层之间的距离时，则会发生以上情况，这会使后续的切削层在岛顶部下方切削。

使用"临界深度"时，如果加工方式是"跟随周边"或"跟随部件"，则系统总是通过区域连接生成"跟随周边"刀轨。如果加工方式是"单向""往复"或"单向轮廓"，则总是通过"往复"刀轨清理岛顶。"轮廓驱动"和"标准"类型切削不会生成这样的清理刀路。

无论设置了何种进刀方式，处理器都将为刀具寻找一个安全点，如从岛的外部进刀至岛顶表面，同时不过切任何部件壁。在岛的顶部曲面被某一切削层完成加工的情况下，此参数将不会影响所得的刀轨。软件仅在必要时才生成一个单独的清理刀路，以便对岛进行顶面切削。图 4-23 显示了处理器决定切削层平面的方式。

图4-23 平面铣中的"临界深度"

4.5 "ROUGH_FOLLOW"加工实例

待加工部件如图4-24所示，对其进行"ROUGH_FOLLOW"加工。

光盘\动画演示\第4章\"ROUGH_FOLLOW"加工实例.avi

4.5.1 创建毛坯和几何体

1. 创建毛坯

（1）选择"应用模块"选项卡→"设计"组→"建模"图标，在建模环境中，选择"菜单"→"格式"→"图层设置"命令，弹出如图4-25所示的"图层设置"对话框。选择图层"2"为工作图层，单击"确定"按钮。

图4-24 待加工部件

图4-25 "图层设置"对话框

（2）选择"主页"选项卡→"特征"组→"设计特征下拉菜单"→"拉伸"图标，弹出如图 4-26 所示的"拉伸"对话框，选择加工部件的底部 4 条边线为拉伸截面，指定矢量方向为"ZC"，输入开始距离和结束距离为 1.8，其他采用默认设置，单击"确定"按钮，生成毛坯如图 4-27 所示。

图 4-26　"拉伸"对话框

图 4-27　毛坯

2．创建几何体

（1）选择"应用模块"选项卡→"加工"组→"加工"图标，进入加工环境。在上边框条中选择"几何视图"，选择"主页"选项卡→"插入"组→"创建几何体"图标，弹出"创建几何体"对话框，选择"mill_planar"类型，选择"WRKPLECE"几何体子类型，其他采用默认设置，单击"确定"按钮。

（2）弹出"工件"对话框，单击"选择和编辑部件几何体"按钮，选择如图 4-24 所示待加工部件。单击"选择和编辑毛坯几何体"按钮，选择如图 4-27 所示的毛坯。单击"确定"按钮。

4.5.2　创建刀具

（1）选择"主页"选项卡→"插入"组→"创建刀具"图标，弹出如图 4-28 所示的"创建刀具"对话框，选择"mill_planar"类型，选择面铣刀，输入名称为 EM-.5，其他采用默认设置，单击"确定"按钮。

（2）弹出如图 4-29 所示的"铣刀-5 参数"对话框，设置参数如下：直径为 0.5，下半径为 0，长度为 3.0，锥角为 0，尖角为 0，刀刃长度为 2，刀刃为 2，单击"确定"按钮。

图 4-28 "创建刀具"对话框

图 4-29 "铣刀-5 参数"对话框

4.5.3 创建工序

（1）选择"主页"选项卡→"插入"组→"创建工序"图标![icon]，弹出如图 4-30 所示的"创建工序"对话框，选择"mill_planar"类型，在工序子类型中选择"PLANAR_MILL"，选择"WRKPLECE"几何体，选择"END-.5"刀具，名称为 ROUGH_FOLLOW，其他采用默认设置，单击"确定"按钮。

（2）弹出如图 4-31 所示的"平面铣"对话框，单击"指定部件边界"按钮![icon]，弹出"创建边界"对话框，选择如图 4-32 所示的面，材料侧为"内部"。单击"指定毛坯边界"按钮![icon]，选择如图 4-33 所示的毛坯边界；单击"指定检查边界"按钮![icon]，弹出"边界几何体"对话框，选择如图 4-34 所示的检查边界；单击"指定底平面"按钮![icon]，弹出"平面"对话框，选择如图 4-35 所示的底面。

图 4-30 "创建工序"对话框

图 4-31 "平面铣"对话框

图 4-32 指定部件边界

图 4-33 指定毛坯边界

图 4-34 指定检查边界

图 4-35 指定底面

（3）在"刀轨设置"栏中设置"切削模式"，选择"跟随部件"，"步距"为"35%刀具平直百分比"。

（4）单击"切削层"按钮，弹出"切削层"对话框，"类型"选择"用户定义"，"公共"为 0.25，"最小值"为 0.1，其他采用默认设置，如图 4-36 所示，单击"确定"按钮。

图 4-36　"切削层"对话框

图 4-37　"切削参数"对话框

（5）单击"切削参数"按钮，弹出如图 4-37 所示的"切削参数"对话框，在"策略"选项卡中设置"切削方向"为"顺铣"，"切削顺序"为"深度优先"；在"连接"选项卡中勾选"跟随检查几何体"复选框，在"更多"选项卡中勾选"区域连接"复选框，单击"确定"按钮。

（6）单击"非切削移动"按钮，弹出如图 4-38 所示的"非切削移动"对话框。封闭区域中设置"进刀类型"为螺旋，"直径"为 90%刀具，"斜坡角"为 15，"高度"为 0.1mm，"最小安全距离"为 0.1 mm，"最小斜面长度"为 70%刀具，其他采用默认设置。

（7）在"平面铣"对话框中的"操作"栏里单击"生成"按钮 和"确认"按钮 生成刀轨，如图 4-39 所示。

图 4-38　"非切削移动"对话框

图 4-39　生成刀轨

167

4.6 平面铣综合加工实例 1

待加工部件如图 4-40 所示，对其进行如下铣削：

■ 粗加工：平面铣，使用 φ12mm 平底刀，侧面余量为 0.6mm，底面余量为 0.3mm。

■ 侧壁精加工：平面轮廓铣，使用 φ12mm 平底刀。

图 4-40　待加工部件

光盘\动画演示\第 4 章\平面铣综合加工实例 1.avi

4.6.1 创建 "MILL_BND"

1. 编辑坐标系

（1）在 "工序导航器-几何" 中选择坐标系 MCS_MILL，如图 4-41 所示，进行加工坐标 MCS 定位，双击 MCS_MILL 图标后，弹出如图 4-42 所示的 "Mill Orient" 对话框。单击 "指定 MCS" 右边的图标，定位 MCS。

图 4-41　工序导航器-几何

图 4-42　 "Mill Orient" 对话框

（2）在"安全设置"栏中的"安全设置选项"选择"平面"，单击"指定平面"图标，弹出如图 4-43 所示的"平面"对话框，选择"按某一距离"类型，选择部件的表面，如图 4-44 所示，输入"距离"为 50，单击"确定"按钮。

图 4-43　"平面"对话框　　　　　　　图 4-44　指定"安全平面"

2．建立"MILL_BND"几何体

（1）在"WORKPIECE"下创建几何体，选择"主页选项卡"→"插入"组→"创建几何体"图标。打开如图 4-45 所示的"创建几何体"对话框。

（2）在"几何体子类型"中选择"MILL_BND"图标，在"位置"栏中"几何体"选择"WORKPIECE"，输入"名称"为"MILL_BND"，单击"确定"按钮，弹出"铣削边界"对话框，如图 4-46 所示。

图 4-45　"创建几何体"对话框　　　　　图 4-46　"铣削边界"对话框

（3）单击"指定部件边界"按钮，弹出如图 4-47 所示的"部件边界"对话框。在"边界"的"选择方法"中选择"面"，选择"刀具侧"为"内部"。指定的部件边界如图 4-48 所示，单击"确定"按钮。

图 4-47   "部件边界"对话框   图 4-48   指定的部件边界

（4）单击"指定毛坯边界"按钮，弹出如图 4-49 所示的"毛坯边界"对话框，在"边界"的"选择方法"中选择"面"按钮，选择"刀具侧"为"内部"，指定的毛坯边界如图 4-50 所示，单击"确定"按钮。

图 4-49   "毛坯边界"对话框   图 4-50   指定毛坯边界

（5）单击"指定底面"按钮，弹出"平面"对话框，在"类型"中选择"自动判断"，选中的底面如图 4-51 所示。

图 4-51 指定的底面

注意

在本铣削操作中，需要指定"部件边界""毛坯边界"及"底面"，作为驱动刀具铣削运动的区域。如果没有"部件边界"和"毛坯边界"将不能产生平面铣操作。

4.6.2 创建刀具

（1）选择"主页"选项卡→"插入"组→"创建刀具"图标，弹出如图 4-52 所示的"创建刀具"对话框，选择"mill_planar"类型，选择"mill"刀具子类型，输入名称为 END12，其他采用默认设置，单击"确定"按钮。

（2）弹出如图 4-53 所示的"铣刀-5 参数"对话框，输入直径为 12，其他采用默认设置，单击"确定"按钮。

图 4-52 "创建刀具"对话框　　　　图 4-53 "铣刀-5 参数"对话框

4.6.3 平面铣粗加工

（1）选择"主页"选项卡→"插入"组→"创建工序"图标，弹出如图 4-54 所示的"创建工序"对话框。"刀具"选择"END12","几何体"选择"MIL_BND","方法"选择"MILL_ROUGH","名称"为"PMXCJZ",单击"确定"按钮。

图 4-54　"创建工序"对话框

图 4-55　"平面铣"对话框

（2）弹出"平面铣"对话框，在"刀轨设置"栏中进行如图 4-55 所示的设置。切削模式选择"跟随部件"，"步距"为"70%刀具平直百分比"。

（3）单击"切削层"按钮▣，弹出如图 4-56 所示的"切削层"对话框。"类型"选择"用户定义"，"公共"为 6，单击"确定"按钮。

图 4-56　"切削层"对话框

图 4-57　平面铣（跟随部件）刀轨

（4）单击"切削参数"按钮，弹出"切削参数"对话框。设置"切削顺序"为"深度优先"，"部件余量"为0.6，单击"确定"按钮。

（5）在"平面铣"对话框中的"操作"栏里单击"生成"按钮和"确认"按钮生成刀轨，如图4-57所示。

（6）如果不采用"跟随部件"的切削模式，而是采用"往复"切削模式，需要在"切削参数"对话框进行"壁清理"设置（切削参数→策略→壁→壁清理）。如果不设置壁清理，切削后的部件将如图4-58a所示，不能满足切削要求，切削后刀轨如图4-58b所示。如果在"壁清理"中选择"在终点"，切削后的部件将如图4-59a所示，切削后刀轨如图4-59b所示，满足切削要求。

a)切削后部件

b)切削后刀轨

图4-58　平面铣（往复、无壁清理）后的部件

a)切削后部件

b)切削后刀轨

图4-59　平面铣（往复、在终点）后的部件

4.6.4　侧壁铣削

对部件进行侧壁铣削（平面轮廓精铣），平面轮廓铣用于直接对轮廓进行精加工，直接选择平面轮廓铣方式可以提高参数设置速度。在操作对话框中无需选择切削方式，可以直接设置部件余量、切削深度、进给等常用参数，也无需进入参数组进行设置。可以代替在创建时选择平面铣"mill_planar"方式及"跟随轮廓"切削方式，节省时间。

（1）在工序导航器-几何中选择"MILL_BND"节点，然后选择"主页"选项卡→"插入"组→"创建工序"图标 ，弹出如图 4-60 所示"创建工序"对话框。"刀具"选择"END12"，"几何体"选择"MILL_BND"，"方法"选择"MILL_SEMI_FINISH"，"名称"为"PMLKJX"。单击"确定"按钮。

（2）弹出"平面轮廓铣"对话框，如图 4-61 所示。在"平面轮廓铣"对话框中选择"方法"为 MILL_SEMI_FINISH（半精加工），部件余量为 0.1。"切削深度"选择"用户定义"，"公共"为 3。

图 4-60　"创建工序"对话框

图 4-61　"平面轮廓铣"对话框

（3）在"操作"栏里单击"生成"按钮 和"确认"按钮 生成刀轨，如图 4-62 所示。

图 4-62　部件侧壁铣削（平面轮廓铣）刀轨

4.6.5　底面和岛顶部铣削

（1）在"工序导航器-几何"里右击"PMXCJZ"，弹出如图 4-63 所示的快捷菜单，选择"复制"选项，复制"PMXCJZ"平面铣操作。

（2）在"MILL_BND"上右击，在弹出的菜单上选择"内部粘贴"选项，如图 4-64 所示，粘贴后重命名为"PMXDMX"。

图 4-63　复制操作　　　　　　　　　图 4-64　粘贴操作

（3）双击"PMXDMX"节点，在"平面铣"对话框中将"平面直径百分比"设置为"50%"。

（4）单击"切削层"按钮，弹出"切削层"对话框，选择"底部面和临界深度"类型。

（5）单击"切削参数"按钮，弹出"切削参数"对话框，将"部件余量"设置为 0；"最终底部面余量"设置为 0。其余参数设置保持默认值。

（6）在"操作"栏里单击"生成"按钮和"确认"按钮生成刀轨，如图 4-65 所示。

图 4-65　"底面和岛顶部"铣削刀轨

4.7 平面铣综合加工实例 2

图 4-66 所示部件比图 4-40 所示部件，在夹角上多了一花型图案，进行铣削，并在其他三个夹角上铣同样的花型图案。

光盘\动画演示\第 4 章\平面铣综合加工实例 2.avi

（1）选择"主页"选项卡→"插入"组→"创建工序"图标，弹出"创建工序"对话框，选择"mill_planar"类型，在工序子类型中选择"PLANAR_MILL"，选择"WORKPLECE"几何体，刀具选择"END12"，方法选择"MILL_ROUGH"，名称输入"PMXH"，其他采用默认设置，单击"确定"按钮。

（2）弹出"平面铣"对话框，单击"指定部件边界"按钮，弹出"创建边界"对话框，选择"模式"为"曲线/边"，选择如图 4-67 所示的曲线边界，材料侧为"外部"。 单击"指定底平面几何体"按钮，弹出"平面"对话框，选择如图 4-67 所示的底面。

部件边界

底面

图 4-66　待加工部件　　　　　　　　图 4-67　指定部件边界和底面

（3）在"刀轨设置"栏中选择"MILL_ROUGH（粗加工）"方法，"步距"为"70%刀具平直百分比"。

（4）单击"切削层"按钮，弹出"切削层"对话框，"类型"选择"用户定义"，"公共"为 3，单击"确定"按钮。

（5）单击"切削参数"按钮，弹出"非切削移动"对话框。选择"切削顺序"为"深度优先"，设置"部件余量"为 0.6，

（6）在"操作"栏里单击"生成"按钮和"确认"按钮生成刀轨，如图 4-68 所示。

（7）右击"PMXH"，在弹出的菜单中选择"对象"→"变换"选项，如图 4-69 所示，弹出"变换"对话框，如图 4-70 所示，选择"矩形阵列"类型，参考点和阵列原点为图形的中心点，输入"XC 向的数量"为 2，"YC 向的数量"为 2，"XC 偏置"为 280，"YC 偏置"为 280，在结果栏中选择"复制"选项，设定完毕后，单击"确定"按钮，可

发现在"工序导航器-几何"里生成"PMXH"工序的复制，如图 4-71 所示，PMXH_COPY、PMXH_COPY_1、PMXH_COPY_2、PMXH_COPY_3，复制了"PMXH"的铣削工序方法。

图 4-68　生成刀轨

图 4-69　建立"PMXH"平面铣操作

图 4-70　"变换"设置

图 4-71　复制"PMXH"工序方法

（8）确认刀轨。在"工序导航器-几何"里删除 PMXH_COPY，然后选中 PMXH、PMXH_COPY_1、PMXH_ COPY_2、 PMXH_COPY_3，右击鼠标，在弹出的菜单里选择"刀轨"→"确认"，如图 4-72 所示，弹出图 4-73"刀轨可视化"对话框，在图中选择"2D 动态"属性页，进行切削动画演示，"2D 动态"生成刀轨如图 4-74 所示。

图 4-72　确认刀轨　　　　　图 4-73　"刀轨可视化"对话框　　　　　图 4-74　生成刀轨

第5章

轮廓铣

UG CAM 中轮廓铣包括型腔铣、深度加工轮廓铣、插铣等切削操作。轮廓铣可以对复杂零件进行粗加工或半精加工。

本章着重介绍了轮廓铣中的型腔铣、平面铣、深度加工轮廓铣以及插铣等铣削操作类型，对这种类型给出了多个列子进行说明，通过练习实例，可以掌握轮廓铣中常用铣削操作的方法。在学完本章内容后，可以对轮廓铣中的相关参数和设置有比较深入的理解，为进一步学习其他轮廓铣操作方法奠定基础。

重点与难点
- 型腔铣中的几何体
- 切削层设置
- 深度轮廓加工
- 插铣

5.1 型腔铣概述

"型腔铣"操作创建的刀轨可以切削掉平面层中的材料。这一类型的操作常用于对材料进行粗加工，以便为随后的精加工作准备。它根据型腔或型芯的形状，将要切除的部位在 Z 轴方向上分成多个切削层进行切削，每一切削层的深度可以不同，可以用于加工复杂的零件。型腔铣和平面铣的切削原理相似，由多个垂直于刀轴矢量的平面和零件平面求出交线，进而得到刀具路径。

1."型腔铣"和"平面铣"相同点

（1）刀轴都是垂直与切削平面，并且固定，可以切除那些垂直于刀轴矢量的切削层中的材料。

（2）刀具路径使用的切削方法也基本相同。

（3）开始点控制选项，进退刀选项也完全相同，都提供多种进退刀方式。

（4）其他参数选项，例如切削参数选项、拐角控制选项，避让几何选项等也基本相同。

2."型腔铣"和"平面铣"不同点

（1）定义材料的方法不同。"平面铣"使用边界来定义部件材料，而"型腔铣"使用边界、面、曲线和体来定义部件材料。

（2）切削适应的范围不同。"平面铣"用于切削具有竖直壁面和平面突起的部件，并且部件底面应垂直于刀具轴，如图 5-1a 所示；而"型腔铣"用于切削带有锥形壁面和轮廓底面的部件，底面可以是曲面，并且侧面不需垂直于底面，如图 5-1b 所示。

（3）切削深度定义方式不同。平面铣通过指定的边界和底面高度差来定义切削深度；型腔铣是通过毛坯几何和零件几何来共同定义切削深度，并且可以自定义每个切削层的深度。

a) 平面铣部件　　　　　　　　　　　　　　b) 型腔铣部件

图 5-1　平面铣和型腔铣区别

3."型腔铣"和"平面铣"选用原则

型腔铣在数控加工中应用最广泛，可以用于大部分部件的粗加工以及直壁或者斜度不大的侧壁精加工。平面铣用于直壁、并且岛屿顶面和槽腔底面为平面的部件的加工。在很多情况下，特别是粗加工时，型腔铣可以替代平面铣。

5.2 工序子类型

在图 5-2 "插入"组中单击"创建工序"图标 ，弹出如图 5-3 "创建工序"对话框。在"类型"选项卡中，选择"mill_contour"。

图 5-2　"插入"组　　　　　图 5-3　"创建工序"对话框

图 5-3 中的"工序子类型"栏中一共列出了 20 种子类型，各项的含义如下：

（1） CAVITY_MILL（型腔铣）：基本的型腔铣操作，用于去除毛坯或 IPW 及部件所定义的一定量的材料，带有许多平面切削模式，常用于粗加工。

（2） PLUNGE_MILLING（插铣）：特殊的铣加工操作，主要用于需要长刀具的较深区域。插铣对难以到达的深壁使用长细刀具进行精铣非常有利。

（3） CORNER_ROUGH（拐角粗加工）：切削拐角中的剩余材料，这些材料因前一刀具的直径和拐角半径关系而无法去除。

（4） REST_MILLING（剩余铣）：清除粗加工后剩余加工余量较大的角落以保证后续工序均匀的加工余量。

（5） ZLEVEL_PROFILE（深度轮廓加工）：基本的 Z 级铣削，用于以平面切削方式对部件或切削区域进行轮廓铣。

（6） ZLEVEL_CORNER（深度加工拐角）：精加工前一刀具因直径和拐角半径关系而无法到达的拐角区域。

GNX 9.0 中文版数控加工从入门到精通

（7） FIXED_CONTOUR（固定轮廓铣）：基本的固定轴曲面轮廓铣操作，用于以各种驱动方式、包容和切削模式轮廓铣部件或切削区域。刀具轴是 +ZM。

（8） CONTOUR_AREA（区域轮廓铣）：区域铣削驱动，用于以各种切削模式切削选定的面或切削区域。常用于半精加工和精加工。

（9） CONTOUR_SURFACE_AREA（曲面区域轮廓铣）：默认为曲面区域驱动方法的固定轴铣。

（10） STREAMLINE（流线）：用于流线铣削面或切削区域。

（11） CONTOUR_AREA_NON_STEEP（非陡峭区域轮廓铣）：与 CONTOUR_AREA 相同，但只切削非陡峭区域。经常与 ZLEVEL_PROFILE_STEEP 一起使用，以便在精加工切削区域时控制残余波峰。

（12） CONTOUR_AREA_DIR_STEEP（陡峭区域轮廓铣）：区域铣削驱动，用于以切削方向为基础、只切削非陡峭区域。与 CONTOUR_ZIGZAG 或 CONTOUR_ AREA 一起使用，以便通过十字交叉前一往复切削来降低残余波峰。

（13） FLOWCUT_SINGLE（单刀路清根）：自动清根驱动方式，清根驱动方法中选单路径，用于精加工或减轻角及谷。

（14） FLOWCUT_MULTIPLE（多刀路清根）：自动清根驱动方式，清根驱动方法中选单路径，用于精加工或减轻角及谷。

（15） FLOWCUT_REF_TOOL（清根参考刀具）：自动清根驱动方式，清根驱动方法中选参考刀路，以前一参考刀具直径为基础的多刀路，用于铣削剩下的角和谷。

（16） SOLID_PROFILE_3D（实体轮廓 3D）：特殊的三维轮廓铣切削类型，其深度取决于边界中的边或曲线。常用于修边。

（17） PROFILE_3D（轮廓 3D）：特殊的三维轮廓铣切削类型，其深度取决于边界中的边或曲线。常用于修边。

（18） CONTOUR_TEXT（轮廓文本）：切削制图注释中的文字，用于三维雕刻。

（19） MILL_USER（用户定义的铣削）：此刀轨由用户定制的 NX Open 程序生成。

（20） MILL_CONTROL（铣削控制）：它只包含机床控制事件。

5.3 型腔铣中的几何体

在每个切削层中，刀具能切削而不产生过切的区域称为"加工区域"。型腔铣的切削区域由曲面或者实体几何定义。可以指定部件几何体和毛坯几何体，也可以利用"MILL_AREA"指定部件几何体的被加工区域，此时加工区域可以是部件几何体的一部分也可以是整个零件几何体。

选择"主页"选项卡→"插入"组→"创建几何体"图标 ，弹出如图 5-4 所示的"创建几何体"对话框，选择几何体类型，进行几何体的指定，型腔铣的几何体包括：部件几何体、毛坯几何体、检查几何体、切削区域几何体、修剪几何体。

图 5-4　"创建几何体"对话框

5.3.1　部件几何体

"部件几何体"即代表最终部件的几何体，如图 5-5 所示。"部件几何体"对话框如图 5-6 所示，通过部件几何体的选项，用户能够编辑、显示和指定要加工的轮廓曲面。指定的"部件几何体"将与"驱动几何体"（通常是边界）结合起来使用，共同定义"切削区域"。

"体"（片体或实体）、"平面体"，"曲面区域"或"面"等可指定为"部件几何体"。由于整个实体都保持了关联性，为容易处理，一般情况下都选择实体，独立的平面可随着实体的更新而改变。如果希望只切削实体上一些平面，可将切削区域限制为小于整个部件。

图 5-5　部件几何体

图 5-6　"部件几何体"对话框

5.3.2　毛坯几何体

毛坯几何体代表要切削的原始材料的几何体或小平面体，不表示最终部件并且可以直

183

接切削或进刀。用户可以在“MILL_GEOM”和“WORKPIECE”几何体组中将起始工件定义为毛坯几何体。如果起始工件尚未建模，则可以通过使用与 MCS 对齐的长方体，或通过对部件几何体应用三维偏置值，来方便地定义起始工件。

当在型腔铣操作对话框中，选择或编辑毛坯几何体时，系统将弹出“毛坯几何体”对话框，如图 5-7 所示。

下面将该对话框的选项作如下说明：

（1）特征：选择“特征”项时，过滤方法为“曲面区域”，用于选择曲面。

（2）几何体：选择“几何体”项时可以选择“体”“面”“面和曲线”“曲线”和“更多”选项。在“更多”选项下可以选择“片体”“实体”“组”和“组合面”。

（3）小平面体：“小平面体”用于表示内部的“工序模型”(IPW)。“小平面体 IPW”是完成上一步操作后材料的状态。小平面体是完成“动态材料去除”的模拟后在“可视化”模块中创建的。

（4）自动块：使用“自动块”选项可以在部件的外围定义一个与活动 MCS 对齐的自动生成的长方体，如图 5-8 所示。如果需要一个比默认长方体更大的长方体，可以在 6 个可用的输入框中输入值，如图 5-9 所示，也可以在图 5-8 上直接拖动长方体上的图柄，在拖动图柄时系统将动态地修改输入框中的值以反映长方体各边的位置。如果未定义部件几何体，系统将定义一个尺寸为零的长方体。由于自动块位于活动的 MCS 周围，因此不能将其用在使用不同 MCS 的多个操作中。

图 5-7 “毛坯几何体”对话框

图 5-8 “自动块”示意图

图 5-9 “偏置”输入框

（5）从部件偏置：可基于整个部件周围的偏置距离来定义毛坯几何体。选中“从部件偏置”后将激活图 5-9 所示的“偏置”输入框，可在里面输入偏置距离。

5.3.3 修剪边界

“修剪边界”选项可指定将在每一切削层上进一步约束切削区域的边界。可以通过将“修剪侧”指定为“内部”或“外部”（对封闭边界而言），或指定为“左侧”或“右侧”（对于开放边界），定义要从操作中排除的切削区域的这一部分。

5.3.4 岛

"岛"指由内部仍剩余材料的部件边界所包围的区域。如图 5-10 所示为由内部仍剩余材料的"部件几何体"构成的"岛"。

腔体可由两种边界来定义：一种边界是内部仍剩余材料的边界，另一种边界是外部仍剩余材料的边界。上方的边界是用外部仍剩余材料的边界定义的，这样可使刀具落在腔体的内部。下方的边界是用内部仍剩余材料的边界定义的，这样可有效地定义腔体的底面，如图 5-10 所示。

保留的外部材料

保留的内部材料

图 5-10　由部件边界所定义的岛

如图 5-11 所示，岛 A 是传统的岛定义，腔体底部 B 及梯级 C 和 D 也可作为岛，原因是这些区域是根据内部仍剩余材料的"部件边界"所定义的。

在图 5-11 中，只有岛 A 符合传统的岛定义。但是在 NX 中将腔体底部 B 以及所有梯级（例如 C 和 D）都作为岛，原因是这些区域是根据内部仍剩余材料的"部件边界"所定义的。

在"型腔铣"中，"部件几何体""毛坯几何体"和"检查几何体"都由边界、面、曲线和实体来定义。当用户选择曲线后，系统会创建一个沿拔模角从该曲线延伸到最低切削层的面。

系统将这些面限制于那些定义它们的边上，并且这些面不能投影到这些边之外。"部件几何体"与"毛坯几何体"的差可定义要去除的材料量，如图 5-12 所示。

"毛坯几何体"可以表示上面所述的原始余量材料，也可以通过定义与所选"部件"边界、面、曲线或实体的相同偏置来表示锻件或铸件。

图 5-11   由内部仍剩余材料的部件边界所定义的岛

图 5-12   型腔铣中的毛坯和部件几何体

5.3.5 切削区域

　　"切削区域" 指定几何体或特征以创建此操作要加工的切削区域。用户只需选择部件上特定的面来包含切削区域，而不需要选择整个实体，这样有助于省去裁剪边界这一操作。"切削区域"指定了部件被加工的区域，可以是部件几何体的一部分，也可以是整个部件几何体。

　　指定"切削区域"时注意以下几点：

■　切削区域的每个成员必须包括在部件几何体中。

■　如果不指定切削区域，NX 会使用刀具可以进入的整个已定义部件几何体（部件轮廓）作为切削区域。

■　指定切削区域之前，必须指定部件几何体。

■　如果使用整个"部件几何体"而没有定义"切削区域"，则不能移除"边缘追踪"。

　　"切削区域"常用于模具和冲模加工。许多模具型腔都需要应用"分割加工"策略，这时型腔将被分割成独立的可管理的区域。随后可以针对不同区域（如较宽的开放区域或较深的复杂区域）应用不同的策略。这一点在进行高速硬铣削加工时显得尤其重要。当将切削区域限制在较大部件的较小区域中时，"切削区域"还可以减少处理时间。

注意

　　为避免碰撞和过切，应将整个部件（包括不切削的面）选作部件几何体。"切削区域"位于型腔铣操作的几何体选择中，也可以从几何体组中继承。选择单个面或多个面作为切削区域。用户可以使用"切削区域延伸"（"切削参数"对话框"策略"页面）将刀具移出切削表面，在开放区域中掠过切削区域的外部边。

5.4 切削层设置

5.4.1 概述

　　"型腔铣"是水平切削操作，切削层是刀具轨迹所在的平面，他们相互平行。用户可以指定切削平面，这些切削平面决定了刀具在切除材料时的切削深度，切削层的参数主要由切削的总深度和切削层之间的距离来确定，同时也规定了切削量的大小。可以将总切削深度划分为多个切削区间，同一范围内的切削层深度相同，不同范围内的切削层的深度可不同，最多可以定义 10 个切削区间。切削区域的大小是由切削中的最高位和最低位决定，每一个 Z 级平面可认为是一个切削层。最高层和最低层的 Z 值为最高和最低切削范围，如图 5-13 所示。

图 5-13　切削层示例

　　对于"型腔铣"，最高范围的默认上限是部件、毛坯或切削区域几何体的最高点。如果在定义"切削区域"使用毛坯，那么默认上限将是切削区域的最高点。如果切削区域不具有深度（例如为水平面），并且没有指定毛坯，那么默认的切削范围上限将是部件的顶部。定义"切削区域"后，最低范围的默认下限将是切削区域的底部。当没有定义"切削区域"时，最低范围的下限将是部件或毛坯几何体的底部最低点。显示切削层平面（三角形）时不计算底面余量。生成刀轨时，各层将根据指定的底面余量值向上调整。

5.4.2 切削层

　　"切削层"对话框由三个部分组成：全局信息、当前范围信息和附加选项，如图 5-14 所示。

1．标识"范围类型"

- 大三角形是范围顶部、范围底部和关键深度，如图 5-15 所示。
- 小三角形是切削深度，如图 5-15 所示。
- 选定的范围以可视化"选择"颜色显示。
- 其他范围以加工"部件"颜色显示。
- "结束深度"以加工"结束层"颜色显示。
- 白色三角形位于顶层或顶层之上。洋红色三角形位于顶层之下。
- 实线三角形具有关联性（它们由几何体定义）。
- 虚线三角形不具有关联性。

系统按以下方式标识切削层：大三角形是范围顶部、范围底部和关键深度；小三角形是切削深度。

图 5-14 "切削层"对话框

图 5-15 标识切削层

UG NX 为用户提供了三种标识范围的方法：

（1）自动：即将范围设置为与任何平面对齐，这些是部件的关键深度，图 5-16 中的大三角形即为关键深度。只要用户没有添加或修改局部范围，切削层将保持与部件的关联性。软件将检测部件上的新的水平表面，并添加关键层与之匹配，如图 5-16 所示。

（2）用户定义：允许用户通过定义每个新范围的底面来创建范围。通过选择面定义的范围将保持与部件的关联性，但不会检测新的水平表面。

（3）单个：将根据部件和毛坯几何体设置一个切削范围，如图 5-17 所示。使用此种方式时，系统对用户的行为做了如下限制：

- 用户只能修改顶层和底层。
- 如果用户修改了其中的任何一层，则在下次处理该操作时系统将使用相同的值。如果用户使用默认值，它们将保留与部件的关联性。
- 用户不能将顶层移至底层之下，也不能将底层移至顶层之上，这将导致这两层被移动到新的层上。
- 系统使用"每刀的公共深度"值来细分这一单个范围。

图 5-16　自动生成　　　　　　　　　图 5-17　切削层"单个"设置

2. 公共每刀切削深度

"公共每刀切削深度"是添加范围时的默认值。该值将影响"自动"或"单个"模式中所有切削范围的"每次切削最大深度"。对于"用户自定义"模式，如果全部范围都具有相同的初始值，那么"公共每刀切削深度"将应用在所有这些范围中。如果它们的初始值不完全相同，系统将询问用户是否要为全部范围应用新值。

系统将计算出不超过指定值的相等深度的各切削层。图 5-18 显示了系统如何根据指定的"公共每刀切削深度"0.25 进行调整。

（1）恒定：将切削深度保持在全局每刀深度值。

（2）残余高度：仅用于深度加工操作。调整切削深度，以便在部件间距和残余高度方面更加一致。最优化在斜度从陡峭或几乎竖直变为表面或平面时创建其他切削，最大切削深度不超过全局每刀深度值。"残余高度"切削层如图 5-19 所示。

　　　　　　　　　　　　　　　　　a)　　　　　　　　b)

图 5-18　调整"每刀的公共深度"　　　图 5-19　"残余高度"切削层

如果希望仅在底部范围处切削，请打开此选项，切削范围不会再被细分。打开此选项将使"全局每刀深度"选项处于非活动状态。

3．临界深度顶面切削

"临界深度顶面切削"只在"单个"范围类型中可用。使用此选项在完成水平表面下的第一次切削后直接来切削（最后加工）每个关键深度。这与"平面铣"中的"岛顶面的层"选项类似。

4．范围定义

当希望添加、编辑或删除切削层时，用户需要选择相应的范围。

（1）测量开始位置：可以使用"测量开始位置"下拉菜单来确定如何测量范围参数。注意：当用户选择点或面来添加或修改范围时，"测量开始位置"选项不会影响范围的定义。

1）顶层：指定范围深度值从第一个切削范围的顶部开始测量。

2）当前范围顶部：指定范围深度从当前突出显示的范围的顶部开始测量。

3）当前范围底部：指定范围深度从当前突出显示的范围的底部开始测量，也可使用滑尺来修改范围底部的位置。

4）WCS原点：指定范围深度从工作坐标系原点处开始测量。

（2）范围深度：可以输入"范围深度"值来定义新范围的底部或编辑已有范围的底部。这一距离是从指定的参考平面（顶层、范围顶部、范围底部、工作坐标系原点）开始测量的。使用正值或负值来定义范围在参考平面之上或之下。所添加的范围将从指定的深度延伸到范围的底部，但不与其接触。而所修改的范围将延伸到指定的深度处，即使先前定义的范围已从过程中删除，如图5-20所示。也可以使用滑尺来更改"范围深度"，移动滑块时，"范围深度"值将随之调整以反映当前值。

（3）每刀切削深度：与"公共每刀切削深度"类似，但前者将影响单个范围中的每次切削的最大深度。通过为每个范围指定不同的切削深度，可以创建具有如下特点的切削层，即在某些区域内每个切削层将切削下较多的材料，而在另一些区域内每个切削层只切削下较少的材料。在图 5-21 中，范围"1"使用了较大的"局部每切削深度 (A)"值，从而可以快速地切削材料，范围"2"使用了较小的"局部每切削深度 (B)"值，以便逐渐切削掉靠近圆角轮廓处的材料。

图 5-20　范围深度示意图

1—负值应用方向　2—正值应用方向
3—参考平面　4—刀具轴方向

图 5-21　每刀的深度

　　图 5-22 显示了系统将如何添加一个新范围，在图 5-14 中进行如下设置：

　　（1）"测量开始位置"选择"顶层"；"范围深度"为 20，"每刀切削深度"为 5；单击"确定"，创建图 5-22 中的"范围 1"。

　　（2）单击![plus]，进行"范围 2"的创建；测量开始位置"选择"当前范围底部"；"范围深度"为 30，"每刀的深度"为 10；单击"确定"，创建图 5-22 中的"范围 2"。

图 5-22　选择范围

5.5　切削

　　切削方式决定了加工切削区域的刀具路径图样和走刀方式。型腔铣操作有 7 种切削方式，包括往复式切削（Zig-Zag）、单向切削（Zig）、单向沿轮廓切削（Zig With Contour）、跟随周边切削（Follow Periphery）、跟随部件切削（Follow Part）、摆线走刀（Trochoidal）、沿轮廓切削（Profile）。

5.5.1　毛坯距离

　　毛坯距离是特定于"型腔铣"的一个切削参数。在选择几何体组之前，用户可以使用此参数将部件上的剩余材料定义为恒定厚度，而无需选择毛坯。但是，几何体组允许用户在毛坯几何体中使用"从部件偏置"，并且效果优于使用"毛坯距离"，可参考 5.3.2 节"毛坯几何体"。

　　对于"型腔铣"而言，指定毛坯距离的首选方法是使用铣削几何体组。在几何体中指定毛坯时，选择"从部件偏置"，然后输入距离，这是一种比较好的方法，因为用户能够将多个型腔铣操作置于该组中，并共享该几何体。

UG NX 9.0

191

5.5.2 参考刀具

要加工上一个刀具未加工到的拐角中剩余的材料时，可使用参考刀具，如图5-23所示。

如果是刀具拐角半径的原因，则剩余材料会在壁和底部面之间；如果是刀具直径的原因，则剩余材料会在壁之间。在选择了参考刀具的情况下，操作的刀轨与其他型腔铣或深度加工操作相似，但是会仅限制在拐角区域。

参考刀具通常是用来先对区域进行粗加工的刀具。软件计算指定的参考刀具剩下的材料，然后为当前操作定义切削区域。

 注意

必须选择一个直径大于当前操作所用刀具的刀具。如果参考刀具的半径与部件拐角的半径之差很小，则所要去除的材料的厚度可能会因过小而检测不到。可指定一个更小的加工公差，或选择一个更大的参考刀具，以获得更佳效果。如果使用较小的加工公差，则软件将能够检测到更少量的剩余材料，但这可能需要更长的处理时间。选择较大的参考刀具可能是上策。

图5-24所示是使用自动块作为毛坯的型腔铣路径。如果将参考刀具添加到以上操作，则仅切削拐角，那么得到的路径如图5-25所示。

图5-23　参考刀具　　　　图5-24　独立毛坯　　　　图5-25　带有参考刀具的毛坯

在"参考刀具半径"和拐角半径之间的差异比较小的情况下，删除的材料的厚度也比较小。可指定一个更小的加工公差，或选择一个更大的"参考刀具"，以达到更好的结果。更小的加工公差可检测到更小的剩余材料的量，但是会有一个性能损失。

在指定了"参考刀具偏置"后将激活"重叠距离"。"重叠距离"将待加工区域的宽度沿切面延伸指定的距离。

5.5.3 使用刀具夹持器

　　"使用刀具夹持器"是"底壁加工""深度轮廓加工""固定轮廓铣"（根据驱动方法）和"型腔铣"都使用的切削参数。在"固定轮廓铣"中，"使用刀具夹持器"可用于"区域铣削"和"清根"。

　　夹持器在刀具定义对话框中被定义为一组圆柱或带锥度的圆柱,如图 5-26 所示。"深度轮廓铣""型腔铣"和"固定轴曲面轮廓铣"操作的"区域铣削"和"清根"驱动方法可使用此刀具夹持器定义，以确保刀轨不碰撞夹持器。在该操作中，这些选项必须切换为"开"，以识别刀具夹持器。

　　在"曲面轮廓铣"和"深度铣"中，如果检测到刀具夹持器和工件间发生碰撞，则发生碰撞的区域会在该操作中保存为"2D 工件"几何体。该几何体可在后续操作中用作修剪几何体，以便在需要将刀具夹持器或工件碰撞时留下的材料移除的区域中包含切削运动。

图 5-26　刀具夹持器

　　在"型腔铣"中，如果系统检测到刀具夹持器和工件间发生碰撞，则不会切削发生碰撞的区域。所有后续的型腔铣操作必须使用"基于层的 IPW"选项，才能移除这些未切削区域。

5.6 型腔铣示例

光盘\动画演示\第 5 章\型腔铣示例.avi

　　对图 5-27 所示待加工部件进行型腔铣削加工，具体创建方法如下：

　　1．创建毛坯

　　（1）在建模环境中，选择"菜单"→"格式"→"图层设置"命令，弹出"图层设置"对话框。新建工作图层"2"，单击"确定"按钮。

　　（2）选择"主页"选项卡→"特征"组→"设计特征下拉菜单"→"拉伸"图标，弹出"拉伸"对话框，选择加工部件的底部 4 条边线为拉伸截面，指定矢量方向为"ZC"，输入开始距离和结束距离为 50，其他采用默认设置，单击"确定"按钮，生成毛坯如图 5-28 所示。

图 5-27 待加工部件

图 5-28 毛坯模型

2. 创建几何体

（1）选择"应用模块"选项卡→"设计"组→"加工"图标 ，进入加工环境。在上边框条中选择"几何视图"，选择"主页"选项卡→"插入"组→"创建几何体"图标 ，弹出如图 5-29 所示的"创建几何体"对话框，选择"mill_contour"类型，选择"WORKPIECE " 几何体子类型，选择几何体为"MCS_MILL"，输入名称为"WORKPIECE"单击"确定"按钮。

（2）弹出如图 5-30 所示的"工件"对话框，单击"选择或编辑部件几何体"按钮 ，选择如图 5-27 所示部件。单击"选择或编辑毛坯几何体"按钮 ，选择图 5-28 所示的毛坯。单击"确定"按钮。

图 5-29 "创建几何体"对话框

图 5-30 "工件"对话框

3. 创建刀具

（1）选择"主页"选项卡→"插入"组→"创建刀具"图标 ，弹出如图 5-31 所示的"创建刀具"对话框，选择"mill_contour"类型，选择"MILL"刀具子类型，输入名称为 END12，其他采用默认设置，单击"确定"按钮。

（2）弹出如图 5-32 所示的"铣刀-5 参数"对话框，输入直径为 12，其他采用默认设置，单击"确定"按钮。

图 5-31 "创建刀具"对话框

图 5-32 "铣刀-5 参数"对话框

4．创建工序

（1）选择"主页"选项卡→"插入"组→"创建工序"图标 ，弹出如图 5-33 所示的"创建工序"对话框，选择"mill_contour"类型，在工序子类型中选择"CAVITY_MILL" ，选择"WORKPIECE"几何体，选择 END12 的刀具，选择"MILL_ROUGH"方法，其他采用默认设置，单击"确定"按钮。

（2）在"刀轨设置"栏中进行如图 5-34 所示的设置。"切削模式"选择"跟随部件"，"步距"为"50%刀具平直百分比"，"最大距离"为 6。

（3）单击"切削参数"按钮 ，弹出如图 5-35 所示的"切削参数"对话框，选择切削顺序为"深度优先"；在"余量"选项卡中取消"使用底面余量和侧面余量一致"复选框的勾选，"部件侧壁余量"为 0.5，"部件底面余量"为 0.3；在"空间范围"选项卡的"毛坯"栏中"处理中的工件"选择"使用 3D"选项；在"更多"选项卡中勾选"边界逼近"和"容错加工"复选框，单击"确定"按钮。

（4）由于在图 5-35 "切削参数"对话框中选择了"使用 3D"选项，将在图 5-34 "型腔铣"对话框中多出"显示所得的 IPW"图标 ，如图 5-36 所示。

图 5-33 "创建工序"对话框

图 5-34 "型腔铣"对话框

（5）进行完以上全部设置后，在"操作栏"中单击"生成"图标，生成刀轨，单击"确认"图标，实现刀轨的可视化，进行刀轨的动画演示和察看，最终生成的刀轨如图 5-37 所示。

图 5-35 "切削参数"对话框

图 5-36　显示所得的 IPW

图 5-37　生成的刀轨

5.7 深度轮廓加工

5.7.1 概述

"深度轮廓加工"即"ZLEVEL_PROFILE"以前称为"等高轮廓铣"，是一个固定轴铣削模块，其设计目的是对多个切削层中的实体/面建模的部件进行轮廓铣。使用此模块只能切削部件或整个部件的陡峭区域。除了"部件几何体"，还可以将"切削区域"几何体指定为"部件几何体"的子集以限制要切削的区域。如果没有定义任何切削区域几何体，则系统将整个"部件"几何体当作切削区域。在生成刀轨的过程中，处理器将跟踪该几何体，检测部件几何体的陡峭区域，对跟踪形状进行排序，识别要加工的切削区域，并在不过切部件的情况下对所有切削层中的这些区域进行切削。

1. 代替型腔铣

许多定义"深度轮廓加工"的参数与"型腔铣"操作中所需的参数相同。在有些情况中，使用"轮廓铣"切削方式的"型腔铣"可以生成类似的刀轨。由于"深度轮廓加工"是为半精加工和精加工而设计的，因此使用"深度轮廓加工"代替"型腔铣"会有一些优点：

- 不需要毛坯几何体。
- 将使用在操作中选择的或从"mill_area"中继承的切削
- 区域。
- 可以从"mill_area"组中继承裁剪边界。
- 具有陡峭包容。
- 当切削深度优先时按形状进行排序，而"型腔铣"按区域进行排序。这意味着先切削完一个岛部件形状上的所有层，才移至下一个岛。

■ 在闭合形状上可以通过直接斜削到部件上在层之间移动，从而创建螺旋状刀轨。

■ 在开放形状上可以交替方向进行切削，从而沿着壁向下创建往复运动。

2．高速加工

"深度加工轮廓铣"用于在陡峭壁上保持将近恒定的残余波峰高度和切屑载荷，对"高速加工"尤其有效：

■ 可以保持陡峭壁上的残余波峰高度。

■ 可以在一个操作中切削多个层。

■ 可以在一个操作中切削多个特征（区域）。

■ 可以对薄壁工件按层（水线）进行切削。

■ 在各个层中可以广泛使用线形、圆形和螺旋形进刀方式。

■ 可以使刀具与材料保持恒定接触。

■ 可以通过对陡峭壁使用"Z 级切削"来进行精加工。

"深度加工轮廓铣"对"高速加工"有效的原因是可在不抬刀的情况下切削整个区域。通过使用以下方法来完成此操作：层到层；混合切削方向。

5.7.2 创建工序方法

选择"主页"选项卡→"插入"组→"创建工序"图标 ，弹出如图 5-38 所示的"创建工序"对话框，在"工序子类型"中选择"ZLEVLE_PROFILE" ，然后单击"确定"，将弹出如图 5-39 所示的"深度轮廓加工"对话框。

在"深度轮廓加工"对话框中可以对加工的几何体、工具、切削层、切削参数、非切削移动以及进给率和速度等进行设置，并可以生成和播放刀轨并进行过切等检查。

（1）几何体："深度加工轮廓铣"中使用与"固定轮廓铣"中的"区域铣削"相同的几何体类型，主要有：

1）部件几何体：由切削后表示"部件"的实体和面组成。

2）切削区域几何体：表示"部件几何体"上要加工的区域。它可以是"部件几何体"的子集，也可以是整个"部件几何体"。

3）检查几何体：由表示夹具的实体和面组成。

4）修剪几何体：由表示要修剪的边的闭合边界组成。所有"修剪"边界的刀具位置都为"在上面"。

（2）刀轨设置

1）方法：主要有 METHOD、MILL_FINISH、MILL_ROUGH、MILL_SEMI_FINISH、NONE 等几种，由于"深度轮廓加工"主要用在精加工和半精加工中，因此 MILL_FINISH 与 MILL_SEMI_FINISH 应用中较多，如果应有的加工方法不能满足加工要求时，可以通过"创建方法"创建新的加工方法。

图 5-38　"创建工序"对话框

图 5-39　"深度轮廓加工"对话框

2）陡峭空间范围：有"无"和"仅陡峭的"两个选项。如果选择"无"生成刀轨，由于此方法不采用平坦区域和陡峭区域的识别，在零件上生成刀轨的横距（Stepover）是均匀的，导致在陡峭区域残余量较大，为了使残余量均匀，须对陡峭区域进行补加工，UG/CAM 系统根据陡角以及切削方向判断陡峭区域，刀轨只在沿着切削方向的陡峭区域上生成，一般用于陡峭区域较小的地方。如果选择"仅陡峭的"生成刀轨，将根据设定的陡角判断平坦区域和陡峭区域并在平坦区域生成刀轨，然后采用等高铣加工陡峭区域，整个区域得到加工，并且残余量均匀，一般用于陡峭区域较大的地方。

3）合并距离：用于切削运动来消除刀轨中小的不连续性或不希望出现的缝隙。在"合并距离"项右边的编辑框中输入具体的数值，即确定了不连续性或不希望出现的缝隙的上限值。

199

4）最小切削长度：在"最小切削长度"右边的编辑框中输入具体的数值，限制系统生成小于此值的切削移动。

■ 公共每刀切削深度：在"全局每刀深度"右边的编辑框中输入具体的数值，确定切削移动每刀的切削深度。

■ 切削参数：在图 5-39"深度轮廓加工"对话框中单击"切削参数"按钮，打开如图 5-40"切削参数"对话框。在其中，可以对切削方向、部件余量、公差、连接、毛坯、安全间距等进行设置。

■ 进给率和速度：在图 5-39"深度加工轮廓铣"对话框中单击"进给率和速度"按钮，打开如图 5-41 所示对话框。在其中，可以对主轴速度和进给率等进行设置。

图 5-40 "切削参数"对话框

图 5-41 "进给率和速度"对话框

■ 非切削移动：在图 5-39"深度轮廓加工"对话框中单击"非切削移动"按钮，打开如图 5-42 所示的"非切削移动"对话框。在其中，可以对进刀类型、斜坡角和高度、退刀类型、区域内和区域间的传递类型、开始点等进行设置。

（3）刀轨设置："深度轮廓加工"对话框中的"机床控制"如图 5-43 所示。单击图标，可以从已存在的开始事件和结束事件的后处理命令中挑选所需的命令，并复制到当前操作中。另外，可以单击图标，编辑建立开始事件或结束事件。

图 5-42　"非切削运动"对话框

图 5-43　机床控制

5.7.3 操作参数

"深度轮廓加工"的一个重要功能就是能够指定"陡角",以区分陡峭与非陡峭区域。将"陡角"切换为"开"时,只有陡峭度大于指定"陡角"的区域才执行轮廓铣。将"陡角"切换为"关"时,系统将对整个部件执行轮廓铣。

等高轮廓的大部分参数与型腔铣相同,主要不同的参数如下:

1. 陡角

任何给定点的部件"陡角"可定义为刀具轴和面的法向之间的角度。陡峭区域是指部件的陡峭角度大于指定"陡角"的区域;部件的陡峭角度小于指定"陡角"的区域则为非陡峭区域。将"陡角"切换为"开"时,只有陡峭角度大于或等于指定"陡角"的部件区域才进行切削。将"陡角"切换为"关"时,系统将对部件(由部件几何体和任何限定的切削区域几何体来定义)进行切削。

2. 合并距离

"合并距离"能够通过连接不连贯的切削运动来消除刀轨中小的不连续性或不希望出现的缝隙。这些不连续性发生在刀具从"工件"表面退刀的位置,有时是由表面间的缝隙引起的,或者当工件表面的陡峭度与指定的"陡角"非常接近时由工件表面陡峭度的微小变化引起的。输入的值决定了连接切削移动的端点时刀具要跨过的距离。

3．切削顺序

"深度加工轮廓铣"与按切削区域排列切削轨迹的"型腔铣"不同，它是按形状排列切削轨迹的。可以按"深度优先"对形状执行轮廓铣，也可以按"层优先"对形状执行轮廓铣。在前者中，每个形状（例如岛屿）是在开始对下一个形状执行轮廓铣之前完成轮廓铣的；在后者中，所有形状都是在特定层中执行轮廓铣的，之后切削下一层中的各个形状。

4．避让

系统可从几何体组中继承安全平面和下限平面。这样可以在同一安全平面中执行某些操作。如果以避让方式指定安全平面，则继承将会关闭。如果想在几何体组中使用该平面，则需要转至继承列表并重新打开继承。

5．确定最高和最低范围

对于"深度加工轮廓铣"，如果未定义"切削区域"，最高范围的默认上限和最低范围的默认下限将根据部件几何体的顶部和底部来确定。如果定义了"切削区域"，它们将根据切削区域的最高点和最低点来确定。

5.7.4 切削参数

"深度轮廓加工"操作的大部分参数与平面铣和型腔铣的切屑参数相同。下面就"深度加工轮廓铣"操作中比较重要的切削参数进行说明。

1．层到层

"层到层"是一个特定于"深度加工轮廓铣"的切削参数。使用"层到层"的"直削"和"斜削"选项可确定刀具从一层到下一层的放置方式，它可切削所有的层而无须抬刀至安全平面。在图5-40"切削参数"对话框中单击"连接"选项，弹出如图5-44"连接"对话框，"层到层"共有4个选项。

图 5-44 "连接"对话框

 注意

如果加工的是开放区域，则在"层到层"下拉菜单中的最后两个选项（沿部件斜进刀、沿部件交叉斜进刀）都将变灰。

（1）使用转移方法：该选项使用在"进刀/退刀"对话框中所指定的信息。在图 5-45 中刀具在完成每个刀路后都抬刀至安全平面。

（2）直接对部件进刀："直接对部件进刀"将跟随部件，与步进运动相似。使用切削区域的起点来定位这些运动，如图5-46所示。"直接对部件进刀"与使用直接的转移方式并不相同。"直接对部件进刀"是一种直线快速运动,不执行过切或碰撞检查。

(3)沿部件斜进刀:"沿部件斜进刀"跟随部件,从一个切削层到下一个切削层,斜削角度为"进刀和退刀"参数中指定的斜角,如图 5-47 所示。这种切削具有更恒定的切削深度和残余波峰,并且能在部件顶部和底部生成完整刀路。提示:请使用切削区域的起点来定位这些斜削。

(4)沿部件交叉斜进刀:"沿部件交叉斜进刀"与部件斜削相似,不同的是在斜削进下一层之前完成每个刀路,如图 5-48 所示。

图 5-45 使用转移方法

图 5-46 使用"直接对部件进刀"

图 5-47 沿部件斜进刀

图 5-48 沿部件交叉斜削进刀

2.在层间进行切削

在图 5-40 所示的"切削参数"对话框中,在"连接"页面中的"切削参数"对话框中选中该选项,可在"深度轮廓加工"加工中的切削层间存在间隙时创建额外的切削,对精加工非常有用。

"在层间进行切削"优点:

(1)可消除在标准"层到层"加工操作中留在浅区域中的大残余波峰,无须为非陡峭区域创建单独的区域铣削操作,也无须使用非常小的切削深度来控制非陡峭区域中的残余波峰。

(2)可消除因在含有大残余波峰的区域中快速载入和卸载刀具而产生的刀具磨损甚至破裂。当用于半精加工时,该操作可生成更多的均匀余量。当用于精加工时,退刀和进刀的次数更少,并且表面精加工更连贯。

图 5-49 说明了"在层间进行切削"是如何影响刀轨的。图 5-49a 中有包含大间隙的浅区域。图 5-49b 中显示了由"在层间进行切削"生成的附加间隙刀轨(用红色表示)。

a)不使用"在层间进行切削"   b)使用"在层间进行切削"

图 5-49　在层间进行切削使用前后比较

"在层间进行切削"选项包括：

（1）步距：这是加工间隙区域时所使用的步距。在图 5-44"连接"对话框中单击"步距"右边的下拉列表框，会列出进行步距设置的 4 个选项："使用切削深度""恒定""残余高度""刀具平直百分比"。

（2）"使用切削深度"选项："使用切削深度"选项是默认选项。步距将与当前切削范围的切削深度相匹配。可指定步进距离来进一步控制这些区域中的残余波峰高度。

由于每个切削层范围可以有不同的切削深度，因此如果指定了"使用切削深度"，则该深度所在的范围可确定该间隙区域的步距。如果间隙区域跨越一些没有定义切削层的范围，则间隙区域将使用跨越范围的最小切削深度。

（3）"恒定""残余高度"及"刀具直径"等选项可以参考型腔铣。

3．最大移刀距离

指定不切削时希望刀具沿工件进给的最长距离。当系统需要连接不同的切削区域时，如果这些区域之间的距离小于此值，则刀具将沿工件进给。如果该距离大于此值，则系统将使用当前转移方式来退刀、移刀并进刀至下一位置。此值可指定为距离或刀具直径的百分比。

在"连接"对话框中选中"短距离移动上的进给"，将激活"最大移刀距离"，在右边的下拉列表框中有两个选项共选择单位：mm、%刀具。左边的文本框中输入具体的数值，确定最大移刀距离。图 5-50a 所示为未选"短距离移动上的进给"的局部切削刀轨，图 5-50b 所示为选中"短距离移动上的进给"且"最大移刀距离"为 5mm 时的局部切削刀轨。

4．参考刀具

"深度加工轮廓铣"参考刀具可用于"深度加工拐角铣"进行拐角精铣，如图 5-51 所示。这种切削与"深度加工轮廓铣"操作相似，但仅限于上一刀具无法加工（由于刀具直径和拐角半径的原因）的拐角区域。

未选"短距离移动上的进给"　　　　　　选取"短距离移动上的进给"

a)　　　　　　　　　　　　　b)

图 5-50　"最大移刀距离"示意图

如果是刀具拐角半径的原因，则材料会剩余在壁和底面之间；如果是刀具直径的原因，则材料会剩余在壁之间。这种切削仅限于这些拐角区域。

图 5-51　使用参考刀具的"深度加工轮廓铣"

"参考刀具"通常是先前用来粗加工区域的刀具。系统将计算由指定的参考刀具留下的剩余材料，然后为当前操作定义切削区域。必须选择一个直径大于当前正使用的刀具直径的刀具。

5．切削顺序

与按切削区域排列切削跟踪的型腔铣不同，深度铣按形状排列切削跟踪。可以按"深度优先"对形状执行轮廓铣，也可以按"层优先"对形状执行轮廓铣。在"深度优先"中，每个形状（例如岛）是在开始对下一个形状执行轮廓铣之前完成轮廓铣的，如图 5-52a 所示；在"层优先"中，所有形状都是在特定层中执行轮廓铣的，之后切削下一层中的各个形状，图 5-52b 所示。

a)深度优先　　　　　　　　　　　　b)层优先

图 5-52　切削顺序

5.7.5 "深度轮廓加工"示例

 光盘\动画演示\第 5 章\"深度轮廓加工"示例.avi

1. 工件简介

图 5-53 所示待加工部件中主要尺寸如下：

底座的长为 200，宽为 200，高为 50，中间凸出部分长、宽、高分别为 100，100，80，拔模角为 5，中间成"十"字形的缝隙宽度为 4，两边大弓形直径为 75，长度为 170，小弓形直径为 50，长度为 170。中间凸出部分的倒角半径为 10，两边大弓形倒角为 30，两边小弓形半径为 12，"chamfer"为 15，各"边倒圆"直径为 10。

图 5-53 待加工部件

2. 创建刀具

（1）选择"主页选项卡"→"插入"组→"创建刀具"图标，弹出如图 5-54 所示的"创建刀具"对话框，选择"mill_contour"类型，选择"MILL"刀具子类型，输入名称为 END14，其他采用默认设置，单击"确定"按钮。

（2）弹出如图 5-55 所示的"铣刀-5 参数"对话框，输入直径为 14，其他采用默认设置，单击"确定"按钮。

3. 加工操作

（1）在图 5-56 所示的工序导航器-程序顺序中右击"PROGRAM"，在弹出的菜单里单击"插入"→"工序…"，打开"创建工序"对话框，刀具选择"END14"，几何体选择"WORKPIECE"，方法选择"MILL_FINISH"，名称为"ZLEVEL_PROFILE"。单击"确定"按钮，弹出"深度轮廓加工"对话框。

（2）单击"选择或编辑部件几何体"按钮，弹出"部件几何体"对话框，选择如图 5-53 所示的待加工部件。单击"选择或编辑铣削几何体"按钮，弹出"切削区域"对话框，选择如图 5-57 所示的切削区域。

图 5-54　"创建刀具"对话框

图 5-55　"铣刀-5 参数"对话框

图 5-56　"程序顺序"对话框

图 5-57　选择切削区域

（3）单击"切削参数"按钮，弹出"切削参数"对话框，在"策略"选项卡设置"切削顺序"为"层优先"，在"连接"选项卡中的"层之间"选择"使用转移方法"，单击"确定"按钮。

（4）单击"非切削移动"按钮，弹出"非切削移动"对话框，在"进刀"选项卡中的"封闭的区域"中"进刀类型"选择"螺旋"，"直径"设置为"90%刀具"，"斜坡角"设置为 15，"高度"设置为 2.54mm，"最小安全距离"设置为 0，"最小斜面长度"设置为 0；在"开放区域"选项卡中"类型"选择"圆弧"，"半径"设置为 7mm，"圆弧角度"设置为 90，"高度"设置为 2.54mm，"最小安全距离"设置为 2.54mm，选中"修

207

剪至最小安全距离"；在"起点/钻点"选项卡的"重叠距离"设置为 5mm；在"转移/快速"选项卡中"安全设置选项"选择"自动平面"，"安全距离"设置为 5.08mm，其他选项保持为默认值。

（5）设置完毕后，单击"确定"返回到"深度轮廓加工"对话框，将"合并距离"设置为 3，其他参数保持为默认值，在"操作"中单击"生成" 图标，生成刀轨，如图 5-58a 所示。

a) "合并距离" 为 3   b) "步距" 为 1

c) "合并距离" 修改为 5mm   d) "陡峭角度" >80

图 5-58   "深度加工轮廓铣" 刀轨图

（6）在切削参数"连接"对话框中，选中"在层之间切削"，将"步距"设置为"恒定"，"距离"设置为 1，单击"确定"返回到"深度加工轮廓"对话框，单击"生成" 图标，生成刀轨，如图 5-58b 所示。

（7）在前面的分析中"合并距离"设置为 3，"零件中间槽宽"为 4mm，如果将"合并距离"修改为 5mm，则产生的刀具轨迹如图 5-58c 所示，产生连续的轨迹。

（8）在"深度加工轮廓铣"对话中，在"陡峭空间范围"选择"仅陡峭的"，接着弹出"角度"选项，在编辑框里输入 80，产生的刀具轨迹如图 5-58d 所示，只有陡峭角度大于 80 的面被切削。

5.7.6　优化示例

光盘\动画演示\第 5 章\优化示例.avi

"深度轮廓加工"操作在接近垂直的切削区域能够创建比较好的表面精度，但是在比较平缓的区域，相邻刀轨分布距离会产生较大的残余高度。

在"加工"环境里打开如图 5-59 所示的待优化零件模型。

1．创建刀具

（1）选择"主页"选项卡→"插入"组→"创建刀具"图标 ，弹出"创建刀具"对话框，选择"mill_contour"类型，选择"MILL"刀具子类型，输入名称为 END.25，其他采用默认设置，单击"确定"按钮。

（2）弹出"铣刀-5 参数"对话框，输入直径为 0.25 in，下半径为 0.125 in，其他采用默认设置，单击"确定"按钮。

2．创建工序

（1）选择"主页"选项卡→"插入"组→"创建工序"图标 ，弹出"创建工序"对话框，选择"mill_contour"类型，在工序子类型中选择"ZLEVEL_PROFILE"，选择"WORKPIECE"几何体，选择"END.25"刀具，选择"MILL_FINISH"方法，其他采用默认设置，单击"确定"按钮。

（2）弹出"深度加工轮廓铣"对话框，单击"选择或编辑部件几何体"按钮 ，弹出"部件几何体"对话框，选择如图 5-59 所示的加工部件。单击"选择或编辑铣削几何体"按钮 ，弹出如图 5-60 所示"切削区域"对话框，选择如图 5-61 所示的切削区域。

图 5-59　待优化零件模型

图 5-60　"切削区域"对话框

（3）在"刀轨设置"栏中进行设置。"合并距离"为"0.1%刀具"，"最小切削深度"为"30%刀具"，"每刀的公共深度"为 0.1。

（4）单击"切削层"按钮 ，弹出如图 5-62 所示的"切削层"对话框，切削层选择"恒定"，单击"确定"按钮。

（5）单击"切削参数"按钮，弹出"切削参数"对话框，在"连接"选项卡中的"层到层"选择"沿部件斜进刀"，单击"确定"按钮。

（6）单击"非切削移动"按钮，弹出"非切削移动"对话框，在"进刀"选项卡中的封闭区域栏中"进刀类型"为"沿形状斜进刀"，"倾斜角度"为30，"高度"为0.1in；"最小安全距离"为0in，"最小斜面长度"为10%刀具；"开放区域中类型"为"圆弧"，"长度"为"50%刀具"，"圆弧角度"为90，"高度"为0.1in，"最小安全距离"为50%。在"起点/钻点"选项卡中设置"重叠距离"为0.2，单击"确定"按钮。

图 5-61　指定部件

图 5-62　"切削层"对话框

（7）在"操作"栏中单击"生成"图标，生成刀轨，图 5-63 所示。可以看到在"非陡峭区"与"陡峭区"之间刀轨分布不均。

（8）在图 5-62"切削层"对话框中，在"切削层"中选择"最优化"，单击"确定"，返回到"深度加工轮廓铣"对话框中。其余设置保持不变。

图 5-63　优化前刀轨分布图

图 5-64　优化后刀轨分布图

（9）在"深度轮廓加工"对话框中，单击"生成"图标，生成刀轨，如图 5-64 所示。可以看到在陡峭区和非陡峭区之间刀轨分布的比较均匀。

5.8　插铣

　　"插削"是一种独特的铣操作，最适合于需要长刀具的较深区域中。连续插削运动利用刀具沿 Z 轴移动时增加的刚度，高效地切削掉大量的毛坯。径向力减小后，就可以使用细长的刀具并保持高的材料移除率。插削使用狭长刀具装备，非常适合对难以到达的较深的壁进行精加工。使用"插削"粗加工轮廓化的外形通常会留下较大的刀痕和台阶。在以下操作中使用处理中的工件，以便获得更一致的剩余余量。

　　在"创建工序"对话框单击"PLUNGE_MILLING"图标，弹出"插铣"对话框，如图 5-65 所示。

图 5-65　"插铣"对话框

5.8.1　操作参数

　　插削操作的粗加工选项与型腔铣类似。插削使用轮廓铣切削方法进行精加工，选项与深度轮廓铣操作类似，还支持几个其他参数，如向前步长和最大切削宽度。相同类型的参数不再叙述，这里主要讲解"插铣"中比较特别的参数。

　　1．插削区域

大多数深度加工操作都是自上而下切削的。插削在最深的插削深度处开始。则每个连续的区域都将忽略先前的区域。

型腔有多个区域时，可将其分组，然后按顺序切削（自底向上）。图 5-66 说明多个区域的切削顺序样本。

图 5-66　多个插削区域

2．向前步长和单步向上

"向前步长"和"单步向上"如图 5-67 所示。"向前步长"指定从一次插入到下一次插入向前移动的步长。需要时，系统会减小应用的向前步长，以使其在最大切削宽度值内。

对于非对中切削工况，横越步长距离或向前步长距离必须小于指定的最大切削宽度值。系统减小应用的向前步长，以使其在最大切削宽度值内。

图 5-67　"向前步长"和"单步向上"

3．最大切削宽度

"最大切削宽度"是刀具可切削的最大宽度（俯视刀轴时）。这通常由刀具制造商根据刀片的尺寸来提供。如果这比刀具半径小，则刀具的底部中央位置有一个未切削部分。此参数确定插削操作的刀具类型。"最大切削宽度"可以限制横越步长和向前步长，以便防止刀具的非切削部分插入实体材料中。

对于对中切削刀具，将"最大切削宽度"设置为 50%或更高，以使切削量达到最大。系统现在假定这是对中切削刀具并且不检查以确定刀具的非切削部分与处理中的工件是否碰撞。

对于非对中切削刀具，将"最大切削宽度"设置为 50%以下。系统现在假定这是非对中切削刀具，并且使用最大切削宽度确定刀具的非切削部分是否与处理中的工件碰撞。

4．插削层

　　每个"插削"操作均有单一的插入范围。使用"插削层"对话框可定义范围的顶层和底层。"单个"根据部件、切削区域和毛坯几何体设置一个范围，如图5-68所示。

单个插削层

图5-68　插削层

 注意

- 只有两层：顶部和底部。
- 如果修改了其中的任何一层，则在下次处理该操作时系统将使用相同的值。如果使用默认值，它们将保留与部件和毛坯的关联性。
- 不能将顶层移至底层之下，也不能将底层移至顶层之上。

5．点

　　"预钻孔进刀点"允许刀具沿着刀轴下降到一个空腔中，刀具可以从此处开始进行腔体切削。区域起点决定了进刀的近似位置和步进方向。这两种方法都可指定用来确定切削层如何使用这些点的深度值。在"插削"对话框中单击"点" 📇 图标，弹出如图5-69所示的"控制几何体"对话框，包含"预钻孔进刀点"和"切削区域起点"。

图5-69　"控制几何体"对话框

　　（1）预钻孔进刀点：指定"毛坯"材料中先前钻好的孔内或其他空腔内的进刀位置。所定义的点沿着刀轴投影到用来定位刀具的"安全平面"上。然后刀具沿刀轴向下移动至空腔中，并直接移动到每个切削层上由处理器确定的起点。"预钻孔进刀点"不会应用到"轮廓驱动"切削类型和"标准驱动"切削类型。

　　如果指定了多个"预钻孔进刀点"，则使用此区域中距处理器确定的起点最近的点。只有在指定深度内向下移动到切削层时，刀具才使用预钻孔进刀点。一旦切削层超出了指定的深度，则处理器将不考虑"预钻孔进刀点"，并使用处理器决定的起点。只有在"进刀

UG NX 9.0

213

方法"设置为"自动"的情况下，"预钻孔进刀点"才是活动的。

"控制几何体"对话框中的其他选项说明如下：

1）活动的：表示刀具将使用指定的控制点进入材料。

2）显示：可高亮显示所有的控制点以及它们相关的点编号，作为临时屏幕显示，以供视觉参考。

3）编辑：可指定和删除"预钻孔进刀点"。"编辑"不能移动点或更改现有点的属性，必须"移除"现有的点并"附加"新的点。单击"编辑"将弹出如图 5-70 所示的"预钻孔进刀点"对话框，图中各选项说明如下：

- 附加：可一开始就指定点，也允许以后再添加点。
- 移除：可删除点，使用光标选择要移除的点。
- 点/圆弧：允许在现有的点处或现有圆弧的中点处指定"预钻孔进刀点"。
- 光标：可使用光标在 WCS 的 XC-YC 平面上表示点位置。
- 一般点：可用点构造器子功能来定义相关的或非关联的点。
- 深度：可输入一个值，该值可决定将使用"预钻孔进刀点"的切削层的范围。对于在指定"深度"处或指定"深度"以内的切削层，系统使用"预钻孔进刀点"。对于低于指定"深度"的层，系统不考虑"预钻孔进刀点"。通过输入一个足够大的"深度"值或将"深度"值保留为默认的零值将"预钻孔进刀点"应用至所有的切削层。

系统沿着刀轴从顶层平面起测量深度，不管该平面是由最高的"部件"边界定义还是由"毛坯"边界定义，如图 5-71 所示。

图 5-70　"预钻孔进刀点"对话框　　　　　图 5-71　"深度"示意图

在图 5-71 中，"深度"从由"毛坯"边界定义的平面测量。"预钻孔进刀点"用于"切削层 1"，因为此切削层在指定的深度内。但是，"切削层 2"不使用"预钻孔进刀点"，因为此切削层低于指定的深度。实际上，"切削层 2"使用处理器确定的起点。确保在指定点之前设置深度值，否则不能将深度值赋予"预钻孔进刀点"。

能编辑现有的"预钻孔进刀点"的"深度"。要指定新的深度，必须移除现有的点，然后将新的点附加到适当位置，同时确保在指定新点之前设置新的深度值。

使用预钻点的方法有两种：

1）自动生成"预钻孔进刀点"：

■ 创建和生成插削操作。

■ 创建和生成钻孔操作。

■ 对钻孔操作重排序，将其放在铣操作之前。

2）手动指定"预钻孔进刀点"：可在图5-69"控制几何体"对话框的预钻孔进刀点部分中单击"编辑"，弹出图5-70"预钻孔进刀点"对话框进行预钻点设置。

在图5-70"预钻孔进刀点"对话框中选择"附加"和"点/圆弧"后，单击"一般点"将弹出"点"对话框，进行点的指定，如图5-72中指定的点，返回到图5-70"预钻孔进刀点"对话框中后将激活"移除"和"光标"，可删除已有的预钻点。在图5-70中单击"确定"后，返回到图5-69"控制几何体"对话框，这时将激活"活动的"选项，单击"显示"，将对已有的预钻点进行编号显示，如图5-73预钻点编号显示所示。

图5-72 选择的预钻点   图5-73 预钻点编号显示

（2）切削区域起点：通过指定"定制起点"或"默认起点"来定义刀具的进刀位置和步进方向。"定制"可决定刀具逼近每个切削区域壁的近似位置，而"默认"选项（"标准"或"自动"）允许系统自动决定起点。区域起点适用于所有模式（"往复""跟随部件""轮廓"等）。

定制起点不必定义精确的进刀位置，它只需定义刀具进刀的大致区域。系统根据起点位置、指定的切削模式和切削区域的形状来确定每个切削区域的精确位置。如果指定了多个起点，则每个切削区域使用与此切削区域最近的点。

1）编辑：单击"编辑"按钮，弹出如图5-74所示的"切削区域起点"对话框。在对话框中除了使用"上部的深度"和"下方深度"代替了"预钻孔进刀点"对话框中的深度选项外，"切削区域起点"的所有编辑选项与在"预钻孔进刀点"中描述的"编辑"选项的功能完全一样。

"上部的深度"和"下方深度"可定义要使用"定制切削区域起点"的切削层的范围。只有在这两个深度上或介于这两个深度之间的切削层可以使用"定制切削区域起点"，如图5-75所示。如果"上方深度"和"下方深度"值都设置为零（默认情况），则"切削区域起点"应用至所有的层。位于"上方深度"和"下方深度"范围之外的切削层使用"默认切削区域起点"。确保在指定点之前设置深度值，否则不能将深度值赋予"切削区域起点"。

UG NX 9.0

215

图 5-74 "切削区域起点"对话框

图 5-75 定制切削区域起点深度

- 上部的深度：用于指定使用当前"定制切削区域起点"深度的范围上限。深度沿着刀轴从最高层平面起测量，不管该平面是由"毛坯"边界定义还是由"部件"边界定义，如图 5-75 所示。"定制切削区域起点"不会用于"上部的深度"之上的"切削层"。
- 下方深度：用于指定使用当前定制"切削区域起点"深度的范围下限。深度沿着刀轴从最高层平面起测量，不管该平面是由"毛坯"边界定义还是由"部件"边界定义，如图 5-75 所示。定制"切削区域起点"不会用于"下方深度"之下的"切削层"。

 注意

不能编辑现有的定制"切削区域起点"的"深度"值。要指定新的深度值，必须移除现有的点，然后将新的点附加到适当位置，同时确保在指定新点之前设置新的深度值。

2）默认：可为系统指定两种方法之一以自动决定"切削区域起点"。只有在没有定义任何定制"切削区域起点"时，系统才会使用"标准"或"自动"默认切削区域起点，并且这两个起点只能用于不在"上方深度"和"下方深度"范围内的切削层。可以将"默认"选项设为以下两种选项之一：

- 标准：可建立与区域边界的起点尽可能接近的"切削区域起点"。边界的形状、"切削模式"和岛与腔体的位置可能会影响系统定位的"切削区域起点"与"边界起点"之间的接近程度。移动"边界起点"会影响"切削区域起点"的位置。例如，在图 5-76 中，移动"边界起点"会使刀具无法嵌入部件的拐角中。
- 自动：保证将在最不可能引起刀具进入材料的位置使刀具步距或进刀至部件，如图 5-77 所示，它可建立"切削区域"。

6．进刀与退刀

（1）进刀：插削有单一进刀和退刀运动。可指定毛坯以上的竖直进刀距离（沿刀轴）。从安全平面/快速移动的提刀高度平面进行逼近移动。从毛坯之上的竖直安全距离沿刀轴进行进刀运动。

（2）退刀：指定退刀距离和退刀角度。沿通过指定的竖直退刀角和水平退刀角形成的3D 矢量进行退刀运动，它由系统自动生成。水平退刀角使刀具远离由退刀距离指定的上次插入的刀具与毛坯的接触点。

图 5-76　"标准"切削区域起点

如果刀具可在倾斜运动结束时自由退刀，才进行此退刀运动。从退刀运动的终点沿刀轴（Z轴）向安全平面/快速运动的提刀高度平面进行分离运动。

如图 5-78 所示，图中插入运动：逼近用红色表示，进刀用黄色表示，切削用青色表示，退刀用白色表示，分离用红色表示，移刀用红色表示。

图 5-77　"自动"切削区域起点

图 5-78　退刀示意图

（3）退刀角：在"插削"对话框中的"退刀角"对话框中输入角度，确定退刀角，图 5-79a 中退刀角为 60°，图 5-79b 中退刀角为 30°，图中白色为退刀角方向。

a)退刀角为 60°

b)退刀角为 30°

图 5-79　退刀角

7．插削粗加工

用于粗加工的插削几何体与型腔铣非常相似，这里只作简单的介绍。

（1）几何体：用于粗加工的插削几何体包括的几何体包括：

1）支持部件、毛坯、检查、切削区域和修剪几何体。

2）使用指定的切削区域、切削区域之上的毛坯量和切削区域延伸量，以便确定要切削的量。

217

3）使用"插削层"对话框确定插削层，此对话框与"切削层"（单个范围）类似。

注意

毛坯不是粗加工操作所必需的。如果型腔是封闭的并且没有毛坯，则从假定的毛坯顶部开始插入。最好定义"毛坯几何体"，因为假定的毛坯可能无法反映加工意图。

（2）切削方法：用于粗加工时插削的切削参数（摆线除外）与型腔铣类似。此外，以下规则适用于"跟随部件"模式，以便优化用于粗加工的插削刀轨。

1）自底向上切削区域标识可确保首先切削型腔底部的大部分区域。

2）在每个指定的区域中，一般跟随部件顺序是从远离部件壁处开始，然后向部件壁方向移动。

3）对于非对中切削刀具，插入点限制到当前切削层。这样就可确保刀具插削的深度始终小于等于前一次插削的深度。

8．插削精加工

对于通过"插削"进行的精加工，使用轮廓铣切削模式并指定"切削区域"几何体。

（1）轮廓："插削"所具有的精加工选项与"深度轮廓铣"类似。以下规则适用于轮廓铣模式，以便优化插削刀轨进行精加工：

1）忽略毛坯。

2）添加在边上延伸选项。

3）可以在单层内向上切削和向下切削。

（2）毛坯："插削"不使用毛坯几何体、处理中的工件和最小材料厚度进行精加工。它将忽略毛坯和几何体组中包括的 IPW 几何体。

（3）带拔模斜度的壁："插削"适用于对立壁进行精加工。对于通过"插削"进行的精加工，使用轮廓铣切削模式并指定切削区域几何体。对于带拔模斜度的壁，系统在不同的等高处创建插削。

5.8.2 插削粗加工示例

对图 5-80 所示的待加工部件进行插铣操作，本示例只为说明插铣加工的操作方式，因此未给出"预钻孔点"。

 光盘\动画演示\第 5 章\插销粗加工示例.avi

1．创建毛坯

（1）选择"应用模块"选项卡→"设计"组→"建模"图标，在建模环境中，选择

"菜单"→"格式"→"图层设置"菜单命令，弹出"图层设置"对话框。新建工作图层"2"，单击"确定"按钮。

（2）选择"主页"选项卡→"特征"组→"设计特征下拉菜单"→"拉伸"图标 ，弹出"拉伸"对话框，选择加工部件的底部 4 条边线为拉伸截面，指定矢量方向为"ZC"，输入开始距离为 0，输入结束距离为 50，其他采用默认设置，单击"确定"按钮，生成毛坯如图 5-81 所示。

图 5-80　待加工部件

图 5-81　毛坯模型

2．创建几何体

（1）选择"应用模块"选项卡→"加工"组→"加工"图标 ，进入加工环境。在上边框条中选择"几何视图"，选择"主页"选项卡→"插入"组→"创建几何体"图标 ，弹出"创建几何体"对话框，选择"mill_contour"类型，选择"WORKPIECE "几何体子类型，位置为"MCS_MILL"，其他采用默认设置，如图 5-82 所示，单击"确定"按钮。

（2）弹出如图 5-83 所示"工件"对话框，单击"选择或编辑部件几何体"按钮 ，选择如图 5-80 所示部件。单击"选择或编辑毛坯几何体"按钮 ，选择图 5-81 所示的毛坯。单击"确定"按钮。

图 5-82　"创建几何体"对话框

图 5-83　"工件"对话框

UG NX 9.0

219

3．创建刀具

（1）选择"主页"选项卡→"插入"组→"创建刀具"图标，弹出如图 5-84 所示的"创建刀具"对话框，选择"mill_contour"类型，选择"MILL"刀具子类型，输入名称为 END12，其他采用默认设置，单击"确定"按钮。

（2）弹出如图 5-85 所示的"铣刀-5 参数"对话框，输入直径为 12，其他采用默认设置，单击"确定"按钮。

图 5-84　"创建刀具"对话框　　　　　图 5-85　"铣刀-5 参数"对话框

4．创建工序

（1）选择"主页"选项卡→"插入"组→"创建工序"图标，弹出如图 5-86 所示的"创建工序"对话框，选择"mill_contour"类型，在工序子类型中选择"PLUNGE_MILLING"，选择"WORKPIECE"几何体，选择刀具为"END12"，方法为"MILL_ROUGH"，其他采用默认设置，单击"确定"按钮。

（2）在"刀轨设置"栏中进行设置，切削模式选择"跟随部件"，"步距"为"50%刀具平直百分比"，"向前步长"为"50%刀具平直"，"单步向上"为"25%刀具平直"，"最大切削宽度"为"50%刀具平直"，"转移方法"为"安全平面"，"退刀距离"为 5，"退刀角"为 45。

（3）单击"切削参数"按钮，弹出图 5-87"切削参数"对话框，在"余量"选项卡中选中"使用底面余量和侧面余量一致"复选框，"部件侧面余量"为 1；在"连接"选项卡中设置开放刀路为"保持切削方向"，其余选择保持默认设置，单击"确定"按钮。

（4）在"操作"栏中单击"生成"和"确认"生成刀轨如图 5-88a，3D 动态切削图如图 5-88b 所示。

图 5-86　"创建工序"对话框

图 5-87　"切削参数"对话框

a)刀轨

b)3D 动态切削

图 5-88　生成的刀轨

5.9　轮廓铣操作实例

5.9.1　加工示例 1

"区域铣"驱动加工特点如下：

（1）直接选择加工区域。

（2）类似边界控制加工。

（3）可以在区域内自动计算避免干涉。

（4）尽可能采用该加工方法。

UG NX 9.0

待加工工件如图 5-89 所示。该零件加工包含 3 道加工工

序：

- CAVITY_MILL：粗加工，加工后的刀轨如图 5-90 所示。
- CONTOUR_AREA_NON_STEEP：非陡峭面铣，加工后的刀轨如图 5-91 所示。
- ZLEVEL_PROFILE：陡峭面 Z 向分层加工，加工后的刀轨如图 5-92 所示。

图 5-89　待加工工件

图 5-90　"CAVITY_MILL" 示意图　　图 5-91　"CONTOUR_AREA_NON_STEEP" 示意图

图 5-92　"ZLEVEL_PROFILE" 示意图

光盘\动画演示\第 5 章\加工示例 1.avi

1．创建刀具

（1）选择"主页"选项卡→"插入"组→"创建刀具"图标，弹出"创建刀具"对话框，选择"mill_contour"类型，选择"MILL"刀具子类型，输入名称为 T1，其他采用默认设置，单击"确定"按钮。

（2）弹出"铣刀-5 参数"对话框，输入"直径"为 0.25，"下半径"为 0.125，"长度"为 2，"锥角和尖角"为 0，"刀刃长度"为 1，"刀刃"为 2，其他采用默认设置，单击"确定"按钮。

（3）重复上述步骤创建刀具 T2，"直径"为 0.15，"下半径"为 0.075，"长度"为 1，"锥角和尖角"为 0，"刀刃长度"为 0.5，"刀刃"为 2，

2．创建几何体

（1）选择"主页"选项卡→"插入"组→"创建几何体"图标，弹出如图 5-93 所示的"创建几何体"对话框，选择"mill_contour"类型，选择"WRKPIECE"几何体子类型，其他采用默认设置，单击"确定"按钮。

（2）弹出如图 5-94 所示的"工件"对话框，单击"选择或编辑部件几何体"按钮，选择如图 5-89 所示部件。单击"选择或编辑毛坯几何体"按钮，选择图 5-95 所示的毛坯。单击"确定"按钮。

图 5-93　"创建几何体"对话框

图 5-94　"工件"对话框

3．CAVITY_MILL 铣

（1）选择"主页"选项卡→"插入"组→"创建工序"图标，弹出"创建工序"对话框，选择"mill_contour"类型，在"工序子类型"中选择"CAVITY_MILL"，选择"WORKPIECE"几何体，"刀具"为"T1"，"方法"选择"MILL_ROUGH"，其他采用默认设置，单击"确定"按钮。

图 5-95　指定毛坯

（2）弹出"型腔铣"对话框，在"刀轨设置"栏中进行设置。"切削模式"选择"跟随部件"，"步距"为"70%刀具平直百分比"，"每刀的公共深度"选择"恒定"，"最大距离"为 0.05。

（3）单击"切削层"按钮，弹出如图 5-96 所示的"切削层"对话框，"范围类型"选择"用户定义"，"切削层"选择"恒定"，"测量开始位置"选择"顶层"，"范围深度"为 0.76，"每刀切削深度"为 0.05，单击"确定"按钮。

（4）单击"非切削移动"按钮，弹出图 5-97"非切削移动"对话框，在"进刀"选项卡的封闭区域中"进刀类型"选择"螺旋"，"直径"设置为"90%刀具"，"斜坡角"设置为 15，"高度"设置为 0.1in，"最小安全距离"设置为 0，"最小斜面长度"设置为 0；在开放区域中"进刀类型"选择"线性"，"半径"设置为 0.25in，"高度"设置为 0.1in，

U G N X 9.0

"最小安全距离"设置为50，选中"修剪至最小安全距离"；在"起点/钻点"选项卡中"重叠距离"设置为0.15in，"区域起点"中"有效距离"为"指定"，"距离"为"300% 刀具"；在"转移/快速"选项卡中"安全设置"栏中"安全设置选项"选择"自动平面"，"安全距离"设置为0.1，如图5-98所示，在"避让"选项卡中的各选项为"无"，单击"确定"按钮。

图5-96 "切削层"对话框   图5-97 "非切削移动"设置对话框

（5）单击"切削参数"按钮，弹出如图5-99所示的"切削参数"对话框，在"策略"选项卡的切削栏设置"切削方向"为"顺铣"，"切削顺序"为"层优先"，"精加工刀路"栏中勾选"添加精加工刀路"复选框，设置"刀路数"为1，"精加工步距"为"5%刀具"；在"余量"选项卡中选中"使底面余量和侧面余量一致"，"部件侧面余量"为0.06，如图5-100所示；在"连接"选项卡中"区域排序"选择"优化"，选中"跟随检查几何体"；在"空间范围"选项卡的"毛坯"栏中的"修剪方式"选择"无"；在"更多"选项卡的"安全距离"栏中"刀具夹持器"为0.1in，原有的栏中选中"边界逼近"和"容错加工"，如图5-101所示，单击"确定"按钮。

图 5-98 "转移/快速"设置

图 5-99 "策略"设置

图 5-100 "余量"设置对话框

图 5-101 "更多"参数设置对话框

（6）在"操作"栏中单击"生成"图标，生成刀轨，单击"确认"图标，实现刀轨的可视化，进行刀轨的动画演示和察看，最终生成的刀轨如图 5-102 所示。

4．CONTOUR_AREA_NON_STEEP 铣

（1）选择"主页"选项卡→"插入"组→"创建工序"图标，弹出"创建工序"对话框，选择"mill_contour"类型，在工序子类型中选择"CONTOUR_AREA_NON_STEEP"，选择"WORKPIECE"几何体，刀具为"T2"，方法选择"MILL_FINISH"，其他采用默认设置，单击"确定"按钮。

（2）弹出如图 5-103 所示的"非陡峭区域轮廓铣"对话框，单击"指定切削区域"按

225

UG NX 9.0

钮，弹出图 5-104 "切削区域"对话框，选择切削区域。选定的"切削区域"如图 5-105 所示。

图 5-103 "非陡峭区域轮廓铣"对话框

图 5-102 生成的"CAVITY_MILL"刀轨

图 5-104 "切削区域"对话框

图 5-105 选定的切削区域

（3）在"轮廓区域非陡峭"对话框中"方法"选择"区域铣削"，单击"编辑"图标，打开图 5-106"区域铣削驱动方法"对话框，"陡角"的设置为 70，"非陡峭切削模式"为"往复"，"切削方向"为"顺铣"，"步距"为"刀具平直百分比"，"步距已应用"为"在平面上"，设置完成后，单击"确定"按钮。

（4）单击"非切削移动"按钮 ，弹出图 5-107"非切削移动"对话框，在进刀选项卡的开放区域中"进刀类型"选择"插削"，"高度"为"200%刀具"，在根据部件/检查中"进刀类型"选择"与开放区域相同"，在"初始"栏中"进刀类型"选择"与开放区域相同"；在"退刀"选项卡的"开放区域"中"退刀类型"选择"与进刀相同"，在"根据部件/检查"中的"退刀类型"选择"与开放区域退刀相同"，在"最终"栏中"退刀类型"选择"与开放区域退刀相同"；在"转移/快速"选项卡的"区域距离"中"区域距离"输入"200%刀具"，在"区域之间"栏中"逼近方法"选择"安全距离-刀轴"，"安全设置选项"为"自动平面"，"安全距离"为 0.1；"离开方法"选择"安全距离-最短距离"，"安全设置选项"为"自动平面"，"安全距离"为 0.1，"移刀类型"选择"直接"。

图 5-106　"区域铣削驱动方法"对话框　　　图 5-107　"非切削移动"对话框

（5）进行完以上全部设置后，在"操作"栏中单击"生成"图标 ，生成刀轨，单击"确认"图标 ，实现刀轨的可视化，进行刀轨的动画演示和察看，最终生成的刀轨如图 5-108 所示。

图 5-108　"非陡峭面铣"刀轨

5.ZLEVEL_PROFILE 铣

（1）选择"主页"选项卡→"插入"组→"创建工序"图标 ，弹出"创建工序"对话框，选择"mill_contour"类型，在工序子类型中选择"ZLEVEL_PROFILE" ，选择"WORKPIECE"几何体，刀具为"T2"，方法选择"MILL_FINISH"，其他采用默认设置，单击"确定"按钮。

（2）弹出如图 5-109 所示的"深度轮廓加工"对话框，单击"指定切削区域"右边的图标 ，弹出"切削区域"对话框，选择切削区域。图 5-110 中标示的部分即为选定的"切削区域"。

（3）在"刀轨设置"栏中进行设置。陡峭空间范围选择"仅陡峭的"，"角度"为55，"合并距离"为0.1，"最小切削长度"为0.03，"公共每刀切削深度"选择"恒定"，"最大距离"为0.05。

图 5-109　"深度轮廓加工"操作

图 5-110　"深度加工轮廓"切削区域

（4）单击"非切削移动"按钮 ，弹出如图 5-111 所示"非切削移动"对话框，在"进刀"选项卡的"封闭区域"中"进刀类型"选择"沿形状斜进刀","斜坡角"设置为30,"高度"设置为0.1in;开放区域中"进刀类型"选择"圆弧","半径"设置为0.25in,"圆弧角度"设置为90,"高度"设置为0.1in,"最小安全距离"设置为0.1in,选中"修剪至最小安全距离";在"退刀"选项卡中"退刀类型"选择"与进刀相同";在"转移/快速"选项卡中"安全设置选项"为"自动平面","安全距离"输入为0.2in,单击"确定"按钮。

（5）单击"切削参数"图标按钮,弹出"切削参数"对话框,在"策略"选项卡中"切削方向"选择为"顺铣","切削顺序"选择"深度优先",选中"在边上滚动刀具";在"余量"选项卡中选中"使底面余量与侧面余量一致";在"连接"选项卡中"层到层"选择"使用转移方法";在"空间范围"选项卡中"修剪方式"选择"轮廓线";在"更多"选项卡中"刀具夹持器"选择0.1in,单击"确定"按钮。

（6）进行完以上全部设置后,在"操作"栏中单击"生成"图标,生成刀轨,单击"确认"图标,实现刀轨的可视化,进行刀轨的动画演示和察看,最终生成的刀轨如图5-112"深度加工轮廓"刀轨所示。

图 5-111　"非切削移动"对话框

图 5-112　"深度加工轮廓"刀轨

6. FIXED_CONTOUR 铣

（1）选择"主页"选项卡→"插入"组→"创建工序"图标,弹出"创建工序"对话框,选择"mill_contour"类型,在工序子类型中选择"FIXED_CONTOUR",选择"WORKPIECE"几何体,刀具为"T2",方法选择"MILL_FINISH",其他采用默认设置,单击"确定"按钮。

（2）弹出如图 5-113 所示的"固定轮廓铣"对话框,单击"指定切削区域"按钮,弹出"切削区域"对话框，选择切削区域。指定的切削区域如图 5-114 所示。

图 5-113　"固定轮廓铣"对话框

图 5-114　"固定轮廓铣"切削区域

（3）在"驱动方法"选择"边界"，单击"编辑"按钮![icon]，打开图 5-115"边界驱动方法"对话框，单击"指定驱动几何体"按钮![icon]，弹出图 5-116"边界几何体"对话框，模式为曲线/边，材料侧为外部/右，指定的驱动边界如图 5-117 所示，单击"确定"按钮。在驱动栏中切削模式为往复，步距为 50%刀具平直百分比，切削角为"自动"，单击"确定"按钮。

图 5-115　"边界驱动方法"对话框

图 5-116　"边界几何体"对话框

（4）单击"切削参数"按钮 图标，弹出图 5-118 "切削参数"对话框，在"更多"选项卡中"最大步长"为"30%刀具"，"斜向上角"为 90，"斜向下角"为 90，其余设置保持默认值。

图 5-117　指定的边界

图 5-118　"切削参数"对话框

（5）单击"非切削移动"按钮 ，弹出如图 5-119 所示的"非切削移动"对话框，开放区域中"进刀类型"设置为"圆弧-平行于刀轴"，"半径"为 50%刀具，"圆弧角度"为 90，"旋转角度"为 0。在"根据部件/检查"中"进刀类型"为"线性"，"长度"为"80%刀具"，"旋转角度"为 180，"斜坡角"为 45，单击"确定"按钮。

（6）进行完以上全部设置后，在"操作"栏中单击"生成"图标 ，生成刀轨，单击"确认"图标 ，实现刀轨的可视化，进行刀轨的动画演示和察看，最终生成的刀轨如图 5-120 所示。

图 5-119　"非切削移动"对话框

图 5-120　"固定轮廓铣"刀轨

5.9.2　加工示例 2

图 5-121 为待加工型芯工件，使用"FIX_CONTOUR"铣驱动加工方式对其进行加工，

231

UG NX 9.0

"驱动方法"为"区域铣削",此种方法相当于"CONTOUR_FLOW"方式。

图 5-121　待加工型芯工件

光盘\动画演示\第 5 章\加工示例 2.avi

1．创建刀具

（1）选择"主页"选项卡→"插入"组→"创建刀具"图标，弹出"创建刀具"对话框，选择"mill_contour"类型，选择"MILL"刀具子类型，输入名称为 T1，其他采用默认设置，单击"确定"按钮。

（2）弹出"铣刀-5 参数"对话框，输入直径为 0.25，下半径为 0.125，长度为 3，锥角和尖角为 0，刀刃长度为 2，刀刃为 2，其他采用默认设置，单击"确定"按钮。

2．创建几何体

（1）选择"主页"选项卡→"插入"组→"创建几何体"图标，弹出"创建几何体"对话框，选择"mill_contour"类型，选择"MILL_AREA"几何体子类型，名称为"MILL_AREA"，其他采用默认设置，单击"确定"按钮。

（2）弹出如图 5-122 所示"铣削区域"对话框，单击"选择或编辑部件几何体"按钮，选择如图 5-121 所示整个部件。单击"选择或编辑切削区域几何体"按钮，指定切削区域，如图 5-123 所示。

图 5-122　"铣削区域"对话框

图 5-123　指定的切削区域

3．创建工序

（1）选择"主页"选项卡→"插入"组→"创建工序"图标 🖱，弹出"创建工序"对话框，选择"mill_contour"类型，在工序子类型中选择"FIXED_CONTOUR" ⚓，选择"MILL_AREA"几何体，刀具为"T1"，方法选择"MILL_FINISH"，其他采用默认设置，单击"确定"按钮。

（2）弹出"固定轮廓铣"对话框，在"驱动方式"栏中，"方法"选择"区域铣削"，单击"编辑"按钮 🖉，打开图 5-124"区域铣削驱动方法"对话框，在"陡峭空间范围"栏中方法为"无"，在"驱动设置"中"切削模式"为"跟随周边"，"刀路方向"为"向外"，"切削方向"为"顺铣"，"步距"为"50%刀具平直百分比"，"步距已应用"为"在平面上"。

（3）单击"切削参数"按钮 🖃，弹出"切削参数"对话框，在"策略"选项卡中"切削方向"选择"顺铣"，"刀路方向"选择"向外"，"最大拐角角度"为 135°，选中"在边上滚动刀具"复选框；在"更多"选项卡中"最大步长"为"30%刀具"，"斜向上角"输入为 90，"斜向下角"输入为 90，选中"优化刀轨"和"应用于步距"，单击"确定"按钮。

（4）单击"非切削移动"🖼 按钮，弹出"非切削移动"对话框，在"进刀"选项卡的"开放区域"中"进刀类型"选择"插削"；"高度"输入"200%刀具"，在"根据部件/检查"栏中"进刀类型"选择"与开放区域相同"，在"初始"中"进刀类型"选择"与开放区域相同"，在"退刀"选项卡的"开放区域"中"退刀类型"选择

图 5-124　"区域铣削驱动方法"对话框

"与进刀相同"，在"根据部件/检查"栏中"退刀类型"选择"与开放区域退刀相同"，在"最终"栏中"退刀类型"选择"与开放区域退刀相同"。

（5）在"操作"栏中单击"生成"图标 🖱，生成刀轨，单击"确认"图标 🖽，实现刀轨的可视化，进行刀轨的动画演示和察看，最终生成的刀轨如图 5-125 所示。

（6）为"控制加工残留高度"，可将图 5-130"区域铣削驱动方法"对话框中"驱动设置"栏中的"步距已应用"选择为"在部件上"，经"生成"和"确认"后，生成的刀轨如图 5-126 所示。

图 5-125　"FIXED_CONTOUR"刀轨(在平面上)

图 5-126　"FIXED_CONTOUR"刀轨(在部件上)

UG NX 9.0

5.9.3 加工示例3

对图 5-127 所示的工件进行加工，需要经过"CAVITY_MILL"粗加工，"FIXED_CONTOUR"半精加工，"FLOWCUT_MULT IPLE"精加工等三道工序。

光盘\动画演示\第 5 章\加工示例 3.avi

1．创建毛坯

（1）选择"应用模块"选项卡→"设计"组→"建模"图标 ，在建模环境中，选择"菜单"→"格式"→"图层设置"菜单命令，弹出"图层设置"对话框。新建工作图层"2"，单击"确定"按钮。

（2）选择"主页"选项卡→"特征"组→"设计特征下拉菜单"→"拉伸"图标 ，弹出"拉伸"对话框，选择加工部件的底部 4 条边线为拉伸截面，指定矢量方向为"ZC"，输入开始距离为 0，输入结束距离为 1，其他采用默认设置，单击"确定"按钮，生成毛坯如图 5-128 所示。

图 5-127　待加工工件

图 5-128　　毛坯模型

2．创建几何体

（1）选择"应用模块"选项卡→"加工"组→"加工"图标 ，进入加工环境。在上边框条中选择"几何视图"，选择"主页"选项卡→"插入"组→"创建几何体"图标 ，弹出"创建几何体"对话框，选择"mill_contour"类型，选择"WRKPLECE "几何体子类型，其他采用默认设置，单击"确定"按钮。

（2）弹出"工件"对话框，单击"选择或编辑部件几何体"按钮 ，选择如图 5-127 所示部件。单击"选择或编辑毛坯几何体"按钮 ，选择如图 5-128 所示的毛坯。单击"确定"按钮。

3．创建刀具

（1）选择"主页"选项卡→"插入"组→"创建刀具"图标 ，弹出"创建刀具"对话框，选择"mill_contour"类型，选择"MILL"刀具子类型，输入名称为 T1，其他采用默认设置，单击"确定"按钮。

（2）弹出"铣刀-5 参数"对话框，输入"直径"为 0.5，"下半径"为 0.25，"长度"

为2，"刀刃长度"为1.5，"刀刃"为2，其他采用默认设置，单击"确定"按钮。

4．CAVITY_MILL 铣

（1）选择"主页"选项卡→"插入"组→"创建工序"图标，弹出"创建工序"对话框，选择"mill_contour"类型，在工序子类型中选择"CAVITY_MILL" ，选择"WORKPIECE"几何体，刀具为"T1"，方法为"MILL_ROUGH"，其他采用默认设置，单击"确定"按钮。

（2）弹出"型腔铣"对话框，在"刀轨设置"栏中设置"切削模式"为"跟随部件"，步进为"25%刀具平直百分比"，"公共每刀切削深度"为"恒定"，"最大距离"为0.25in。

（3）单击"切削参数"图标，弹出"切削参数"对话框，在"策略"选项卡中"切削方向"选择"顺铣"，其余参数保持默认值，单击"确定"按钮。

（4）单击"非切削移动"按钮，弹出"非切削移动"对话框里，在"进刀"选项卡的封闭区域栏中"进刀类型"选择"螺旋"，"直径"输入"90%刀具"，"斜坡角"为15，"高度"为0.1in，"最小安全距离"为0.1in，"最小斜面长度"为"90%刀具"。在开放区域栏中"类型"为"线性"，"长度"为"50%刀具"，"最小安全距离"为"50%刀具"，单击"确定"按钮。

（5）进行完以上全部设置后，在"操作栏"中单击"生成"图标，生成刀轨，单击"确认"图标，实现刀轨的可视化，进行刀轨的动画演示和察看，最终生成的刀轨如图5-129所示。

图 5-129　生成的"CAVITY_MILL"刀轨

5．FIXED_CONTOUR 铣

利用"FIXED_CONTOUR"铣削方法对工件进行半精加工，切削方式为 Zig-Zag（往复），相当于使用"CONTOUR_ZIGZAG"方法。

（1）选择"主页"选项卡→"插入"组→"创建工序"图标，弹出"创建工序"对话框，选择"mill_contour"类型，在工序子类型中选择"FIXED_CONTOUR" ，选择"WORKPIECE"几何体，刀具为"T1"，方法选择"MILL_SEMI_FINISH"，其他采用默认设置，单击"确定"按钮。

（2）弹出"固定轮廓铣"对话框，单击"指定切削区域"按钮，弹出"切削区域"对话框，选择如图5-130所示的切削区域。

（3）在"驱动方法"栏中"方法"选择"区域铣削"，单击"编辑"按钮，弹出"区域铣削驱动方法"对话框，设置"方法"为"无"，"切削类型"为"往复"，"切削方

UG NX 9.0

向"为"顺铣","步距"为"20%刀具平直百分比","步距已应用"为"在平面上",单击"确定"按钮。

图 5-130　指定切削区域

图 5-131　生成的"FIXED_CONTOUR"刀轨

（4）单击"切削参数"按钮，弹出"切削参数"对话框，在"策略"选择卡中"切削方向"选择"顺铣","最大拐角角度"为 135°；在"更多"选项卡中"最大步长"为"100%刀具","斜向上度"输入为 90,"斜向下角"输入为 90,选中"优化刀轨"和"应用于步距",其余参数保持默认值,单击"确定"按钮。

（5）单击"非切削移动"按钮，弹出"非切削移动"对话框,在"进刀"选项卡的"开放区域"栏中"进刀类型"选择"插削","高度"为"200%刀具";在"转移/快速"选项卡的"区域距离"中"区域距离"为 200%,单击"确定"按钮。

（6）进行完以上全部设置后,在"操作"栏中单击"生成"图标，生成刀轨,单击"确认"图标，实现刀轨的可视化,进行刀轨的动画演示和察看,最终生成的刀轨如图 5-131 所示。

6．FLOWCUT_MULT IPLE 铣

利用"FLOWCUT_MULTIPLE"驱动方式进行精加工。铣削方式选择"MILL_FINISH"。

（1）选择"主页"选项卡→"插入"组→"创建工序"图标，弹出"创建工序"对话框,选择"mill_contour"类型,在工序子类型中选择"FLOWCUT_MULTIPLE"，选择"WORKPIECE"几何体,刀具为"T1",方法选择"MILL_FINISH",其他采用默认设置,单击"确定"按钮。

（2）弹出如图 5-132 所示的"多刀路清根"对话框,单击"指定切削区域"右边的图标，弹出"切削区域"对话框,选择切削区域,如图 5-130 所示。

（3）在"驱动几何体"栏中设置"最大凹度"为 165,"最小切削深度"为 0.03in,"连接距离"为 0.03 in。

（4）在"驱动设置"栏中进行设置切削模式为"往复","步距"为 0.1,"每侧步距数"为 11,顺序为"由内向外"。

（5）单击"切削参数"按钮，弹出"切削参数"对话框,在"更多"选项卡中设置"最大步长"为"100%刀具"其他参数保持默认值,单击"确定"按钮。

（6）单击"非切削移动"按钮，弹出如图 5-133 所示"非切削移动"对话框,在"进

刀"选项卡的"开放区域"栏中设置"进刀类型"选择"插削","高度"为"200%刀具";
在"转移/快速"选项卡的"区域距离"栏中设置"区域距离"为200%。

图5-132　"多刀路清根"对话框

图5-133　"非切削移动"对话框

（7）在"机床控制"栏中选择"圆弧-垂直于刀轴"。

（8）进行完以上全部设置后，在"操作"栏中单击"生成"图标，生成刀轨，单击
"确认"图标，实现刀轨的可视化，进行刀轨的动画演示和察看，最终生成的刀轨如图
5-134所示。

图5-134　生成的"FLOWCUT_MULTIPLE"刀轨

237

第6章

多轴铣

多轴铣包括固定轴曲面轮廓铣和可变轴曲面轮廓铣。"固定"和"可变轮廓"是用于精加工由轮廓曲面形成的区域的加工方式。它们允许通过精确控制刀具轴和投影矢量以使刀具沿着非常复杂的曲面的复杂轮廓运动。

本章着重介绍了多轴铣基本概念和多种操作类型，设计内容较多，重点讲述了投影矢量、多轴铣驱动方式、可变流线铣、刀轴等多轴铣重要的概念和设置方法。针对不同的知识点给出了详细的示例说明，最后给出了综合示例，通过练习以提高对多轴铣操作的理解和掌握程度。在学完本章内容后，可以初步掌握对多轴铣的操作方法。

重点与难点
- 多轴铣子类型
- 多轴铣驱动方式
- 刀轴
- 非切削移动

不包括的面

6.1　概述

"固定轴曲面轮廓铣"刀具路径是通过将驱动点投影至零件几何体上来进行创建。驱动点从曲线、边界、面或曲面等驱动几何体生成的，并沿着指定的投影矢量投影到零件几何体上。然后，刀具定位到部件几何体以生成刀具路径。

"固定轴曲面轮廓铣"的主要控制要素为驱动几何(Drive Geometry)，系统首先在驱动几何上产生一系列驱动点阵，并将这些驱动点沿着指定的方向投影至零件几何表面，刀具位于与零件表面接触的点上，从一个点运动到下一个切削点。固定轴曲面轮廓铣刀具路径生成分两个阶段：先在指定的驱动几何上产生驱动点，然后将这些驱动点沿指定的矢量方向投影到零件几何表面形成接触点。

在固定轴曲面轮廓铣中，所有零件几何体都是作为有界实体处理的。相应的，由于曲面轮廓铣实体是有限的，因此刀具只能定位到零件几何体(包括实体的边)上现有的位置。刀具不能定位到零件几何体的延伸部分。但驱动几何体是可延伸的。

在曲面轮廓铣中，所有部件几何体都是作为有界实体处理的。相应的，由于曲面轮廓铣实体是有限的，因此刀具只能定位到部件几何体（包括实体的边）上现有的位置。刀具不能定位到部件几何体的延伸部分。但驱动几何体是可延伸的。图 6-1 所示为使用驱动曲面的可变轮廓。

图 6-1　使用驱动曲面的可变轮廓

6.1.1　生产驱动点

驱动点可以从部分或全部零件几何中创建，也可以从其他与零件几何不相关联的几何上创建。

图 6-2 显示了如何通过将驱动点从有界平面投影到部件曲面上来创建操作。首先在边界内创建驱动点阵列，然后沿指定的投影矢量将其投影到部件曲面上。

图 6-2　驱动点的投影

6.1.2　投影驱动点

将产生的驱动点投影到零件几何表面上产生接触点，刀具将定位到部件曲面上的接触点，如图 6-3 所示。当刀具在部件上从一个接触点运动到另一个时，可使用刀具尖端的"输出刀具位置点"来创建刀轨。

图 6-3　边界驱动方式

6.1.3　投影矢量

投影矢量允许定义如何将驱动点投影到部件曲面，以及定义刀具将接触的部件曲面的侧面。所选的驱动方式决定了哪些投影矢量是可用的。可为除"自动清根"（不使用投影矢量）以外的所有驱动方式定义投影矢量。如果未定义部件几何体，则当直接在驱动几何体上加工时，不使用投影矢量。

6.1.4　驱动方式

驱动方式允许定义创建刀轨时所需的驱动点。有些驱动方式允许沿着曲线创建一串驱动点，而其他方式则允许在一个区域内创建驱动点阵列。一旦定义了驱动点，即可用它们来创建刀轨。如果未选择部件几何体，则直接从驱动点创建刀轨。否则，可通过将驱动点沿投影矢量投影到部件曲面来创建刀轨。

6.2　多轴铣子类型

选择"主页"选项卡→"插入"组→"创建工序"按钮 ，弹出如图 6-4 所示的"创建工序"对话框。在"类型"选项卡中，系统默认为"mill_multi-axis"，即选择"多轴铣"类型。

在"工序子类型"选项组中列出了多轴铣的所有加工方法，一共有 9 种子类型，介绍其中 6 种子类型如下：

（1） VARIABLE_CONTOUR（变轮廓铣）：用于以各种驱动方法、空间范围和切削模式对部件或切削区域进行轮廓铣。对于刀轴控制，有多种选项。

（2） VARIABLE_STREAMLINE（可变流线铣）：该方式可以以相对较短的刀具路径获得到较为满意的加工效果。

（3） CONTOUR_PROFILE（外形轮廓铣）：采用外形轮廓铣驱动方法。通过选择底部面，使用这种铣削方式可借助刀具侧面来加工斜壁。

（4） FIXED_CONTOUR （固定轮廓铣）：用于以各种驱动方法、空间范围和切削模式对部件或切削区域进行轮廓铣。刀轴可以设为用户定义矢量。

图 6-4　"创建工序"对话框

（5） ZLEVEL_5AXIS（深度加工 5 轴铣）：用一个较短的刀具精加工陡峭的深壁和带小圆角的拐角，而不是像固定轴操作中那样要求使用较长的小直径刀具。刀具越短，进给率和切削载荷越高，生产效率越高。

（6） SEQUENTIAL_MILL（顺序铣）：刀具是借助部件曲面、检查曲面和驱动曲面来驱动的。当需要对刀具运动、刀轴和循环进行全面控制时，则使用这种铣削。

6.3　投影矢量

"投影矢量"是大多数"驱动方式"共用的选项。它用于决定"驱动点"投影到"部件表面"的方式。"投影矢量"定义驱动点投影到部件表面的方式和刀具要接触的部件表面侧，"投影矢量"示意图如图 6-5 所示。"驱动点"沿着"投影矢量"投影到"部件表面"上。

图 6-5 "投影矢量"示意图

6.3.1 投影矢量简介

"投影矢量"的方向决定刀具要接触的部件表面侧，刀具总是从"投影矢量"逼近的部件表面一侧定位到部件表面上，如图 6-6 驱动点投影到部件表面所示。"驱动点"移动时以"投影矢量"的相反方向（仍然沿着矢量轴）从"驱动曲面"投影到"部件表面"，图中箭头的相反方向所示。在图 6-6 中，驱动点 p1 以"投影矢量"的相反方向投影到"部件表面"上以创建 p2。

 注意

选择"投影矢量"时要小心，避免出现"投影矢量"平行于"刀具轴矢量"或"投影矢量"垂直于"部件表面"法向的情况。这些情况可能引起刀轨的竖直波动。

图 6-6 驱动点投影到部件表面

可用的"投影矢量"类型由"驱动方式"决定。"投影矢量"选项是所有的"驱动方式"（除"自动清根"之外）所共有的。

图 6-6 所示说明"驱动点"是如何投影到"部件表面"上的。在此示例中，"投影矢

量"被定义为"固定的"。在"部件表面"上给定的任意点，矢量与 ZM 轴是平行的。要
投影到"部件表面"上，则"驱动点"必须以"投影矢量"箭头所指的方向从"边界平面"
进行投影，如图 6-7 所示。

图 6-7　刀轨以投影矢量的方向投影

"投影矢量"的方向决定刀具要接触的"部件表面"侧，图 6-8 所示说明了"投影矢
量"的方向如何决定刀具要接触的"部件表面"侧。在每个图中，刀具接触相同的"部件
表面"（圆柱内侧），但是接触侧根据"投影矢量"方向的不同而有所不同。

图 6-8　投影矢量决定部件表面的刀具侧

图 6-9 所示说明"投影矢量—指向中心线"产生了不需要的结果。刀具沿着"投影矢
量"的方向从圆柱的外侧逼近"部件表面"并过切部件。

图 6-10 所示说明"投影矢量-离开中心线"产生了需要的结果。刀具沿着"投影矢量"
的方向从圆柱的内侧逼近"部件表面"且没有过切部件。

图 6-9　指向中心线的投影矢量　　　　图 6-10　离开中心线的投影矢量

使用"离开点"或"离开中心线"作为"投影矢量"时，从"部件表面"到矢量焦点
或聚焦线的最小距离必须大于刀具的半径，如图 6-11 所示。必须允许刀具末端定位到投影

矢量焦点或者沿着投影矢量聚焦线定位到任何位置，同时不过切"部件表面"。

当刀具末端定位到焦点或者沿着聚焦线定位到任何位置时，如果刀具过切"部件表面"，如图 6-12 所示，则系统不能保证生成良好的刀轨。

图 6-11　刀具不过切部件表面　　　图 6-12　刀具定位到投影矢量聚焦线时过切部件表面

6.3.2　投影矢量点

1．I，J，K 投影矢量

"I，J，K"允许通过键入一个可定义相对于"工作坐标系"原点的矢量的值来定义"固定投影矢量"。I、J、K 分别对应于 XC、YC、ZC。在坐标系原点处显示该矢量。I,J,K 为 (0,0,-1)，是默认的投影矢量，如图 6-13 所示。

2．直线端点

"直线端点"允许通过以下几种方式来定义"固定投影矢量"：定义两个点、选择一条现有的直线或者定义一个点和一个矢量。此矢量平行于直线，且箭头指向第二个选择的点的方向，或者指向所选的直线一端，如图 6-14 所示。

图 6-13　I,J,K 值为（0,0,-1）的固定投影矢量　　图 6-14　通过选择现有的直线定义的固定投影矢量

3．2 个点

"2 个点"允许通过使用"点子功能"指定两个点来定义"固定投影矢量"。指定的第一个点定义矢量的尾部，指定的第二个点定义矢量的箭头。换言之，"投影矢量"是从第一个点到第二个点的矢量，如图 6-15 所示。

4．与曲线相切

"与曲线相切"允许定义与所选曲线相切的"固定投影矢量"。可在曲线上指定一个点，选择一条现有的曲线，并在显示的两个相切矢量中选择一个。

选择"与曲线相切"作为"投影矢量";使用"点"构造器对话框定义一个点(如图 6-16 所示的点 a)以放置矢量原点;选择一条曲线以定义矢量斜率(如图 6-16 所示的曲线 b);选择显示的两个切矢之一(如图 6-16 所示的矢量 c)。

图 6-15 由两个点定义的固定投影矢量   图 6-16 与曲线相切的固定投影矢量

5．球面坐标

"球面坐标"通过两个角度值定义固定矢量:Phi 和 Theta。"Phi"由 +ZC 在 ZC-XC 平面上从 ZC 向 XC 轴旋转所成的角度测得。"Theta" 是从 XC 向 YC 绕 ZC 轴旋转的角度。由球面坐标定义的固定刀具轴如图 6-17 所示。

6．刀轴

"刀轴"根据现有的"刀轴"定义一个"投影矢量"。使用"刀轴"时,"投影矢量"总是指向"刀轴矢量"的"相反"方向。"刀轴"投影矢量如图 6-18 所示。

在图 6-18 中,"投影矢量"向下使得刀具与"部件表面"从顶部开始接触。"驱动点"从边界平面投影到"部件表面"上。

 注意

如果刀具轴在"接触点"处与"部件表面"法向相关(垂直和 4 轴 "刀具轴"选项),则不能沿着"刀轴"进行投影,系统将会弹出错误提示。

图 6-17 由球面坐标定义的固定刀具轴   图 6-18 "刀轴"投影矢量

7．离开点

"离开点"创建从指定的焦点向"部件表面"延伸的"投影矢量"。此选项可用于加工焦点在球面中心处的内侧球形(或类似球形)曲面。"驱动点"沿着偏离焦点的直线从"驱动曲面"投影到"部件表面"。焦点与"部件表面"之间的最小距离必须大于刀具半径。

在图 6-19 中，选择离开点作为"投影矢量"，选择图中所示的点 a，"驱动点"按"投影矢量"的相反方向投影到"部件表面"上。

8．指向点

"指向点"创建从"部件表面"延伸至指定焦点的"投影矢量"。此选项可用于加工焦点在球面中心处的外侧球形（或类似球形）曲面。

图 6-20 中的球面同时用作"驱动曲面"和"部件表面"。因此，"驱动点"以零距离从"驱动曲面"投影到"部件表面"。"投影矢量"的方向决定"部件表面"的刀具侧，使刀具从外侧向焦点定位。

图 6-19　离开点的投影矢量　　　　　　　图 6-20　指向点的投影矢量

6.3.3　投影矢量线概念

1．离开中心线

"离开中心线"可创建从指定的直线延伸至部件表面的"投影矢量"。可用于加工内部圆柱面，其中指定的直线作为圆柱中心线。刀具的位置将从中心线移到"部件表面"的内侧，"驱动点"沿着偏离所选聚焦线的直线从"驱动曲面"投影到部件表面，如图 6-21 所示。聚焦线与"部件表面"之间的最小距离必须大于刀具半径。

图 6-21　离开中心线的投影矢量　　　　　　图 6-22　指向中心线的投影矢量

2．指向中心线

"指向中心线"可创建从"部件表面"延伸至指定直线的"投影矢量"。可用于加工外部圆柱面，其中指定的直线作为圆柱中心线。刀具的位置将从"部件表面"的外侧移到中心线。"驱动点"沿着向所选聚焦线收敛的直线从"驱动曲面"投影到部件表面，如图

6-22 所示。

3．垂直于驱动曲面

"垂直于驱动曲面"允许相对于"驱动曲面"法线定义"投影矢量"。只有在使用"曲面区域驱动方式"时，此选项才是可用的。此选项能够将"驱动点"均匀分布到凸起程度较大部件表面（相关法线超出 180°的"部件表面"）上。与"边界"不同的是，"驱动曲面"可以用来缠绕"部件表面"周围的"驱动点"阵列，以便将它们投影到"部件表面"的所有侧面，垂直于驱动曲面的投影矢量如图 6-23 所示。

当投影垂直于"驱动曲面"且"驱动曲面"是一个球面或圆柱面时，它的工作方式与"离开""指向点"或"直线投影矢量"的工作方式一样，这取决于"驱动曲面"的材料侧。

 注意

因为"投影矢量"方向以"材料侧法向矢量"的反向矢量进行计算，因此正确定义"材料侧法向矢量"是十分重要的。"材料侧矢量"应该指向如图 6-23 所示要删除的材料。

4．朝向驱动曲面

如果使用了"曲面区域驱动方式"，则应使用"朝向驱动曲面"投影矢量以避免铣削到计划外的部件几何体。"朝向驱动曲面"工作方式与"垂直于驱动曲面"投影方式类似，但有以下区别：

（1）它设计用于型腔铣削。

（2）驱动曲面位于部件内部。

（3）驱动曲面也可以是部件表面。

（4）投影从距驱动曲面较短距离的位置处开始（"垂直于驱动曲面"的投影则从无限远处开始）。

（5）刀轨受到驱动曲面边界的限制。

典型示例为铣削型腔的内部，如图 6-24 所示。

图 6-23　垂直于驱动曲面的投影矢量

图 6-24　铣削型腔内部（朝向驱动曲面）

6.4 多轴铣驱动方式

"驱动方式"允许定义创建"刀轨"所需的"驱动点"。可沿着一条曲线创建一串的"驱动点"或在边界内或在所选曲面上创建"驱动点"阵列。"驱动点"一旦定义就可用于创建"刀轨"。如果没有选择"部件"几何体,则"刀轨"直接从"驱动点"创建。否则,"刀轨"从投影到"部件表面"的"驱动点"创建。

选择合适的"驱动方式"应该由希望加工的表面的形状及"刀具轴"和"投影矢量"要求决定。所选的"驱动方式"决定了可以选择的"驱动几何体"的类型,以及可用的"投影矢量""刀具轴"和"切削模式"。

6.4.1 曲线/点驱动方法

"曲线/点驱动方法"通过指定点和选择曲线来定义"驱动几何体"。指定点后,"驱动路径"生成为指定点之间的线段。指定曲线后,"驱动点"沿着所选择的曲线生成。在这两种情况下,"驱动几何体"投影到"部件表面上",然后在此部件表面上生成"刀轨"。曲线可以是开放或闭合的、连续或非连续的以及平面或非平面的。

1. 点驱动方式

当由点定义"驱动几何体"时,刀具沿着"刀轨"按照指定的顺序从一个点移至下一个点,如图6-25所示。在图中,当指定1、2、3、4四个点后,系统在1与2、2与3、3与4之间形成直线,在直线上生成驱动点,驱动点沿着指定的矢量方向投影到零件表面上,生成投影点。刀具定位在这些投影点,在移动过程中生成刀具轨迹。

图6-25 由点定义的驱动几何体

2. 曲线驱动方式

当由曲线定义"驱动几何体"时,系统将沿着所选择的曲线生成驱动点,刀具按照曲线的指定顺序在各曲线之间移动,形成刀具路径。在图6-26中,当指定驱动曲线后,系统将驱动曲线沿着指定的投影矢量方向投影到零件表面上,刀具沿着零件表面上的投影线,从一条投影线移动到另一条投影线,在移动过程中生成刀具轨迹。所选的曲线可以是连续的,也可以是不连续的。

图 6-26 由曲线定义的驱动几何体

一旦选定了某个"驱动几何体"，则显示一个指向默认切削方向的矢量。对于开放曲线，所选的端点决定起点。对于闭合曲线，起点和切削方向是由选择曲线时采取的顺序决定的。同一个点可以使用多次，只要它在序列中没有被定义为连续的，可以通过将同一个点定义为序列中的第一个点和最后一个点来定义闭合的"驱动路径"。

 注意

如果仅指定了一个"驱动点"或指定了几个"驱动点"，那么在投影时，"部件几何体"上只定义了一个位置，不会生成"刀轨"且会显示一个错误消息。

"曲线/点驱动方法"中包括以下选项：

（1）驱动几何体：可选择并编辑用于定义刀轨的点和曲线。同时也允许指定所选驱动几何体的参数，如进给率、提升和切削方向。

1）选择：用于初始选择驱动几何体并指定与驱动几何体相关联的参数。可以选择曲线和点。如果选择点，则切削方向由选择点的顺序决定。如果选择曲线，则选择曲线的顺序可决定切削序列，而选择每条曲线的大致方向决定该曲线的切削方向，如图 6-27 所示。所选曲线的端点决定切削的起点。所选的曲线可以是连续的，也可以是不连续的。默认情况下，不连续的曲线可以和连接线（切削移动）连接在一起。

2）定制切削进给率：可为所选的每条曲线和每个点指定进给率和单位。必须首先指定进给率和单位，然后再选择它们要应用到的点或曲线。对于曲线，进给率将应用到沿着曲线的切削移动。不连续曲线或点之间的连接线假定序列中下一条曲线或点的进给率，如图 6-28 所示。

图 6-27 决定切削方向

图 6-28 定制切削进给率

3）在端点处局部提升：可指定不连续曲线之间的非切削移动。如果不激活此选项，系统将在曲线之间生成一条连接线（直线切削）。退刀可应用至所选曲线的末端，进刀应用至该序列中下一条曲线的开头,如图 6-29 所示。非切削移动遵循在主对话框的"非切削"选项下定义的参数。

4)几何体类型:可根据需要指定选择单条曲线、连续曲线链或是单个点。如果选择点,则选择点的顺序决定切削方向。如果选择单条曲线,则选择曲线的顺序决定切削,而选择每条曲线的大致顺序决定曲线的切削方向。如果选择某条曲线链,则会提示选择起始曲线和终止曲线,选择"终止"曲线的大致方向决定整个链的切削方向,如图 6-30 所示,选择终止曲线的大致顺序决定整个链的方向性矢量的尾部。

图 6-29　应用至第一条所选曲线的提升　　　　　　图 6-30　决定切削方向

(2)切削步长:控制沿着"驱动曲线"创建的"驱动点"之间的距离。"驱动点"越近,则"刀轨"遵循"驱动曲线"越精确。可以通过指定公差或指定点的数目来控制切削步长,如图 6-31 所示。

(3)公差:可指定"驱动曲线"之间允许的最大垂直距离和两个连续点间直线的延伸度。如果此垂直距离不超出指定的公差值,则生成驱动点。一个非常小的公差可以生成许多相互非常靠近的"驱动点"。生成的"驱动点"越多,刀具就越接近"驱动曲线"。

(4)投影矢量:是大多数"驱动方式"共用的选项,决定了"驱动点"投影到"部件表面"的方式。

图 6-31　通过指定公差定义的切削步长

6.4.2　螺旋式驱动方法

"螺旋式驱动方法"可定义从指定的中心点向外螺旋生成驱动点的驱动方式。驱动点在垂直于投影矢量并包含中心点的平面上生成,然后"驱动点"沿着投影矢量投影到所选择的部件表面上,如图 6-32 所示。"中心点"定义螺旋的中心,它是刀具开始切削的位置。如果不指定中心点,则系统使用"绝对坐标系"的"0,0,0"。如果"中心点"不在"部件表面"上，它将沿着已定义的"投影矢量"移动到"部件表面"上。螺旋的方向（顺时针与逆时针）由"顺铣"或"逆铣"切削方向控制。

和"驱动方式"不同，"螺旋驱动方式"在步距移动时没有突然的换向，它的步进是一个光顺且恒定的向外转移，可保持一个恒定的切削速度和光顺移动，它对于高速加工应用程序很有用。

"螺旋式驱动方法"包括以下选项：

（1）螺旋中心点：用于定义螺旋驱动路径的中心点。

（2）步距：指定连续的刀路之间的距离，如图 6-33 所示。螺旋切削方式步进是一个光顺且恒定的向外转移，它不需要在方向上的突变。

图 6-32　螺旋驱动方式　　　　　　　图 6-33　螺旋驱动的步进距离

（3）最大螺旋半径：通过指定"最大半径"来限制要加工的区域。此约束通过限制生成的驱动点数目来减少处理时间。半径在垂直于"投影矢量"的平面上测量。

如果指定的半径包含在部件表面内，则退刀之前刀具的中心按此半径定位。如果指定的半径超出了"部件表面"，则刀具继续切削直到它不能再放置在"部件表面"上。然后刀具退出部件，当它可以再次放置到"部件表面"上时再进入部件，如图 6-34 所示。

（4）顺铣切削/逆铣切削："顺铣切削"和"逆铣切削"可根据主轴旋转定义"驱动路径"切削的方向，如图 6-35 所示。

图 6-34　未超出和超出部件表面的最大半径　　　图 6-35　顺铣切削和逆铣切削

（5）投影矢量：是大多数"驱动方式"共用的选项，决定了"驱动点"投影到"部件表面"的方式。

6.4.3 径向切削驱动方法

"径向切削驱动方法"可使用指定的"步进距离""带宽"和"切削模式"生成沿着并垂直于给定边界的"驱动路径"，此驱动方式可用于创建清理操作，如图 6-36 所示。

"径向切削驱动方法" 包括以下选项：

1．驱动几何体

"选择"显示径向边界或临时边界对话框，它们允许定义要切削的区域。"径向边界"对话框允许为工序选择永久边界，且只有在部件中存在永久边界时才会显示此对话框。如果定义了多个"边界"，则会应用一个提升，它允许刀具从一个边界向下一个边界移动。

2．带宽

"带宽"定义在边界平面上测量的加工区域的总宽度。带宽是"材料侧"和"相反侧"偏置值的总和。

"材料侧"是从按照边界指示符的方向看过去的边界右手侧，如图 6-37 所示。"相反侧"是左手侧。"材料侧"和"相反侧"的总和不能等于零。

图 6-36　径向切削驱动方法

图 6-37　材料侧和相反侧

3．切削模式

"切削模式"可定义刀具从一个切削刀路移动到下一个切削刀路的方式，以下选项可用：往复（Zig-Zag）和单向（Zig），如图 6-38 所示。

Zig-Zag

往复

Zig

单向

图 6-38　径向切削驱动方法

4．步距

"步距"可指定连续的"驱动路径"之间的距离，如图 6-39 所示。步距是直线距离，它可以在连续驱动路径间最宽的点处测量，也可以在边界相交处测量，这取决于所使用的"步距"方式。

图 6-39　步距（径向切削驱动方法）

径向切削驱动方法使用的"步距"方式如下：

（1）常量：可指定连续的"切削刀路"间的固定的直线距离。

（2）残余波峰高度：允许系统计算将波峰高度限制为您输入的值的"步距"。系统将步进的大小限制为略小于三分之二的刀具直径，而不管将残余波峰高度指定为多少。

（3）刀具直径：可根据有效刀具直径的百分比定义"步进"。

（4）最大值：可从键盘输入一个值，用于定义"步进"之间的最大允许距离。

5．跟随边界/反转边界

"跟随边界"和"反转边界"决定刀具沿着边界移动的方向。"跟随边界"允许刀具按照边界指示符的方向沿着边界"单向"或"往复"向下移动；"反转边界"允许刀具按照边界指示符的相反方向沿着边界"单向"或"往复"向下移动，如图 6-40 所示。

6．顺铣切削/逆铣切削

"顺铣切削"和"逆铣切削"可根据主轴旋转定义"驱动路径"切削的方向。只有在"单向模式"中才可以使用这些选项，如图 6-41 所示。

7．投影矢量

"投影矢量"是大多数"驱动方式"共用的选项，决定了"驱动点"投影到"部件表面"的方式。

图 6-40　跟随/反转边界　　　　图 6-41　"顺铣切削"和"逆铣切削"（跟随边界）

6.4.4 曲面区域驱动方法

"曲面区域驱动方式"可用于创建一个位于"驱动曲面"网格内的"驱动点"阵列。加工需要可变"刀具轴"的复杂曲面时，这种"驱动方式"是很有用的。它提供对"刀具轴"和"投影矢量"的附加控制。"曲面区域驱动方法"对话框如图 6-42 所示。

图 6-42 "曲面区域驱动方法"对话框

将"驱动曲面"上的点按指定的"投影矢量"的方向投影，这样即可在"部件表面"上生成"刀轨"。如果未定义"部件表面"，则可以直接在"驱动曲面"上创建"刀轨"。"驱动曲面"不必是平面的，但是必须按一定的行序或列序进行排列，如图 6-43 所示。相邻的曲面必须共享一条共用边，且不能包含超出在"预设置"中定义的"链公差"的缝隙。可以使用裁剪过的曲面来定义"驱动曲面"，只要裁剪过的曲面具有 4 个侧。裁剪过的曲面的每一侧可以是单个边界曲线，也可以由多条相切的边界曲线组成，这些相切的边界曲线可以被视为单条曲线。

"曲面区域驱动方法"不会接受排列在不均匀的行和列中的"驱动曲面"或具有超出"链公差"的缝隙的"驱动曲面"，如图 6-44 所示。

图 6-43 行和列的均匀矩形网格　　　　图 6-44 不均匀的行和列

必须按有序序列选择"驱动曲面"。它们不会被随机选择。选择相邻曲面的序列可以用来定义行。选择完第一行后，必须指定选择下一行。必须按与第一行相同的顺序选择曲面的第二行和所有的后续行。

图 6-45 中,选择曲面 1~4 后,指定希望开始的下一行。可让系统在每一行建立曲面编号。每个后续的行需要与第一个曲面相同的编号。一旦选择了"驱动曲面",系统将显示一个默认的"驱动方向矢量",可重新定义"驱动方向"。

行定义结束后系统将可显示"材料侧矢量"。"材料侧矢量"应该指向要删除的材料,如图 6-46 所示。要反转此矢量,在"曲面驱动方式"对话框中选择"反转材料"。

图 6-45 驱动曲面选择序列

图 6-46 材料侧和驱动方向矢量

"表面积驱动方法"显示以下选项:

1. 驱动几何体

"选择"显示驱动几何体对话框,初始定义"驱动几何体"。"重新选择"重新定义"驱动几何体"。

2. 刀具位置

"刀具位置"决定系统如何计算"部件表面"上的接触点。刀具通过从"驱动点"处沿着"投影矢量"移动来定位到"部件表面"。

"相切于"可以创建"部件表面"接触点,首先将刀具放置到与"驱动曲面"相切的位置,然后沿着"投影矢量"将其投影到"部件表面"上,在该表面中,系统将计算部件表面接触点,如图 6-47 所示。"相切于"通常用于最大化"部件表面"清理。在陡峭曲面上将获得更大的范围。

"在上面"可以创建"部件表面"接触点,首先将刀尖直接定位到"驱动点",然后沿着"投影矢量"将其投影到"部件表面"上,在该表面中,系统将计算部件表面接触点,如图 6-47 所示。

图 6-47 "相切于"和"在上面"刀具位置

直接在"驱动曲面"上创建"刀轨"时（未定义任何"部件表面"），"刀具位置"应该切换为"相切于"位置。根据使用的"刀具轴"，"在上面"会偏离"驱动曲面"，如图 6-48 所示。

图 6-48　切削驱动曲面时的"相切于"

同一曲面被同时定义为"驱动曲面"和"部件表面"时，应该使用"相切于"，如图 6-49a 所示。使用"相切于"位置方式时，"刀轨"从刀具上与切削曲面相接触的点处开始计算。刀具沿着曲面移动时，刀具上的接触点将随曲面形状的改变而改变。

图 6-49　驱动曲面和部件表面为同一曲面

3．切削方向

"切削方向"可指定切削方向和第一个切削将开始的象限，如图 6-50 所示。可以通过选择在曲面拐角处成对出现的矢量箭头之一来指定切削方向。

4．材料反向

"材料反向"可反向"驱动曲面"材料侧法向矢量的方向。此矢量决定刀具沿着"驱动路径"移动时接触"驱动曲面"的哪一侧（仅用于"曲面区域驱动方式"）。"材料侧"法向矢量必须指向要删除的材料，材料侧矢量如图 6-51 所示。

图 6-50　所选矢量指定切削方向　　　　　　图 6-51　材料侧矢量

注意

没有"部件几何体"的情况下，"刀轨"精确跟随"驱动路径"，"驱动曲面"的"材料侧"成为"刀轨"的加工侧。有"部件几何体"的情况下，"刀轨"由"驱动路径"投影而成，"投影矢量"决定"刀轨"的加工侧。

5．切削区域

"切削区域"有两个选项："曲面%"或"对角点"，定义了在操作中要使用整个"驱动曲面"区域的多少或比例。

（1）曲面%：通过为第一个刀路的开始和结束点、最后一个刀路的开始和结束点、第一个"步距"以及最后一个"步距"输入一个正的或负的百分比值来决定要利用的"驱动曲面"区域的大小，如图 6-52 所示。

图 6-52　曲面%

仅使用一个"驱动曲面"时，整个曲面是 100％。对于多个曲面，100％ 被该方向的曲面数目均分。每个曲面被赋予相同的百分比，不管曲面大小。换言之，如果有 5 个曲面，则每个曲面分配 20％，不管各个曲面的相对大小。

"第一个启动"点、"最后一个启动"点和"起始步长"均被视为 0％，输入一个小于 0％ 的值（负的百分比）可以将切削区域延伸至曲面边界外，输入一个大于 0％ 的值可以减小切削区域。"第一个结束"点、"最后一个结束"点和"结束步长"均被视为 100％。输入一个小于 100％的值可以减小切削区域。输入一个大于 100％ 的值可以将切削区域延伸至曲面边界外。定义切削区域的曲面%如图 6-53 所示。

以 0～100% 之外的值延伸时，曲面总是线性延伸的，与边界相切。但是，对于圆柱等曲面，将沿着圆柱的半径继续向外延伸。

"第一个启动点"和"第一个结束点"指的是"第一个刀路"（作为沿着"切削方向"的百分比距离计算）的第一个和最后一个"驱动点"的位置。

"最后一个启动点"和"最后一个结束点"指的是"最后一个刀路"（作为沿着"切削方向"的百分比距离计算）的第一个和最后一个"驱动点"的位置。

图 6-53　定义切削区域的曲面%

"起始步长"和"结束步长"是沿着"步进"方向（即垂直于第一个"切削方向"）的百分比距离。

 注意

当指定了多个"驱域的大小，动曲面"时，"最后一个启动点"和"最后一个结束点"不可用。

（2）对角点：决定操作要利用的"驱动曲面"区方法是选择"驱动曲面"面并在这些面上指定用来定义区域的对角点。

第一步：选择"驱动曲面"面，在该面中可以确定用来定义驱动区域的第一个对角点（图 6-54 所示的面 a）。

第二步：在所选的面上指定一个点以定义区域的第一个对角点（图 6-54 中的点 b）。可以在面上的任意位置指定一个点，或者使用"点子功能"来选择面的一条边界。在图 6-54

中，面 a 上的 b 点为指定的点。

第三步：选择"驱动曲面"面，在该面中，可以确定用来定义驱动区域的第二个对角点（图 6-54 所示的面 c）。如果第二个对角点和第一个对角点位于相同的面，则再次选择同一个面。

第四步：在所选的面上指定一个点以定义区域的第二个对角点（图 6-53 中的点 d）。同样，也可以在面上的任意位置指定一个点，或者使用"点"构造器来选择面的一条边界。在图 6-54 中，已经使用"点"构造器中的"结束点"选项指定了点 d 以选择面 c 的某个拐角。

6. 数目

"数目"可指定在刀轨生成过程中要沿着切削刀路生成的"驱动点"的最小数目。如果需要，则会自动生成"刀轨"的其他点。最好沿着驱动刀轨选择一个足够大的数目以捕捉驱动几何体的形状和特征，否则将会出现意外的结果。

图 6-54　定义切削区域的对角点

所选择的"切削图样"决定可以输入的数值。如果所选的"图样"是"平行线"，可以指定沿着"第一个"和"最后一个"切削刀路的点的数目。如果为这两个刀路指定了不同的值，则系统在"第一个切削"和"最后一个切削"之间生成一个点梯度。

如果选择了"跟随腔体"作为"图样"，则可以指定沿着"切削方向""步进方向"和"切削方向"的相反方向的点的数目。

6.4.5　"曲面驱动方法"示例

对图 6-55 所示待加工部件进行固定轮廓铣，选定的驱动方式为"曲面驱动方法"。

图 6-55　待加工部件

1．创建刀具

（1）选择"主页"选项卡→"插入"组→"创建刀具"图标，弹出如图 6-56 所示的"创建刀具"对话框，选择"mill_multi-axis"类型，选择"MILL"刀具子类型，输入名称为 END.15，其他采用默认设置，单击"确定"按钮。

（2）弹出如图 6-57 所示的"铣刀-5 参数"对话框，输入"直径"为 0.15，"下半径"为 0.075，"长度"为 1，"刀刃长度"为 0.5，"刀刃"为 2，其他采用默认设置，单击"确定"按钮。

图 6-56　"创建刀具"对话框

图 6-57　"铣刀-5 参数"对话框

2．创建工序

（1）选择"主页"选项卡→"插入"组→"创建工序"图标，弹出如图 6-58 所示"创建工序"对话框，选择"mill_multi-axis"类型，在工序子类型中选择"VARIABLE_CONTOUR"，选择"MCS"几何体，刀具为"END.15"，方法为"MILL_SEMI_FINISH"，名称为"VC_SURF_AREA_ZZ_LEAD_LAG"其他采用默认设置，单击"确定"按钮。

（2）弹出如图 6-59 所示的"可变轮廓铣"对话框，单击"指定部件"按钮，选择如图 6-60a 所示的部件，单击"指定切削区域"按钮，进行切削区域的选择，如图 6-60 b 所示。

（3）在"驱动方法"栏里"方法"选择"曲面"，单击"编辑"按钮，弹出图 6-61 "曲面区域驱动方法"对话框，单击"指定驱动几何体"按钮，打开"驱动几何体"对话框，选择如图 6-62 所示的驱动几何体。

图 6-58　"创建工序"对话框

图 6-59　"可变轮廓铣"对话框

a)

切削区域

b)

图 6-60　指定部件和指定切削区域

（4）在"曲面驱动方法"对话框中设置"切削区域"选择"曲面%"，"刀具位置"选择"相切"，"切削方向"如图 6-63 所示，"材料反向"如图 6-64 所示。

（5）在驱动设置栏中设置"切削模式"选择"往复"，"步距"选择"数量"，"步距数"设置为 50，单击"显示接触点"按钮，进行接触点显示，如图 6-65 所示。

261

图 6-61　"曲面区域驱动方法"对话框

图 6-62　指定的驱动几何体

图 6-63　切削方向（YM 方向）

图 6-64　材料反向

（6）在"更多"栏设置切削步长为"数量"，"第一刀切削"为 10，"最后一刀切削"为 10，单击"确定"按钮。

（7）在"可变轮廓铣"对话框中选择"指定矢量"，指定的投影矢量方向如图 6-66 所示。

图 6-65　显示接触点

图 6-66　"投影矢量"方向

（8）在"可变轮廓铣"对话框中"刀轴"选择"双 4 轴在部件上"，单击"编辑"按钮，弹出如图 6-67 所示的"双 4 轴，相对于部件"对话框，在"单向切削"栏中，"旋转角度"设置为 15，单击"确定"按钮。

（9）单击"切削参数"按钮，弹出如图 6-68 所示的"切削参数"对话框，在"策略"选项卡中选中"在边缘滚动刀具",在"更多"选项卡中"最大步长"为"30%刀具"。

图 6-67　"双 4 轴,相对于部件"对话框

图 6-68　"切削参数"对话框

（10）在操作栏中单击"生成"图标，生成刀规，如图 6-69 切削刀规（沿 YM 方向）所示。

图 6-69　切削刀轨（沿 YM 方向）

（11）如果将"切削方向"改为沿 XM 方向（注意箭头上的小圆圈），如图 6-70 所示，则生成图 6-71 所示的切削刀规。

XM方向

图 6-70　切削方向（沿 XM 方向）

图 6-71　切削刀轨（沿 XM 方向）

6.4.6 边界驱动方法

"边界"驱动方式可通过指定"边界"和"内环"定义切削区域。切削区域由"边界""环"或二者的组合定义。

U G N X
9.0

当"环"必须与外部"部件表面"边界相应时，"边界"与"部件表面"的形状和大小无关。将已定义的切削区域的"驱动点"按照指定的"投影矢量"的方向投影到"部件表面"，这样就可以生成"刀轨"。"边界"驱动方式在加工"部件表面"时很有用，它需要最少的"刀具轴"和"投影矢量"控制。

"边界"可通过曲线、点、永久边界和面来创建，既可以与零件的表面形状有关联性，也可以没有关联性，边界驱动方式示意图如图 6-72 所示。但"内环"必须与零件表面形状有关联性，即"内环"需要建立在零件表面的外部边缘。

系统根据指定的边界生成驱动点。驱动点沿着指定的投影矢量方向投影到零件表面上以生成投影点，从而生成刀具轨迹。

图 6-72　"边界驱动方式"示意图

"边界"驱动方式与"平面铣"的工作方式大致上相同。但是，与"平面铣"不同的是"边界"驱动方式可用来创建沿复杂表面轮廓移动刀具的精加工操作。

与"曲面区域驱动方式"相同的是，"边界"驱动方式可创建包含在某一区域内的"驱动点"阵列。在边界内定义"驱动点"一般比选择"驱动曲面"更为快捷和方便。但是，使用"边界驱动方式"时，不能控制刀具轴或相对于驱动曲面的投影矢量。

"边界"可以由一系列曲线、现有的永久边界、点或面构成。它们可以定义切削区域外部，如岛和腔体。边界可以超出"部件表面"的大小范围，也可以在"部件表面"内限制一个更小的区域，还可以与"部件表面"的边重合，"边界"示意图如图 6-73 所示。当边界超出"部件表面"的大小范围，如果超出的距离大于刀具直径，将会发生"边界跟踪"，但当刀具在"部件表面"的边界上滚动时，通常会引起不良状况。

图 6-73　"边界"示意图

　　当边界限制了"部件表面"的区域时，必须使用"对中""相切"或"接触"将刀具定位到边界上。当"切削区域"和外部边界重合时，最好使用被指定为"对中""相切"或"接触"的"部件包容环"（与边界相反）。

　　"边界驱动方式"显示以下选项：

　　1．驱动几何体

　　在图6-74"边界驱动方法"对话框中单击"指定驱动几何体"右边的按钮可显示图6-75"边界几何体"对话框，进行边界定义。可以为每个边界成员指定 "对中""相切"或"接触"刀具位置属性。

图6-74　"边界驱动方法"对话框

图6-75　"边界几何体"对话框

注意

　　"接触"刀具位置只能在具有刀具轴的"边界驱动方式"中使用，并且只有在使用"曲线/边"或"点"指定边界模式下才可用，在"边界"或"面"模式下无"接触"选项。

　　边界成员和相关刀具位置的关系可以用图6-76所示的图形表示。如果是"相切"位置，则刀具的侧面沿着投影矢量与边界对齐，如图6-76a所示；如果是"对中"位置，则刀具的中心点沿着投影矢量与边界对齐，如图6-76b所示；如果是"接触"位置，则刀具将与边界接触，如图6-76c所示。与"对中"或"相切"不同，"接触"点位置根据刀尖沿着轮廓表面移动时的位置改变。刀具沿着曲面前进，直到它接触到边界。在轮廓化的表面上，刀尖处的接触点位置不同。需要注意的是，在图6-77中，当刀具在部件相反的一侧时，接触点位于刀尖相反的一侧。

a)相切于　　　　　　　　b)对中　　　　　　　　c)接触

图 6-76　相切于、对中和接触示意图

接触边界　　　　　　　　接触点

图 6-77　接触点位置

 注意

　　指定了边界的刀具位置时，"接触"不能与"对中"和"相切"结合使用。如果要将"接触"用于任何一个成员，则整个边界都必须使用"接触"。

　　"接触"边界进行选择时，可以如图 6-78a 选择部件的底部面，也可以另建一个平面进行投影，如图 6-78b 所示。

　　2．部件空间范围

　　部件空间范围通过沿着所选部件表面和表面区域的外部边界创建环来定义切削区域。"环"类似于边界，可定义切削区域。但"环"是在部件表面上直接生成的且无需投影。"环"可以是平面或非平面且总是封闭的，它们沿着所有的部件外表面边界生成，如图 6-79所示。

　　"环"可定义要切削的主要区域以及要避免的岛和腔体。岛和腔体刀具位置指示符（沿着环的箭头或半箭头）相对于主包容环指示符的方向可决定某区域是包含在切削区域中还是被排除在切削区域之外。默认情况下，系统将岛和腔体的刀具位置指示符定义为指向主包含环指示符的相反方向，这样使得区域被排除在切削区域之外，如图 6-80 所示。在图中指定所有环可以使系统使用所有的三个环。默认情况下，系统将利用接触刀具位置初始定义每个环。如果要指定不使用岛环和腔体环，可选择"编辑"并将"使用此环"切换为"关"，也可以将刀具位置由"接触"改为"对中"或"相切"。

a)　　　　　　　　　　　　　b)

图 6-78　接触边界

指定部件（面）　　　　　　　　　　环

指定部件　　　　　指定切削区域　　　　生成刀轨

图 6-79　沿着部件表面所有外部边界的环

注意

从实体创建部件空间范围时，选择要加工的"面"而不是选择"体"。选择"体"将导致"无法"生成环。"体"包含多个可能的外部边界，导致阻止生成环。选择要加工的面可清楚地定义外部边界，并能生成所需的环。

注意

部件表面不相邻。如果岛或腔体的刀具位置指示符的方向与主包容环指示符的方向相同，那么只有岛或腔体会形成切削区域，这种情况会使主包容环被完全忽略，所以应该避免出现这种情况。

图 6-81 显示了一个岛环，它的指示符指向与主包容环相同的方向。出现这种情况是因

为部件表面 A 与定义主包容环的部件表面不相邻,使得系统将岛环定义为另一个外部边界。图 6-81 中显示的部件表面 A 应该在单独创建的操作中进行加工。

图 6-80　由"环"定义的切削区域　　　图 6-81　指向同一方向的主环和岛环指示符

可以将环和边界结合起来使用,以便定义切削区域。沿着刀具轴向平面投影时,边界和环的公共区域可定义切削区域,如图 6-82 所示。可以将环和边界结合起来定义多个切削区域,如图 6-83 所示。

 注意

在图 6-83 中系统没有将所有的边界合并至一个切削区域,而是找到相交区域并将其定义为切削区域。

向平面上投影时,应该避免使用互相之间直接叠加的环和边界。可能会存在一些不确定性,如某一区域是包含在切削区域中还是被排除在切削区域外,以及是将刀位设置为"对中""接触"还是"相切"。

图 6-82　由环和边界定义的切削区域　　　图 6-83　通过将环和边界相交定义的切削区域

例如,在如图 6-84 所示的俯视图上,环 A 叠加在环 B 上。环 A 的刀具位置指示符指定了"对中"条件,并指出了该区域将包含在切削区域中。环 B 的刀具位置指示符指定了"相切"条件,并指出了该区域将不包含在切削区域中。计算驱动轨迹时,系统将无法确定使用哪个环和哪个刀具位置,这将导致意料之外的结果。

要校正这种情形,应该使环 A 处于非活动状态,在图 6-85a 中不选"使用此环",以生成图 6-85b 所示的切削区域。然后在单独的操作中对部件表面 C 进行加工。

3. 空间范围

"边界驱动方式"对话框中的"空间范围"栏(如图 6-86 所示)包括"编辑" 和"显

示"![按钮]按钮。如果将"显示"![按钮]按钮切换至"开"位置，则系统将所有的外部部件表面边缘确定为环。然后可用使用"编辑"![按钮]按钮来指定定义切削区域时所需要使用的环。

图 6-84　由叠加环引起的不确定性

a)

b)

图 6-85　定义的切削区域

4．切削模式

切削模式可定义刀轨的形状。某些模式可切削整个区域，而其他模式仅围绕区域的周界进行切削，在"边界驱动方式"对话框中可以对切削模式进行设置。"切削模式"对话框如图 6-87 所示，主要由以下几种切削模式：

（1）跟随周边、轮廓加工、标准驱动。

（2）平行线：单向、往复、单向轮廓、单向步进。

（3）同心圆弧：同心单向、同心往复、同心单向轮廓、同心单向步进。

（4）径向线：径向单向、径向往复、径向单向轮廓、径向单向步进。

跟随周边、轮廓加工、标准驱动、单向、往复、单向轮廓、单向步进等切削方式等已经介绍过，不再赘述，"同心圆弧"和"径向线"切削方式中的"单向、往复、单向轮廓、单向步进等意义与单列的单向、往复、单向轮廓、单向步进等切削类型是相同的，区别在切削图样不同。

图 6-86　"空间范围"栏　　　图 6-87　"切削模式"对话框

（1）同心圆弧：可从用户指定的或系统计算的最优中心点创建逐渐增大的或逐渐减小的圆形切削模式。此"切削模式"需要指定"阵列中心"，指定加工腔体的方法"向内"或"向外"。在全路径模式无法生成的拐角部分，系统在刀具运动至下一个拐角前生成同心圆弧。当选择同心单向、同心往复、同心单向轮廓、同心单向步进等切削模式时，将激活"阵列中心"选项。

同心圆弧下的 4 种切削模式的刀轨如图 6-88 所示。

图 6-88　"同心圆弧"切削刀轨示意

（2）径向线：可创建线性切削模式，这种切削模式可从用户指定的或系统计算的最优中心点延伸。此"切削模式"需要指定"阵列中心"，指定加工腔体的方法"向内"或"向外"，切削模式的"步距"是在距中心最远的边界点处沿着圆弧测量的，如图 6-89 所示。当选择同心单向、同心往复、同心单向轮廓、同心单向步进等切削模式时，将激活"阵列中心"选项。

图 6-89　径向线刀轨（往复切削并向外）

另外，径向线切削模式中新增了对应"成角度"步距值，此时"步距"值是指相邻刀轨间的角度。在图 6-90a 的"驱动设置"栏中的"步距"选择"角度"，输入角度值即可确定相邻刀轨间的角度，"生成的刀轨数量"为"360/角度值"。在图 6-90a 中"成角度"值为 30°，生成的刀轨如图 6-90b 所示，共有 12 条刀轨。

a)"角度"选项　　　　　　b)30°角刀轨

图 6-90　"角度"刀轨

径向线下的 4 种切削模式的刀轨如图 6-91 所示。

径向单向　　　　　　　　径向往复

径向单向轮廓　　　　　　径向单向步进

图 6-91　"径向线"切削刀轨示意图

5. 步距

"步距"指定了连续切削刀轨之间的距离。可用的"步距"选项由指定的"切削类型"（单向、往复、径向等）确定。定义步距所需的数值将根据所选的步距选项的不同而有所变化。例如，"恒定"需要在后续行中输入一个"距离"值，而"可变"显示一个附加的对话框，它要求输入几个值。以下"步距"选项可用：

（1）恒定：用于在连续的切削刀轨间指定固定距离。步距在"驱动轨迹"的切削刀轨之间测量。用于"径向线"切削类型时，"恒定"距离从距离圆心最远的边界点处沿着弧长进行测量。此选项类似于"平面铣"中的"恒定"选项。

（2）残余高度：允许系统根据所输入的残余高度确定步距。系统将针对"驱动轨迹"

计算残余高度。系统将步距的大小限制为略小于三分之二的刀具直径，不管指定的残余高度的大小。此选项类似于"平面铣"中的"残余高度'选项。

（3）刀具平直百分比：用于根据有效刀具直径的百分比定义步距。有效刀具直径是指实际上接触到腔体底部的刀具的直径。对于球头铣刀，系统将其整个直径用作有效刀具直径。此选项类似于"平面铣"中的"刀具直径"选项。

（4）变量平均值：用于使用介于指定的最小值和最大值之间的不同步距。所需的输入值根据所选择的"切削"类型的不同而有所变化。此选项类似于"平面铣"中的"可变"选项。

（5）角度：用于从键盘输入角度来定义常量步距。此选项仅可以和"径向切削模式"结合使用。通过指定角度以定义一个恒定的步距，即辐射线间的夹角。

6．阵列中心

"阵列中心"可交互式地或自动地定义"同心单向"和"径向单向"切削模式的中心点，包括两个选项：

（1）自动：允许系统根据切削区域的形状和大小确定"径向线" 或"同心圆弧"最有效的模式中心位置。如图 6-92a 所示为"自动"生成的图样中心示例。

（2）指定：由用户定义"径向线"图样的辐射中心点或"同心圆弧"的圆心。系统打开"点"构造器对话框交互式定义中心点，作为"径向线"图样的辐射中心点或"同心圆弧"的圆心。如图 6-92b 所示为"指定"的图样中心示例。

7．刀路方向

"刀路方向"指定腔加工方法，用于确定从内向外还是从外向内切削。用于跟随周边、同心和径向切削模式。

向外/向内：用于指定一种加工腔体的方法，它可以确定"跟随腔体""同心圆弧"或"径向线"切削类型中的切削方向，可以是由内向外，也可以是由外向内，如图 6-93 所示。

a)自动　　　　　　　　　　b)指定

图 6-92　阵列中心

a) 向外　　　　　　　　　　　b) 向内

图 6-93　同心圆弧时的向外与向内

6.4.7　"边界驱动方法"示例

对图 6-94 所示的待加工部件进行固定轮廓铣，驱动方式为边界驱动。

光盘\动画演示\第 6 章\"边界驱动方法"示例.avi

1. 创建毛坯

（1）选择"应用模块"选项卡→"设计"组→"建模"图标，在建模环境中，选择"菜单"→"格式"→"图层设置"菜单命令，弹出"图层设置"对话框。新建工作图层"2"，单击"确定"按钮。

（2）选择"主页"选项卡→"特征"组→"设计特征下拉菜单"→"拉伸"图标，弹出"拉伸"对话框，选择加工部件的底部 4 条边线为拉伸截面，指定矢量方向为"XC"，输入开始距离为 0，输入结束距离为 40，其他采用默认设置，单击"确定"按钮，生成毛坯如图 6-95 所示。

图 6-94　待加工部件　　　　　　　图 6-95　毛坯模型

2. 创建几何体

（1）选择"应用模块"选项卡→"加工"组→"加工"图标，进入加工环境。在上

边框条中选择"几何视图",选择"主页"选项卡→"插入"组→"创建几何体"图标,
弹出如图 6-96 所示"创建几何体"对话框,选择"mill_multi-axis"类型,选择"WRKPIECE"
几何体子类型,其他采用默认设置,单击"确定"按钮。

(2)弹出如图 6-97 所示的"工件"对话框,单击"选择或编辑部件几何体"按钮,
选择如图 6-94 所示部件。单击"选择或编辑毛坯几何体"按钮,选择如图 6-95 所示的
毛坯。单击"确定"按钮。

图 6-96 "创建几何体"对话框 图 6-97 "工件"对话框

3.创建刀具

(1)选择"主页"选项卡→"插入"组→"创建刀具"图标,弹出"创建刀具"对
话框,选择"mill_multi-axis"类型,选择"MILL"刀具子类型,输入名称为 END12,其
他采用默认设置,单击"确定"按钮。

(2)弹出"铣刀-5 参数"对话框,输入直径为 12,其他采用默认设置,单击"确定"
按钮。

4.创建工序

(1)选择"主页"选项卡→"插入"组→"创建工序"图标,弹出"创建工序"对
话框,选择"mill_multi-axis"类型,在工序子类型中选择"FIXED_CONTOUR",选择
"WORKPIECE"几何体,刀具为"END12",方法为"MILL_ROUGH",其他采用默认
设置,单击"确定"按钮。

(2)弹出如图 6-98 所示的"固定轮廓铣"对话框,单击"选择或编辑切削区域几何
体"按钮,弹出如图 6-99 所示的"切削区域"对话框,选择切削区域,如图 6-100 所示。

(3)在"驱动方法"选择"边界",单击"编辑"图标,弹出图 6-101"边界驱动
方法"对话框,单击"指定驱动几何体"按钮,弹出如图 6-102 所示的"驱动几何体"
对话框;设置"模式"为"面","材料侧"为"外部"。选择如图 6-100 所示的边界几
何体平面。设置"部件空间范围"为"关","切削模式"为"往复","步距"为"50%
刀具平直百分比","切削角"为"指定","与 XC 的夹角"为 90,其余参数保持默认
值,单击"确定"按钮。

（4）进行完以上全部设置后，在"操作"栏中单击"生成"图标，生成刀规，如图
6-103a 所示。单击"确认"图标，实现刀轨的可视化，如图 6-103b 所示，进行刀轨的演
示和查看。

图 6-98　"固定轮廓铣"对话框

图 6-99　"切削区域"对话框

图 6-100　指定切削区域

图 6-101　"边界驱动方法"设置

图 6-102　"边界几何体"设置

a)　　　　　　　　　　b)

图 6-103　生成的刀轨示意图

6.4.8 区域铣削驱动方法

　　"区域铣削"驱动方式能够定义"固定轴曲面轮廓铣"操作，方法是指定切削区域并且在需要的情况下添加"陡峭包含"和"裁剪边界"约束。这种驱动方式类似于"边界"驱动方式，但是它不需要驱动几何体，只能用于"固定轴曲面轮廓铣"操作。因此，用户应该尽可能使用"区域铣削驱动方式"来代替"边界驱动方式"。

　　可以通过选择"曲面区域""片体"或"面"来定义"切削区域"。与"曲面区域驱动方式"不同，切削区域几何体不需要按一定的栅格行序或列序进行选择。如果不指定"切削区域"，系统将使用完整定义的"部件几何体"作为切削区域，使用部件轮廓线作为切削区域。如果使用整个"部件几何体"而没有定义"切削区域"，则不能删除"边界跟踪"。

　　"区域铣削驱动方式"对话框如图 6-104 所示，主要的选项如下：

　　1. 陡峭空间范围

　　"陡峭空间范围"根据刀轨的陡峭度限制切削区域。它可用于控制残余高度和避免将刀具插入到陡峭曲面上的材料中。

　　"陡角"使您能够确定系统何时将"部件"表面识别为陡峭的。在每个接触点处计算部件表面角，然后将它与指定的"陡角"进行比较。实际表面角超出用户定义的"陡角"时，系统认为表面是陡峭的。平缓的曲面的陡角为 0°，而竖直壁的陡角为 90°。

　　在陡峭方法中共有 3 个选项，分别是：

图 6-104　"区域铣削驱动方法"对话框

（1）无：切削整个区域。在刀具轨迹上不使用陡峭约束，允许加工整个工件表面。

（2）非陡峭：切削非陡峭区域，用于切削平缓的区域，而不切削陡峭区域。通常可作为等高轮廓铣的补充。

（3）定向陡峭：定向切削陡峭区域，由"切削模式"和"切削角度"确定，从 WCS 的 XC 轴开始，绕 ZC 轴旋转指定的切削角度就是路径模式方向。

"陡峭空间范围"使用"否"时生成切削整个切削区域的刀轨，如图 6-105a 所示。使用"非陡峭"，"陡角"为 65°时生成切削部件顶部平缓区域的刀轨，如图 6-105b 所示。使用"定向陡峭"，"陡角"为 65°，切削角度为 0°时生成的刀轨切削 X 方向的两个侧面，如图 6-105c 所示；切削角度为 90°时生成的刀轨切削 X 方向的两个侧面，如图 6-105d 所示。

a)无　　　　　　　　　　　　　b)非陡峭

c)陡角 65°，切削角度 0°　　　　　d)陡角 65°，切削角度 90°

图 6-105　"陡峭空间范围"刀轨

两种常用的方法可以用来加工切削区域，它们使用两种操作和陡峭空间范围的组合：

（1）方式 1：后面跟有"定向陡峭"的"非陡峭空间范围"，这种方式常用于不包含很多近似垂直区域的区域，在图 6-106 中的未切削区域，要切削这些区域，必须使用"定向陡峭"再次进行切削，如图 6-107 所示。创建不带有陡峭空间范围的往复刀轨，并随后沿带有"定向陡峭"空间范围和由第一个刀轨旋转 90°形成的切削角的往复刀轨移动时可以使用这种方式。

图 6-106　非陡峭

图 6-107　定向陡峭

（2）方式 2：使用"非陡峭"，后跟"深度轮廓铣"（如图 6-108 和图 6-109 所示）。如果切削区域中有非常陡峭的区域，常用此方式。

图 6-108　非陡峭图

图 6-109　深度轮廓陡峭

"非陡峭"将刀轨的陡峭度限制为指定的"陡角"。操作仅加工刀轨陡峭度小于等于指定的"陡角"的区域，此时陡峭侧未被加工。要加工陡峭区域，可使用"深度轮廓铣"（图 6-109）。在这两个操作中使用同一陡角，可以加工整个切削区域，本例中"陡角"为55°。如果切削区域中有非常陡峭的区域，则常用到此方法。系统使用深度切削对图 6-106中先前的"非陡峭"切削遗留未切的陡峭区域进行加工。

2．切削模式

除了添加"往复上升"外，"区域铣削驱动方法"中使用的"切削模式"与"边界驱动方法"中使用的一样。"往复上升"根据指定的局部"进刀""退刀"和"移刀"运动，在刀路之间抬刀，如图 6-110 所示。

3．步距已应用

在"区域铣削驱动方法"对话框中，"步距已应用"有两个选项："在平面上"（如图 6-111 所示）和"在部件上"（如图 6-112 所示）。

（1）在平面上：如果切换为"在平面上"，那么，当系统生成用于操作的刀轨时，"步距"是在垂直于刀具轴的平面上测量的。如果将此刀轨应用至具有陡峭壁的部件，如图 6-113所示，那么此部件上实际的步距不相等。因此，"在平面上"最适用于非陡峭区域。

图 6-110 往复上升   图 6-111 在平面上   图 6-112 在部件上

（2）在部件上：可用于使用"往复"切削类型的"跟随周边"和"平行"切削图样。如果切换为"在部件上"，当系统生成用于操作的刀轨时，"步距"是沿着部件测量的。因为"在部件上"沿着部件测量步进，因此它适用于具有陡峭壁的部件。通过对部件几何体较陡峭的部分维持更紧密的步进，以实现对残余波峰的附加控制。在图 6-114 中步进距离是相等的。

 注意

指定的步距是部件上允许的最大距离。步距可以根据部件的曲率不同而有所不同（步距值小于指定的步距）。

图 6-113 "在平面上"刀轨   图 6-114 "在部件上"刀轨

6.4.9 清根驱动方法

"清根驱动方法"能够沿着"部件表面"形成的凹角和凹谷生成刀轨。生成的刀轨可以进行优化，方法是使刀具与部件尽可能保持接触并最小化非切削移动。"自动清根"只能用于"固定轮廓"操作。"清根驱动方法"可以用来在加工"往复"切削图样之前减缓角度，可以删除之前较大的球刀遗留下来的未切削的材料，可以通过允许刀具在步进间保持连续的进刀来最大化切削移动。

使用清根的优点：

■ 可以用来在使用往复切削模式加工之前减缓角度。

■ 可以移除之前较大的球面刀遗留下来的未切削的材料。

■ "清根"路径沿着凹谷和角而不是固定的切削角或 UV 方向。使用"清根"后，当将刀具从一侧移动到另一侧时，刀具不会嵌入。系统可以最小化非切削移动的总距离，可以通过使用"非切削移动"模块中可用的选项在每一端获得一个光顺的或标准的转弯。

■ 可以通过允许刀具在步距间保持连续的进刀来最大化切削运动。

■ 每次加工一个层的某些几何体类型，并提供用来切削"多个"或 RTO（"参考刀具偏置"）清根两侧的选项，在每一端交替地进行圆角或标准转弯，并在每一侧提供从陡峭侧到非陡峭侧的选项。此操作的结果是利用更固定的切削载荷和更短的非切削移动距离切削部件。

可以通过选择"固定轮廓铣"中的"清根驱动方法"创建"清根"操作。也可以通过在"铣轮廓（mill_contour）"中选择 flowcut_single、flowcut_multiple、flowcut_ref_tool 或 flowcut_smooth 等操作子类型创建"清根"操作。"清根驱动方法"对话框如图 6-115 所示。可以指定单路，多路或"参考刀具偏置"。对话框中的主要选项如下：

1. 最大凹度

使用"最大凹度"可决定要切削哪些凹角、凹谷及沟槽。例如，如果对图 6-116 所示部件进行加工，则第一批操作后 160°凹谷内可能没有剩余材料。这是因为此凹谷比较浅且比较平坦。但不能加工接下来两个凹谷中的所有材料,这两个凹谷分别是 110°和 70°。像这样的尖锐拐角和深谷中遗留了更多的材料。

图 6-115　"清根驱动方法"对话框　　　　图 6-116　凹角

当返回到先前的刀路错过的深谷进行加工时，仅加工那些深谷并跳过先前已经加工过的浅谷，这样会更为有效。也可以通过"最大凹度"指定要忽略的角进行此项操作。例如，在图 6-115"清根驱动方法"对话框中，将"最大凹度"设置为 120°，则将加工 110° 和 70°的凹谷，而不会加工 160°的凹谷。

　　在图 6-115"清根驱动方法"对话框中，"最大凹腔"右侧的文本框中输入的凹角值必须大于 0，小于或等于 179，并且是正值。如果"最大凹腔"被设置为 179°，所有小于或等于 179°的角均被加工，即切削了所有的凹谷。如果"最大凹腔"被设置为 160°，所有小于或等于 160°的角均被加工。当刀具遇到那些在部件面上超过了指定最大值的区域时，刀具将回退或转移到其他的区域。

　　2．最小切削长度

　　"最小切削长度"能够除去可能发生在部件的隔离区内的短刀轨分段，不会生成比此值更小的切削运动。在图 6-117 中要除去可能发生在圆角相交处的非常短的切削运动时，此选项尤其有用。

图 6-117　除去小且孤立的切削运动

　　3．陡峭空间范围

　　"陡峭空间范围"根据输入的"陡峭角度"控制操作的切削区域，分为陡峭部分和非陡峭部分以限制切削区域，避免刀具在零件表面产生过切。

　　（1）"空间范围"的选项有：

■　　无：可指定"顺铣""逆铣"或"混合"切削方向，也可以指定"混合""由高到低"或"由低到高"陡峭切削方向。

■　　非陡峭：指定"顺铣""逆铣"或"混合"切削方向以及"陡峭空间范围"的非陡角。

■　　陡峭：指定"由高到低""由低到高"或"混合"切削方向以及"陡峭空间范围"的陡角。

　　（2）"陡角"值可输入的范围为 0°～90°，如图 6-115"清根驱动方法"对话框中所示。

　　（3）陡峭切削方向

■　　"由高到低"使刀具由高的一端向低的一端加工刀轨的陡峭部分。

■　　"由低到高"使刀具由低的一端向高的一端加工刀轨的陡峭部分。

■ "混合"会导致系统在刀轨的陡峭部分应用指定的"非陡峭切削方向"。

4．驱动设置

（1）清根类型

■ 单刀路：将沿着凹角和凹谷产生一个切削刀路，如图 6-118 所示。

■ 多个偏置：可指定偏置数和偏置之间的"步距"，这样便可在中心清根的任一侧产生多个切削刀路，如图 6-119 所示，图中偏置数为 2，步距为 0.2in。此选项可激活 "切削模式""步距""序列"和"偏置数"选项。

图 6-118　清根"单刀路"　　　　　图 6-119　清根"多个偏置"

■ 参考刀具偏置：可指定一个参考刀具直径从而定义要加工的区域的整个宽度，还可以指定一个"步距"从而定义内部刀路，这样便可在中心清根的任一侧产生多个切削刀路，如图 6-120 所示，图中"参考刀具直径"为 0.75in，"步距"为 0.2in，生成 4 条刀轨。此选项有助于在使用大（参考）刀具对区域进行粗加工后清理加工。此选项可激活对话框中的"切削模式""步距""序列""参考刀具直径"以及"重叠距离"字段。

图 6-120　清根"参考刀具偏置"

（2）切削模式：可定义刀具从一个切削刀路移动到下一个切削刀路的方式。它可用于"多个偏置"和"参考刀具偏置"模式。以下切削类型可用：往复、单向、往复上升。

（3）步距：可指定连续的单向或往复切削刀路之间的距离。只有在指定了"多个偏置"或"参考刀具偏置"的情况下才可使用此选项，"步距"在"部件表面"内测量。

（4）偏置数：能够指定要在中心"清根"每一侧生成的刀路的数目。例如，图 6-119 清根"多个偏置"中的"偏置数"等于 2。只有在指定了"多个偏置"的情况下，"偏置数"才是可用的。

5．参考刀具

（1）参考刀具直径：可根据粗加工球头铣刀的直径来指定精加工切削区域的宽度。参考刀具通常是用来先对区域进行粗加工的刀具。系统根据指定的"参考刀具直径"计算双切点，然后定义精加工操作的切削区域。

在该选项右侧的文本框中输入刀具直径数值。例如，如果在先前的操作中使用 1 英寸的球头铣刀粗加工某一区域，而在当前的操作中，希望用 0.25 in 的球头铣刀对同一区域进行精加工，则应该从键盘输入一个 1 in 的"参考刀具直径"。

只有在指定了"参考刀具偏置"的情况下，"参考刀具直径"才是可用的。此选项将与"重叠距离"和"步距"结合使用，以定义清理操作的区域和刀路数。

（2）重叠距离：能够沿着相切曲面延伸由"参考刀具直径"定义的区域宽度。只有在指定了"参考刀具偏置"的情况下，"重叠距离"才是可用的。

6．顺序

"顺序"可确定执行"往复"和"往复上升"切削刀路的顺序。只有在指定了"多个偏置"或"参考刀具偏置"的情况下，"顺序"才是可用的。各个"顺序"选项如下所述：

（1）由内向外："由内向外"从中心"清根"开始向某个外部刀路运动，沿凹槽切第一刀，步距向外一侧移动，直到这一侧加工完毕。然后刀具移回中心切削，接着再向另一侧运动，直到这一侧加工完毕。可选择中心"清根"的任一侧开始序列。

（2）由外向内："由外向内"从某个外侧刀路开始向中心"清根"运动，步距向中心移动，直到这一侧加工完毕。然后刀具选取另一侧的外部切削，接着再向中心切削移动，直到这一侧加工完毕。可选择中心"清根"的任一侧开始序列。

（3）后陡："后陡"从非陡峭侧向陡峭侧加工清根凹谷，是一种单向切削。

（4）先陡："先陡"总是按单一方向从陡峭侧的外侧刀路向非陡峭侧的外侧刀路进行加工。系统在陡峭侧输出刀路，方向是从外侧偏置到内侧偏置，然后到中间清根，最后在非陡峭侧从内侧偏置到外侧偏置输出非陡峭侧的刀路。"先陡"序列可以用于单向、往复和往复上升模式。

（5）由内向外变化："由内向外变化"通常从中间"清根"刀路开始加工"清根"凹谷。在操作中指定此序列后，刀具从中心刀路开始，然后运动至一个内侧刀路，接着向另一侧的另一个内侧刀路运动。然后刀具运动至第一侧的下一对刀路，接着运动至第二侧的同一对刀路。如果某一侧有更多的偏置刀路，系统将在加工完两侧成对的刀路后，对该侧的所有额外刀路进行加工。利用单向、往复和往复上升切削模式都可以生成"由内向外变化"。

（6）由外向内变化："由外向内变化"可用来控制是要交替加工两侧之间的刀路，还是先完成一侧后再切换至另外一侧。这允许您在凹谷的一侧到另一侧的刀路间交替地完成加工。在每一对刀路上，使用一个方向从一侧到一端对凹谷进行加工后，可以在部件上或部件外进行圆角或标准转弯，转至另一侧后，可以使用相反的方向从另一侧向另一端进行加工，然后可以在下一对刀路上进行圆角或标准转弯。按照这种方法，系统可以最大化切削运动，因为它允许刀具在步距过程中持续保持进刀状态，同时动态地减少非切削移动的整个距离，尤其是较长的清根。单向、往复或往复上升切削模式都可以生成"由外向内交替"序列。

6.4.10 "清根驱动方法"示例

对图 6-121 所示待加工部件进行固定轮廓铣，驱动方式为"清根驱动"。

图 6-121 待加工部件

光盘\动画演示\第 6 章\"清根驱动方法"示例.avi

1. 创建几何体

（1）选择"应用模块"选项卡→"加工"组→"加工"图标，进入加工环境。在上边框条中选择"几何视图"，选择"主页"选项卡→"插入"组→"创建几何体"图标，弹出"创建几何体"对话框，选择"mill_multi-axis"类型，选择"MILL_AREA"几何体子类型，位置为"MCS_MILL"，其他采用默认设置，单击"确定"按钮。

（2）弹出如图 6-122 所示的"铣削区域"对话框，单击"选择或编辑部件几何体"按钮，选择如图 6-121 所示部件。单击"指定切削区域"按钮，选择如图 6-123 所示的切削区域。单击"确定"按钮。

图 6-122 "铣削区域"对话框

图 6-123 切削区域

2．创建刀具

（1）选择"主页"选项卡→"插入"组→"创建刀具"图标，弹出"创建刀具"对话框，选择"mill_multi-axis"类型，选择"MILL"刀具子类型，"输入名称"为 END0.5，其他采用默认设置，单击"确定"按钮。

（2）弹出"铣刀-5 参数"对话框，输入"直径"为 0.5，"下半径"为 0.25，"长度"为 3，"刀刃长度"为 2，"刀刃"为 2，其他采用默认设置，单击"确定"按钮。

3．创建操作

（1）选择"主页"选项卡→"插入"组→"创建工序"图标，弹出"创建工序"对话框，选择"mill_multi-axis"类型，在工序子类型中选择"FIXED_CONTOUR"，选择"MILL_AREA"几何体，刀具为"END0.5"，方法为"MILL_SEMI_FINISH"，其他采用默认设置，单击"确定"按钮。

（2）弹出"固定轮廓铣"对话框，在"驱动方法"中选择"清根"，弹出如图 6-124 所示的"清根驱动方法"对话框，"最大凹度"为 160，"切削方向"为"混合"，"清根类型"为"单刀路"，单击"确定"按钮。

（3）在操作栏中单击"生成"图标，生成刀轨，单击"确认"图标，实现刀轨的可视化，生成的刀轨如图 6-125"清根驱动"所示。

图 6-124 "清根驱动方法"设置

图 6-125 "清根驱动"刀轨

6.4.11 外形轮廓加工驱动方法

"外形轮廓加工驱动方法"利用刀具的外侧刀刃半精加工或精加工型腔零件的立壁。

系统基于所选择的加工底面自动判断出加工轮廓墙壁，也可以手工选择加工轮廓墙壁。可以指定一条或多条加工路径。在多轴铣中，例如"可变轮廓铣"中如果选择了"外形轮廓加工驱动方法"，将激活与其相关的选项，"可变轮廓铣"对话框如图 6-126 所示。

1. 底面

"底面" 是刀具靠近壁时用于限制刀具位置的几何体。图 6-127 中使用底面中 A 为底面，B 为壁，刀具靠近壁 B 放置时，刀具半径接触到底部面 A。"底面"几何体可由任意数量的面组成，包括已修剪的面或未修剪的面，但这些面都必须包括在部件几何体或几何体集中。可以将底面或壁几何体定义为实体或片体的面。但是，混合几何体类型后，底部面和壁几何体在公用边缘处必须 100% 重合。如果存在缝隙，则操作将失败。如果无底面则无此限制，但切削刀具依据边缘或辅助底部面几何体而停止移动。

2. 辅助底部面

"辅助底部面"与"底面"相似，是不需要附加到壁的几何体。当部件几何体无底部面时，或对底部面在空间的位置有要求时，可以使用"辅助底部面"方式定位刀具末端。定义辅助底部面的方法有两种：选择几何体（实体面或片体）或使用"自动生成辅助底部面"。图 6-128 所示选择辅助底部面中通过手工选择实体面为辅助底部面。在使用过程中可组合"底面"和"辅助底部面"几何体，如图 6-129 所示。

图 6-126   "可变轮廓铣"对话框

图 6-127   使用底面

3. 自动生成辅助底部面

图 6-128　选择辅助底部面　　　　图 6-129　组合"底面"和"辅助底部面"

　　使用"自动生成辅助底部面"可定义在壁的底部与进刀矢量垂直的无穷大平面。另外可定义进刀矢量，以确定相对于壁定位刀具的方法。"自动生成辅助底部面"功能可创建一个无穷大平面，具有足够的覆盖面积。但如果这个无穷大平面妨碍在其他位置放置刀具，则必须手工定义辅助底部面几何体。"自动生成辅助底部面"可与"辅助底部面"进行组合，"自动生成辅助底部面"创建的无穷大平面作为"辅助底部面"定义中的其他面处理。

　　在图 6-126"可变轮廓铣"对话框可以打开或关闭"自动生成辅助底部面"，如果打开"自动生成辅助底部面"，将同时打开"距离"，如图 6-130"可变轮廓铣"对话框所示，输入数值可以使自动生成的辅助底部面上下移动，如图 6-131 所示。如果另外一般的辅助底部面几何体是在"自动生成辅助底面"打开时定义的，则自动生成的辅助底部面将被附加到其他一般的辅助底部面上，并将其视为辅助底部面的一部分，如图 6-132 所示。图 6-133 所示为同时使用"自动生成辅助底部面"和指定辅助部底部面时生成的刀轨。

　　　　　　　　　　　　　　　距离为负值　　　　距离为正值

图 6-130　"可变轮廓铣"对话框　　　图 6-131　自动生成辅助底部面

4．壁

　　"壁"几何体可定义要切削的区域。刀最初靠着壁放置，刀轴确定后，就靠着底部面放置刀。"壁"几何体可以由任意多个已修剪的面或未修剪的面组成，只要这些面都包括在部件几何体中。单击"选择或编辑壁几何体" 按钮，弹出如图 6-134 所示的"壁几何体"对话框，进行壁的选择。

图 6-132　同时使用"自动生成辅助底部面"和指定辅助底部面

图 6-133　刀轨

（1）自动壁：使用"自动壁"时系统从底部面来确定壁。壁开始于与底部面相邻接的面，然后相对于底部面的材料侧形成凹角或向上弯曲（例如倒圆）。"壁"继续向上弯曲，包括相切面、凹面或稍微凸起的面。图 6-135 说明了"壁"是如何自动生成的，每个壁都在与底部面 1 相邻接处开始，在凸弯 2 处结束。

图 6-134　"壁几何体"对话框

图 6-135　自动选择壁准则

"自动壁"可从定义的底部面几何体中正确选择壁，无论是底部面直接与壁连接，还是通过倒圆与底部面和壁连接。在图 6-126 "可变轮廓铣"对话框中的"几何体"栏中单击"指定壁"右边的"显示"按钮 时，系统将高亮显示壁以及底部区域（追踪曲线）。追踪曲线显示在壁的底部，应该刚好在壁和底部面之间的任何连接（如倒圆或倒斜角）之上。以下规则可应用于放置追踪曲线：

- 追踪曲线应该始终在壁和底部面连接（倒圆或倒斜角）之间，壁和倒圆之间的正确追踪曲线（自动壁）如图 6-136 所示。
- 壁和底部面（非倒圆）之间的任何连接都应该是底部面定义的一部分，倒斜角连接为底面定义一部分（自动壁）如图 6-137 所示。

图 6-136　壁和倒圆之间的正确追踪曲线（自动壁）　　图 6-137　倒斜角连接为底面定义一部分（自动壁）

有时会对壁和底部面之间的倒圆（底部面圆角）进行建模。如果未对倒圆进行建模，则倒圆区域都是由刀生成的。如果对倒圆进行了建模，则自动选择壁会找到它们，不需要将倒圆区域选为"底面"几何体的一部分，并且这些倒圆也不能确定刀轴。图 6-138 和图 6-139 说明了在壁（A）和部件几何体（C）之间存在底部面倒圆区域（B）时是如何放置刀具的。当刀的拐角半径小于倒圆半径时，刀会在其下半径的起点与底部面倒圆的起点相接触的点处停止，如图 6-138 刀拐角半径小于倒圆半径所示；当刀的拐角半径大于倒圆半径时，刀会在其下半径与部件几何体相接触的点处停止，如图 6-139 刀拐角半径大于倒圆半径所示。

图 6-138　刀拐角半径小于倒圆半径　　　　　图 6-139　刀拐角半径大于倒圆半径

（2）预选壁：如果"自动壁"几乎（但不完全）选定所需的壁几何体，或者多选了壁几何体，则使用"预选"修改壁选择。"预选"选择的面与"自动壁"相同。"壁"几何体集基于底部面和选定部件体。在图 6-126 对话框中，首先选中"自动壁"选项，然后再放弃选中"自动壁"选项，单击"选择或编辑壁几何体" 按钮，弹出 "壁几何体"对话框，其中的"预选"选项将被激活。随后可对壁几何体集进行移除、编辑或附加几何体等操作。

使壁底部区域可视化的方法是：在图 6-126 对话框中的"几何体"栏中单击"指定壁"右边的显示按钮 时系统将高亮显示壁及底部区域（或追踪曲线）。追踪曲线在刀被放置以便开始切削的位置显示一个带圆圈的大箭头，在追踪结束位置显示一个三角形，追踪方向显示为箭头，沿着壁的底部追踪曲线如图 6-140 所示。

5．切削起点和终点

定义切削起点和终点会影响壁底部区域。在图 6-126 对话框中的驱动方法栏中选择"外形轮廓加工驱动方法"或者单击编辑按钮 ，将弹出如图 6-141 所示"外形轮廓加工驱动方法"对话框，进行切削起点和终点的设置。

（1）切削起点：用于修改切削位置的起点。如果无法定义追踪整个壁底部曲线的进刀矢量，则这样做。在图 6-141 "外形轮廓铣驱动方法"对话框中可以选择"自动"选项，也可以单击"用户定义"和"选择参考点"，然后使用"点"构造器对话框定义点。图 6-142 所示切削起点图对切削起点的定义方法给出了说明，图 6-142a 为利用"自动"选项生成的切削起点，图 6-142b 为利用"用户定义"选项生成的切削起点，壁底部追踪曲线将延伸到"用户定义"的切削起点。

图 6-140　沿着壁的底部追踪曲线　图 6-141　"外形轮廓铣驱动方法"对话框

（2）切削终点：用于修改切削位置的起点。终点选项和起点选项相同。在图 6-143 "自动"切削终点图中刀具在"起点"处进刀,沿底部区域追踪曲线在"终点"处终止;对于壁而言,它提供的覆盖面积不够。在图 6-144"用户定义"切削终点图中,壁的底部区域追踪曲线延伸至用户定义的切削"终点"处。

图 6-142 切削起点

图 6-143 "自动"切削终点 图 6-144 "用户定义"切削终点

(3)刀轴:刀轴控制是轮廓铣操作中的一个需要重点考虑的事项。刀轴控制包括两个"自动"和"带导轨"两个选项。使用"带导轨"方法将激活"选择矢量"选项,然后使用"矢量"构造器对话框定义矢量。

"自动"刀轴选项从壁底部的追踪曲线的法线计算刀轴,通常会给出可接受的结果,如果"自动"给的刀轴不符合需要,可以利用"带导轨"方法改变刀轴方向。图 6-145 为利用"自动"刀轴生成的刀轨,可以发现刀轴沿追踪曲线的法线。如果在刀轨的终点处使用"带导轨"方法控制刀轴方向,可改变刀轴的方向,在图 6-146 指定刀轨的终点处引导矢量方向为"YC 轴",由于刀轨的起点处的刀轴方向与"YC 轴"平行,可以发现刀轴在切削过程方向保持不变。

图 6-145 "自动"刀轴控制 图 6-146 "带导轨"刀轴控制

UG NX 9.0

291

6.4.12 可变流线铣

"可变流线"驱动铣削为变轴曲面轮廓铣。创建操作时,需要指定曲面的流曲线和交叉曲线形成网格驱动,加工时刀具沿着曲面的网格方向加工,其中流曲线确定刀具的单个行走路径,交叉曲线确定刀具的行走范围。

在"创建操作"对话框中选择可变流线铣。将打开图 6-147 "可变流线铣"对话框,对话框中的选项和参数设置在本章中已有描述,需要特别说明的是"驱动方法"。在"驱动方法"栏中单击右边的按钮,将打开如图 6-148 所示"流线驱动方法"对话框,进行驱动方法的设置。

1. 驱动方法

"驱动方法"包括"自动"和"指定"两个选项。"指定"选项可以通过手工选择流曲线和交叉曲线。

(1)流曲线:在图 6-148 所示对话框的"流曲线"栏中进行相关流曲线选择。单击"选择曲线"右边的"点"对话框按钮,弹出"点"对话框,选择第一条流曲线,选择的曲线如图 6-149a 中"流 1"所示。然后单击"添加新集"按钮,添加新的曲线,继续单击"点"对话框按钮,弹出"点"对话框,选择第二条流曲线,选择的曲线如图 6-149a 中"流 2"所示。

图 6-147 "可变流线铣"对话框

图 6-148 "流线驱动方法"对话框

（2）交叉曲线：在图 6-148 所示对话框的"交叉曲线"栏中进行交叉曲线选择。单击"选择曲线"右边的"点构造器"按钮![]，弹出"点构造器"对话框，进行所需交叉曲线的选择。选择第一条交叉曲线，如图 6-149b 中"十字 1"所示。然后单击"添加新集"按钮![]，添加新的曲线，继续单击"点构造器"按钮![]，弹出"点构造器"对话框，选择第二条交叉曲线，选择的曲线如图 6-149b 中"十字 2"所示。最终形成的流曲线和交叉曲线如图 6-149c 所示。

a) 流曲线   b)交叉曲线   c)全部驱动曲线

图 6-149 选择流曲线和交叉曲线

（3）切削方向：限制了刀轨的方向和进刀时的位置，在图 6-148 所示对话框中的"切削方向"栏里单击![]按钮后，待加工部件上将显示"箭头"以供选择，选择的箭头的方向和在部件中的位置即为切削方向和进刀位置，如图 6-150a 所示；选择后，将立刻显示刀轨方向，如图 6-150b 所示。

a)选择方向   b) 显示方向

图 6-150 选择切削方向

（4）修剪和延伸：对切削刀轨的长度和步进进行适当的调整。如图 6-148 对话框中所示，"修剪和延伸"共有 4 个选项：开始切削%、结束切削%、起始步长%、结束步长%，输入值可正可负。对于"开始切削%"和"结束切削%"，输入正值使"修剪和延伸"方向与切削方向相同，负值则与切削方向相反；对于"起始步长%"和"结束步长%"，输入正值使"修剪和延伸"与步进方向相同，负值与步进方向相反。

在图 6-150a 中选择的方向如图 6-151 所示。保持"开始切削%""结束切削%""起始步长%""结束步长%"为默认值即分别为 0、100、0、100，生成的刀轨如图 6-152 所示。

图 6-151　步进与切削方向

图 6-152　生成的刀轨（默认值）

保持"结束切削%""起始步长%""结束步长%"为默认值，"开始切削%"输入值为-10，输入值为负，延伸方向与切削方向相反，因此生成的刀轨如图 6-153a 所示；如果"开始切削%"输入值为 10，输入值为正，延伸方向与切削方向相同，因此生成的刀轨如图 6-153b 所示。

a)"开始切削%"为-10

b)"开始切削%"为 10

图 6-153　"开始切削%"示意图

保持"开始切削%""结束切削%""结束步长%"为默认值，"起始步长%"输入值为 10，　输入值为正，延伸方向与切削方向相同，因此生成的刀轨如图 6-154a 所示；如果"开始切削%"输入值为-10，输入值为负，延伸方向与切削方向相反，因此生成的刀轨如图 6-154b 所示。

2．生成刀轨

在图 6-14 所示对话框进行相关参数设置，在"驱动设置"栏中设置"刀具位置"为"相切"，"切削模式"为"往复"，"步距数量"为 10。

在图 6-147 所示对话框中的"投影矢量"栏中"矢量"选择"指定矢量"，"方向"为"-ZC 轴"；在"刀轴"栏中，"轴"为"垂直于部件"。

在图 6-147 所示对话框中单击"生成"图标，生成刀轨，单击"确认"图标，实现刀轨的可视化，"可变流线铣"刀轨如图6-155所示。

a)"开始切削%"为10　　　　　　　　　　b)"开始切削%"为—10

图6-154　"起始步长%"示意图

图6-155　"可变流线铣"刀轨

6.5 刀轴

　　"刀轴"用于定义"固定"和"可变"刀具轴的方向。如图6-156所示："固定刀具轴"将保持与指定矢量平行，"可变刀具轴"在沿刀轨移动时将不断改变方向。

　　刀轴选项如图6-157所示。

　　特别是使用"曲面区域铣驱动方式"直接在"驱动曲面"上创建"刀轨"时，应确保正确定义"材料侧矢量"。"材料侧矢量"将决定刀具与"驱动曲面"的哪一侧相接触。"材料侧矢量"必须指向要切除的材料（与"刀具轴矢量"的方向相同）。"材料侧"示意图如图6-158所示。

图 6-156　固定和可变轴

图 6-157　"刀轴"选项

图 6-158　"材料侧"示意图

6.5.1 远离点

"远离点"可定义偏离焦点的"可变刀具轴"，刀具轴离开一点，允许刀尖在零件垂直侧壁面切削。选择"远离点"将打开"点"构造器对话框来指定点。"刀具轴矢量"从定义的焦点离开并指向刀柄，"远离点"刀具轴（往复切削）如图 6-159 所示。

图 6-159　"远离点"刀具轴（往复切削）

刀具方式选择了"远离点"方式后，单击右边的 按钮，将打开"点"构造器对话框，指定一合适点作为远离点。例如，对图 6-160 所示的待加工部件进行切削，刀轴采用"远离点"方式，选择如图 6-161 所示的点作为远离点，驱动方法为"表面积驱动方法"，"投影方式"为"刀轴"，生成的刀轨如图 6-162 所示。

图 6-160　待加工部件　　　　　　图 6-161　指定的远离点

图 6-162　"远离点"刀轴

6.5.2　朝向点

"朝向点"可定义向焦点收敛的"可变刀具轴"，刀具轴指向一点，允许刀尖在限制空间切削。选择"朝向点"将打开"点"构造器对话框来指定点。"刀具轴矢量"指向定义的焦点并指向刀柄，如图 6-163"朝向点"刀具轴（往复切削）所示。

"刀具方式"选择了"朝向点"方式后，单击右边的按钮，打开"点"构造器对话框，指定一合适点作为远离点。例如，对图 6-164 所示的待加工部件进行切削时，刀轴采用"远离点"方式，选择图中所示的点作为远离点，驱动方法为"曲面区域驱动方法"，"投影方式"为"刀轴"，生成的刀轨如图 6-165 所示。

6.5.3　远离直线

"远离直线"可定义偏离聚焦线的"可变刀具轴"。"刀具轴"沿聚焦线移动并与该聚焦线保持垂直。"刀具轴矢量"从定义的聚焦线离开并指向刀柄，如图 6-166 所示。在零件表面任何一点，刀具始终脱离聚焦线，加工过程中摆动不是太剧烈。刀具在平行平面间运动。

图 6-163　"朝向点"刀具轴（往复切削）

图 6-164　待加工部件

图 6-165　"朝向点"刀轴

对图 6-55 所示的待加工部件进行精加工切削，驱动方法为"表面积驱动方法"，切削模式为"往复"，刀轴选择"远离直线"方法，同时弹出如图 6-167 所示"远离直线"对话框，定义聚焦线，刀轨如图 6-168a 所示。其余参数设置和"曲面区域驱动方法"示例中相同。生成的刀轨如图 6-168b 所示，在切削过程中"刀具轴"始终沿聚焦线移动，并与该聚焦线保持垂直。

图 6-166　"远离直线"刀具轴（往复切削）

图 6-167　"远离直线"对话框

图 6-168　"远离直线"刀轨

6.5.4 朝向直线

"朝向直线"可定义向聚焦线收敛的"可变刀具轴"。"刀具轴"沿聚焦线移动，但与该聚焦线保持垂直。刀具在平行平面间运动。"刀具轴矢量"指向定义的聚焦线并指向刀柄，"朝向直线"刀具轴（往复切削）如图 6-169 所示。

图 6-169　"朝向直线"刀具轴（往复切削）

6.5.5 相对于矢量

"相对于矢量"可定义相对于带有指定"前倾角"和"侧倾角"矢量的"可变刀具轴"，如图 6-170 相对于矢量所示。

"前倾角"定义了刀具沿"刀轨"前倾或后倾的角度。正的"前倾角"的角度值表示刀具相对于"刀轨"方向向前倾斜。负的"前倾角"的角度值表示刀具相对于"刀轨"方向向后倾斜。由于"前倾角"基于刀具的运动方向，因此往复切削模式将使刀具在 Zig 刀路中向一侧倾斜，而在 Zag 刀路中向相反的另一侧倾斜。

UG NX 9.0

"侧倾角"定义了刀具从一侧到另一侧的角度。正值将使刀具着沿切削方向右倾斜，负值将使刀具向左倾斜。与"前倾角"不同，"侧倾角"是固定的，它与刀具的运动方向无关。

图 6-170　相对于矢量

6.5.6　垂直于部件

"垂直于部件"可定义在每个接触点处垂直于"部件表面"的"刀具轴"，定义了刀具轴始终与加工零件表面垂直的一种精加工方法，如图 6-171 刀具轴垂直于部件表面所示。

图 6-171　刀具轴垂直于部件表面

6.5.7　相对于部件

"相对于部件"可定义一个"可变刀具轴"，刀具轴相对工件的方法基于垂直于工件方法实现。此方法定义了前倾角和侧倾角。

它相对于"部件表面"的另一垂直"刀具轴"向前、向后、向左或向右倾斜。

"前倾角"定义了刀具沿切削方向前倾或后倾的角度。正的"前倾角"的角度值表示刀具相对于零件表面法向方向向前倾斜；负的"前倾角"（后角）的角度值表示刀具相对于零件表面法向方向向后倾斜，"相对于部件"示意图如图 6-172 所示。

"侧倾角"定义了刀具从一侧到另一侧的角度，沿着切削方向观察，刀具向左右倾斜一个角度。刀具向右倾斜为正，向左倾斜为负，"相对于部件"示意图如图 6-172 所示。由于侧倾角取决于切削的方向，因此在"往复切削类型"的 Zag 刀路中，侧倾角将反向。

图 6-172　"相对于部件"示意图

为"前倾角"和"侧倾角"指定的最小值和最大值将相应地限制"刀具轴"的可变性。这些参数将定义刀具偏离指定的前倾角或侧倾角的程度。例如，在图 6-173a 中如果将前倾角定义为 20°，最小前倾角定义为 0°，最大前倾角定义为 30°，那么刀具轴可以正偏离前倾角正 5°，副偏离 20°。最小值必须小于或等于相应的"前倾角"或"侧倾角"的角度值。最大值必须大于或等于相应的"前倾角"或"侧倾角"的角度值。输入值可以是正值也可以是负值，但"前倾角"或"侧倾角"值，必须在最小值和最大值之间。

a)正值　　　　　　　　　　　　b)负值

图 6-173　前倾角值和侧倾角值

在图 6-173b 中将"前倾角"设置为"负"意味刀具着沿切削方向（往复切削中的 Zig 方向）后倾，如图 6-174a 所示。"侧倾角设置"为"负"意味刀具着沿切削方向（往复切削中的 Zig 方向）左倾，如图 6-174b 所示。

a)前倾角　　　　　　　　　　　　b)侧倾角

图 6-174　前倾角和侧倾角

6.5.8   4 轴，垂直于部件

"4 轴，垂直于部件"可定义使用"4 轴，垂直于部件"的刀具轴。该方法定义一个旋转轴和旋转角。刀具始终在垂直于旋转轴的平面加工，"旋转角度"定义相对零件法向方向再倾斜一个角度。图 6-175 所示"4 轴，垂直于部件"示意图给出了相关概念的说明。顺着旋转轴方向观察，"旋转角度"正值向右倾斜。与"前倾角"不同，4 轴旋转角始终向垂直轴的同一侧倾斜，它与刀具运动方向无关，但切削时刀具可绕旋转轴旋转。也就是说，"旋转角度"正值使刀具轴在 Zig 和 Zag 运动中向"部件表面"垂直轴的右侧倾斜，刀具始终在垂直于旋转轴的平行平面内运动。

图 6-175   "4 轴，垂直于部件"示意图

在某个多轴铣操作对话框中，如果在"刀轴"栏中选择"4 轴，垂直于部件"方式，单击右边的按钮，打开如图 6-176 所示"4 轴，垂直于部件"对话框，选择"指定矢量"方式按钮，指定旋转轴；指定图 6-177 "旋转轴"方向所示的旋转轴。"旋转角度"设置为30，旋转角度如图 6-178 所示。刀具始终在垂直于旋转轴的平行平面内运动，如图 6-179所示。

图 6-176   "4 轴，垂直于部件"对话框   图 6-177   "旋转轴"方向   图 6-178   旋转角度

图 6-179　沿刀轨刀具的方向

6.5.9　4 轴，相对于部件

"4 轴，相对于部件"的工作方式与"4 轴，垂直于部件"基本相同，但增加了一个"前倾角"和一个"侧倾角"。由于是 4 轴加工方法，"侧倾角"通常保留为其默认值 0°。

"前倾角"定义了"刀具轴"沿"刀轨"前倾或后倾的角度。正的"前倾角"的角度值表示刀具相对于"刀轨"方向向前倾斜，负的"前倾角"的角度值表示刀具相对于"刀轨"方向向后倾斜。

旋转角在"前倾角"基础上进行叠加运算。"旋转角度"始终保持在同一方向，"前倾角"随着加工方向变换方向。

"侧倾角"定义了"刀具轴"从一侧到另一侧的角度。正值将使刀具向右倾斜（按照切削方向），负值将使刀具向左倾斜。

在"可变轮廓铣"对话框中，如果在"刀轴"栏中选择"4 轴，相对于部件"方式后，单击右边的 [图] 按钮，弹出如图 6-180 所示的"4 轴，相对于部件"对话框，"前倾角"设置为 20，"旋转角度"设置为 10，指定的"旋转轴"方向如图 6-181 所示。

图 6-180　"4 轴，相对于部件"设置

"旋转轴"方向

图 6-181　"旋转轴"方向

在"可变轮廓铣"对话框中如果"切削模式"为"往复"，当刀具进行"Zig"切削时，"旋转角"和"前倾角"相加，当改变切削方向进行"Zag"切削时，"旋转角度"和"前

倾角"相减，前倾角和旋转角如图 6-182 所示。

前倾20 旋转 10

前倾20
旋转 10

图 6-182   前倾角和旋转角

6.5.10 双 4 轴，相对于部件

"双 4 轴，相对于部件"与"4 轴，相对于部件"的工作方式基本相同。与"4 轴，相对于部件"类似，可以指定一个 4 轴旋转角、一个前倾角和一个侧倾角。4 轴旋转角将有效地绕一个轴旋转部件，这如同部件在带有单个旋转台的机床上旋转，但在"双 4 轴"中，可以分别为单向切削和回转切削定义以上参数，"双 4 轴，相对于部件"对话框如图 6-183 所示。"双 4 轴，相对于部件"仅在使用往复切削类型时可用。

"旋转轴"定义了单向和回转平面，刀具将在这两个平面间运动，如图 6-184 所示。

图 6-183   "双 4 轴，相对于部件"对话框

图 6-184   双 4 轴，相对于部件

"双 4 轴，相对于部件"被设计为仅能与"往复切削类型"一起使用。如果试图使用任何其他驱动方法，都将出现一条出错消息。

"双 4 轴，相对于部件"与"4 轴，相对于部件"都将使系统参考"部件表面"或"驱动曲面"上的"曲面法向"。

除了参考"驱动几何体"而不是部件几何体外，"双 4 轴，在驱动体上"与"双 4 轴，相对于部件"的工作方式完全相同。

选择"双 4 轴，相对于部件"后，需要输入相对于部件表面的"前倾角""侧倾角"和"旋转角度"，并分别为单向和回转切削指定"旋转轴"。

6.5.11 插补

刀具轴"插补"驱动方法一般用于加工如叶轮之类的零件，刀具运动受到空间的限制，必须有效控制刀具轴的方向以免发生干涉情况。

"插补"可通过矢量控制特定点处的刀轴，用于控制由非常复杂的驱动或部件几何体引起的刀轴过大变化，不需要创建其他的刀轴控制几何体，例如：点、线、矢量和光顺驱动曲面等。

可以根据需要定义从"驱动"几何体的指定位置处延伸的多个矢量，从而创建光顺的刀轴运动。驱动几何体上任意点处的刀轴都将被用户指定的矢量插补。指定的矢量越多，越容易对刀轴进行控制。"可变轴曲面轮廓铣"中当使用"曲面驱动"方法时此选项才可用。

在"可变轮廓铣"对话框中，如果在"刀轴"栏中选择了"插补矢量"方法后，单击右边的 按钮，弹出如图 6-185 所示的"插补矢量"对话框，各选项描述如下：

1. 插值矢量

"插值矢量"选项可定义用于插补刀轴的矢量。根据所选择的"插值矢量"选项的不同，添加和编辑中所需的内容也不同。在一个操作中，只能使用一个"插值矢量"选项来定义矢量。如果在定义矢量后更改了"插值矢量"选项，系统将弹出图 6-186 所示的重新选择数据点提示。

图 6-185 "插补矢量"对话框

图 6-186 重新选择数据点提示

点：在"插补矢量"对话框中单击"指定点"按钮，将弹出如图 6-187 所示"点"对话框。首先在驱动几何体上指定一个数据点。

在如图 6-188 所示的"矢量"对话框中指定一个从该点延伸的矢量，此选项将取决于驱动几何体的定义。

对图 6-189 待插补部件进行"插补"操作，具体操作方法如下：

（1）在"插补矢量"对话框中单击"添加"按钮，弹出如图 6-187 所示的"点"对话框，在其中的"类型"栏中选择"点在曲线/边上"，在"曲线"栏中进行曲线选择，选定的曲线如图 6-190 所示，选择曲线时指定的点确定了矢量的位置。单击"确定"按钮。

图 6-187　"点"对话框

图 6-188　"矢量"对话框

图 6-189　待插补部件

图 6-190　选择曲线

（2）弹出如图 6-188 所示的"矢量"对话框，选择"面/平面法向"类型，选择图 6-191 所示的面，此时"矢量"对话框变为图 6-192"面/平面法向"矢量对话框。

（3）在"面上的位置"栏中进行点选择，将再次弹出"点"对话框，选择的点如图 6-193 所示。

（4）在"点"话框中单击"确定"返回到"矢量"对话框，将显示插补方向，插补方向示意图如图 6-194 所示，矢量确定了方向和位置。

图 6-191 选择面

图 6-192 "面/平面法向""矢量"对话框

图 6-193 选择点

图 6-194 插补方向示意图

2．插值方法

（1）线性：使用驱动点间固定的变化率来插补刀轴。线性插补的刀轴光顺性较差，但执行速度较快。

（2）三次样条：使用驱动点间可变的变化率来插补矢量。与"线性"选项相比，此选项可在全部所定义的数据点上生成更为光顺的刀轴更改。"三次样条"将插补中等光顺的刀轴，其执行速度也为中等。

（3）光顺：可以更好地控制生成的刀轨轴矢量。该方式将强调位于驱动曲面边缘的所有矢量,这将减小任何内部矢量的影响。如果需要完全控制驱动曲面时，此选项将尤其有用。光顺插补的刀轴光顺性非常高，但执行速度稍慢。

3．显示已插值矢量

将显示插值矢量。如果使用"指定矢量"将在每个驱动点处显示刀轴矢量。

4．重置为默认值

将移除所有已定义的数据点。如果在已添加数据点后要更改"指定点"选项，则可使用"重置为默认值"选项。

6.5.12 "插补"示例

对图 6-195 所示待插补部件进行切削。

 光盘\动画演示\第 6 章\"插补"示例.avi

（1）选择"主页"选项卡→"插入"组→"创建刀具"图标，弹出"创建刀具"对话框，选择"mill_multi-axis"类型，选择"MILL"刀具子类型，"输入名称"为 END10，"铣刀-5 参数"对话框，输入"直径"为 10，其他采用默认设置，单击"确定"按钮。

（2）选择"主页"选项卡→"插入"组→"创建工序"图标，弹出"创建工序"对话框，选择"mill_multi-axis"类型，在工序子类型中选择"可变轮廓铣"，刀具为"END10"，名称为"VC_SURF_AREA_ZZ_LEAD_LAG"其他采用默认设置，单击"确定"按钮。

（3）弹出"可变轮廓铣"对话框，单击"选择和编辑部件几何体"按钮，选择图 6-195 待插补部件所示整个部件。

（4）在"可变轮廓铣"对话框中指定"驱动方法"。"方法"选择"曲面"，单击"编辑"按钮，弹出"曲面区域驱动方法"对话框，指定驱动几何体：如图 6-196 所示，"切削区域"为"曲面%"，"刀具位置"为"相切"。在驱动设置中"切削模式"为"往复"，"步距"为"数量"，"步距数"为 30，在"更多"栏中"切削步长"为"数量"，"第一刀切削"为 10，"最后一刀切削"为 10，"过切时"为"无"。

（5）在"可变轮廓铣"对话框中，投影矢量为"刀轴"，刀轴为"插补矢量"。具体插补过程的设置和"指定矢量"一节中的过程相同，生成的插补矢量如图 6-197 所示。在"插补矢量"对话框中单击"显示已插值矢量"，对插补驱动点进行显示查看，插补驱动点示意图如图 6-198 所示。

图 6-195　加工部件　　　　图 6-196　指定驱动几何体　　　　图 6-197　插补矢量示意图

（6）"插补"生成的刀轨如图 6-199 所示。

图 6-198 插补矢量示意图

图 6-199 "插补"生成的刀轨

6.6 切削参数

多轴铣的切削参数与轮廓铣等相似,主要包括策略、多刀路、余量、安全设置、空间范围、刀轴控制和更多等选项,"切削参数"对话框如图 6-200 所示,这里只介绍多轴铣中比较特殊的切削参数。

UGNX 9.0

图 6-200 "切削参数"对话框

6.6.1 刀轴控制

在"切削参数"对话框中的"刀轴控制"选项中,可以进行相关参数设置,实现对刀轴的控制。刀轴控制选项包括:

1. 最大刀轴更改

"最大刀轴更改"能够控制由短距离中曲面法向突变导致的部件表面上刀轴的剧烈变化。它允许指定一个度数值来限制每一切削步长或每分钟内所允许的刀轴角度更改。"最大刀轴更改"仅对于"可变轮廓铣"操作可用。

（1）每一步长：允许指定一个值来限制刀轴角度更改，以度/切削步长为单位。如果步长所需的刀轴更改超出指定限制，则可插入额外的更小步长以便不超出指定的每一步长"最大刀轴更改"值。图 6-201 最大刀轴更改说明了当指定非常小的"每一步长"值时如何插入额外的步长。小的"每一步长"值可产生更平滑的刀轴运动，从而产生更光滑的精加工表面。然而，若指定太小的"每一步长"值，则会使刀具驻留在一个区域的时间过长。

（2）每分钟：允许指定一个值限制每分钟内刀轴转过的角度，单位为度。它可以防止旋转轴在曲面中由于小的波状特征而出现过大的摆动，还可防止刀具在尖角处留下驻留痕迹。指定相对较小的值可使刀轴沿曲面法向的缓慢更改，并可产生带有较少刀轴更改的刀轨，如图 6-202 所示。

图 6-201　最大刀轴更改　　　　图 6-202　较小的值限制每分钟的刀轴更改

当刀轴依赖于曲面法向（例如垂直于部件、相对于驱动、双 4 轴在驱动体上）以及当精加工带有尖角的曲面或当包含可被刀具以很大程度放大的细微波状特征时，应该使用此选项。将"插补"指定为刀轴时，"每分钟"是不可用的。

2．在凸角处抬刀

"在凸角处抬刀"可在切削运动通过凸边时提供对刀轨的附加控制，以防止刀具驻留在这些边上。当选中"在凸角处抬刀"时，它可执行"重定位退刀/移刀/进刀"序列，如图 6-203 在凸角处抬刀所示。可指定"最小刀轴更改"，它确定将触发退刀运动的刀轴变化。任何所需的刀轴调整都将在转移运动过程中进行。

图 6-203　在凸角处抬刀

3．最小刀轴更改
指定一个刀轴角度变化的最小值，以度为单位。

6.6.2 最大拐角角度

"最大拐角角度"是专用于"固定轮廓铣"的切削参数。为了在跨过内凸边进行切削时对刀轨进行额外的控制，可指定最大拐角角度，以免出现抬起动作，最大拐角角度如图 6-204 所示。此抬起动作将输出为切削运动。

图 6-204　最大拐角角度

6.6.3 切削步长

"切削步长"是专用于轮廓铣的切削参数。在"切削参数"对话框中的"更多"选项中，可以进行"切削步长"参数设置。切削步长可控制壁几何体上的刀具位置点之间沿切削方向的线性距离，切削步长如图 6-205 所示。步长越小，刀轨沿部件几何体轮廓的移动就越精确。只要步长不违反指定的部件内公差/部件外公差值，系统就会应用为"切削步长"输入的值。

图 6-205　切削步长

311

6.7 非切削移动

6.7.1 概述

　　"非切削移动"允许指定运动,以便将刀具定位于切削运动之前、之后和之间。非切削运动可以简单到单个的进刀和退刀,或复杂到一系列定制的进刀退刀和转移(分离、移刀、逼近)运动,如图 6-206 所示,这些运动的设计目的是协调刀路之间的多个部件曲面、检查曲面和抬起操作。

　　要实现精确的刀具控制,所有非切削运动都是在内部向前(沿刀具运动方向)计算的,如图 6-207 所示。但是进刀和逼近除外,因为它们是从部件曲面开始向后构建的,以确保切削之前与部件的空间关系。

图 6-206　非切削运动

图 6-207　移刀运动的向前构造

　　曲面轮廓铣操作的可用非切削移动由操作的类型和子类型来确定。此处的非切削适用于所有的固定轴曲面轮廓铣操作及除深度加工 5 轴铣以外的所有可变轴操作。在图 6-208 "非切削移动"对话框包括进刀、退刀、转移/快速、避让和更多页面。

图 6-208　"非切削移动"对话框

6.7.2　进刀和退刀

"进刀"和"退刀"允许指定与向部件曲面的来回运动相关联的参数。所定义的参数与进刀和退刀的特定工况相关联。"进刀类型"允许指定刀轨的形状。可指定线性、圆弧或螺旋状的刀轨，进刀类型如图6-209所示。

1. 线性进刀

线性进刀包括"线性""线性-沿矢量""线性-垂直于部件"三个选项。选择"线性-沿矢量"进刀类型后，将激活"矢量"构造器进行矢量的指定。"线性"进刀会使刀具直接沿着指定的线性方向进刀或退刀，如图6-210所示。

图6-209　进刀类型

图6-210　直线运动

2. 圆弧进刀

圆弧进刀包括"圆弧–垂直于部件""圆弧-平行于刀轴""圆弧-垂直于刀轴""圆弧-相切逼近"等选项。圆弧进刀允许同时指定半径、圆弧角度和线性延伸（距离）。系统会通过始终保持指定的半径并调整为使用更大的距离来解决这些值之间的冲突问题，如图6-211所示。在图6-211a中系统延伸了距离以保持指定的弧半径。而在图6-211b中系统保持指定的距离和弧半径，但是通过与弧相切的刀具直线运动将它们连接起来。通过以这种方法解决半径和距离之间的冲突，系统可始终确定安全的间距。

图6-211　系统解决半径和距离之间的冲突

（1）圆弧–垂直于部件：使用进刀或退刀矢量以及切削矢量来定义包含圆弧刀具运动

UG NX 9.0

的平面。弧的末端始终与切削矢量相切，如图 6-212 所示。

（2）圆弧-平行于刀轴：使用进刀或退刀矢量和刀具轴来定义包含弧刀具运动的平面，弧的末端不必与切削矢量相切，如图 6-213 所示。

（3）圆弧-垂直于刀轴：使用垂直于刀具轴的平面来定义包含弧刀具运动的平面，弧的末端垂直于刀具轴，但是不必与切削矢量相切，如图 6-214 所示。

图 6-212　圆弧–垂直于部件　　　　　　图 6-213　圆弧-平行于刀轴

图 6-214　圆弧-垂直于刀轴

（4）圆弧-相切逼近：使用逼近运动末端的相切矢量和切削矢量来定义包含弧刀具运动的平面，弧运动将同时与切削矢量和逼近运动相切，如图 6-215 所示。

圆弧进刀类型需要指定进刀时的"半径"和"线性延伸"，如图 6-216 所示。"半径"允许通过键入值来指定圆弧和螺旋进刀的半径。如果指定的半径和指定的距离之间有冲突，则系统会保持使用半径并调整"线性延伸"距离来解决进刀问题。

　　　　　　　　　　　　　　　　　　a)半径　　　　　　b)线性延伸

图 6-215　圆弧-相切逼近　　　　　　图 6-216　半径和线性延伸

（5）圆弧进刀参数：除了半径和圆弧角度外，还包括：

1）旋转角度：是与部件表面相切的平面中，从第一个接触点开始测量的，如图 6-217 "旋转角度"示意图。如果旋转角度为正数，则会使该运动背离部件壁。如果有多条刀路，那么，在旋转角度为正数时，还会使该运动背离下一个切削运动。当部件不可用时，正旋转角度会使该运动向右旋转。 如果指定负数旋转角度，则会沿着相反的方向旋转。

2）斜坡度："旋转角度"矢量从与部件表面相切的平面提升的高度，如图 6-218 "斜坡度"示意图。如果旋转角度为正数，则会朝着刀轴向上运动。如果旋转角度为负数，则会背离刀轴向下运动。

图 6-217 "旋转角度"示意图   图 6-218 "斜坡度"示意图

3．顺时针（逆时针）螺旋

可在固定轴下降到材料中时产生以圆形倾斜的进刀，螺旋的中心线始终平行于刀具轴，此选项最好与允许进刀轴周围存在足够材料的"跟随腔体"或"同心弧"等切削方式一起使用，如图 6-219 所示，以避免过切边界壁或检查曲面。"螺旋"仅对于进刀运动可用。螺旋进刀的陡峭度取决于"斜坡度"值。螺旋线进刀中的"斜坡度"指定了螺旋线进刀的陡峭度。系统可能会稍微减小所指定的倾斜角度以创建完整的螺旋线旋转。该角度参照于螺旋中心线垂直的平面，如图 6-220 所示。

图 6-219 螺旋逆铣（跟随腔体）   图 6-220 最大倾斜角度 25°

6.7.3 转移/快速

"转移"和"快速"允许指定退刀后和进刀前发生的非切削运动,如图 6-221 所示。对于固定轴曲面轮廓铣操作来说,所有的逼近和分离运动都限制在沿着刀轴运动。

图 6-221 逼近和分离

当需要指定不同于进刀和退刀的进给率和方向时,定义逼近和分离很有用。在图 6-221 中,逼近和分离用于抬起移刀,以允许刀具从部件的一侧迅速移动到另一侧并避开部件曲面。进刀和退刀距离保持为最小,因为它们使用较慢的进给率。

转移/快速选项设置如图 6-222 所示。

1. 逼近和分离

当需要指定不同于进刀和退刀的进给率和方向时,定义"逼近"和"分离"很有用。"逼近"组指定进刀前发生的移动。"离开"组指定退刀后发生的移动。"逼近"方法如图 6-223 所示。"离开"方法和"逼近"方法相对应。

图 6-222 "转移/快速"对话框

图 6-223 逼近方法

（1）沿矢量：选择"沿矢量"方法后，将同时激活指定矢量、距离、刀轴等选项，进行矢量的设置，如图 6-224 所示。"距离"指定了逼近点与进刀点的距离，"刀轴"包括"无更改"和"指定刀轴"两个选项。"沿矢量"使用"矢量"构造器将逼近或离开矢量指定为任何所需的方位，沿矢量逼近和离开（指定矢量）如图 6-225 所示。

（2）沿刀轴：使逼近或分离矢量的方向与刀轴一致，沿矢量逼近和离开（竖直刀轴）如图 6-226 所示。

图 6-224　"沿矢量"逼近选项　　　图 6-225　沿矢量逼近和离开（指定矢量）

图 6-227 所示沿刀轴逼近和离开（安全圆柱）说明了沿安全圆柱的矢量方向进行的逼近和分离移动。

图 6-226　沿刀轴逼近和离开（竖直刀轴）　　　图 6-227　沿刀轴逼近和离开（安全圆柱）

（3）"刀轴"参数：在"沿矢量"逼近选项对话框中，出现了"刀轴"选项需要进行适当的设置。"刀轴"包括"无更改"和"指定刀轴"两个选项，使用这两个选项可指定逼近运动开始处和分离运动结尾处的刀具轴方向。仅当使用"可变轮廓铣"时这些选项才可用。分别说明如下：

1）无更改：使逼近移动开始时的刀轴方位与进刀移动刀轴的方位相同，如图 6-228 所示。分离移动结束时的刀轴方位与退刀移动刀轴的方位相同。

2）指定刀轴：使用"矢量"构造器来定义逼近运动开始处和分离运动结尾处的刀具轴方向。刀轴在逼近移动过程中会更改方位，但是在进刀移动过程中方位不改变。图 6-229 显示了逼近运动开始处的刀具轴方向是如何由矢量定义的。请注意，刀具轴在逼近运动过程中会改变方向，但是在进刀运动过程中方向不改变。刀具轴控制允许控制逼近过程中刀具轴方向的改变量。

2. 移刀

"移刀"可指定刀具从"离开"终点（如果"离开"设置为"无"，则为"退刀"终点；或者是初始进刀的出发点）到"逼近"起点（如果"逼近"设置为"无"，则为"进刀"起点；或者是最终退刀的回零点）的移动方式。通常，移刀发生在进刀和退刀之间或分离和逼近之间。

图 6-228　逼近移动方向指定为"无更改"　　　　图 6-229　逼近运动方向为"指定刀轴"

图 6-230 显示了退刀和进刀之间发生的沿同一单向 (Zig) 切削方向的 4 个移刀运动序列。移刀通常发生在分离和逼近之间，为简化起见，图中只显示了进刀和退刀。运动 1、2 和 3 是中间移刀。运动 4 是最终移刀。此例中，由三个中间移刀和一个最终移刀组成的相同序列发生在刀轨的每个进刀和退刀之间。

移刀 1 的参数将指定刀具沿着固定的刀具轴运动到安全平面 A。移刀 2 的参数可指定刀具直接运动到安全点 B。移刀 3 的参数可指定刀具沿着固定的刀具轴运动到安全平面 A。移刀 4（末端移刀）的参数可指定刀具直接运动到进刀的起点。

3．最大刀轴更改

在"转移/快速"对话框中的"最大刀轴更改"限制"逼近"和"离开"过程中每次刀具移动刀轴方位可以更改的范围。如果刀轴的更改大于指定的限制，系统会插入中间刀具位置。此选项仅在可变轴轮廓铣中有效。图 6-231 所示说明了逼近移动开始时刀轴的方位，该方位与进刀移动的刀轴方位不同。"最大刀轴更改"允许刀轴沿着逼近路线移动时逐渐更改其方位。

图 6-230　沿同一单向(Zig)切削方向的移刀　　　　图 6-231　逼近移动的刀轴控制

6.7.4　公共安全设置

"公共安全设置"允许为进刀、退刀、逼近、离开和移刀的各种工况指定安全几何体。进刀和逼近运动"开始于"定义的安全几何体，而所有其他运动则"终止于"定义的安全几何体。

安全几何体可定义为点、平面、球及圆柱边框等，"公共安全设置"选项卡如图 6-232 所示。此外，如果几何体组中定义了安全平面，则它可用作"使用继承的"选项。

图 6-232　"公共安全设置"选项卡

只要定义了安全几何体，每个实体（点、平面、球或圆柱）就可以与每个非切削运动的特定工况相关联。安全几何体创建之后，不能编辑它，只能将其删除，仅当安全几何体未用于当前运动中时才能将其删除。

1．自动平面

"自动平面"可在安全距离值处创建一个安全平面，该值须在由指定部件和检查几何体（包括部件余量和检查余量）定义的最高点之上。在图 6-232 "公共安全设置"选项卡中选择"自动"方式后将激活"安全距离"选项，可输入数值。安全距离是由输入的"安全距离"值与部件偏置距离之和确定的。如果未定义部件几何体，则以驱动曲面为参考来确定"自动"安全平面的位置。图 6-233 所示为利用"自动"方式生成的安全平面。

2．点

"点"允许通过使用"点"构造器对话框将关联或不关联的点指定为安全几何体，如图 6-234 所示。

3．平面

"平面"允许通过使用"平面"构造器将关联或不关联的平面指定为安全几何体，如图 6-235 所示。

UG NX 9.0

图 6-233　"自动"安全平面

图 6-234　用于逼近和分离的安全点

图 6-235　安全平面

4．球

"球"允许通过使用"点"对话框输入半径值和指定球心来将球指定为安全几何体，如图 6-236 所示。

图 6-236　用于进刀和退刀的安全球

注意

除了对球的进刀和退刀外，进刀和退刀之间的移刀会沿着球的几何轮廓运动。

5．圆柱

"圆柱"允许通过使用"点"对话框输入半径值和指定中心，并使用"矢量子"构造器指定轴，从而将圆柱指定为安全几何体，此圆柱的长度是无限的，如图 6-237 所示。

注意

除了对圆柱的进刀和退刀外，进刀和退刀之间的移刀会沿着圆柱的几何轮廓运动。

图 6-237　用于逼近和分离的安全圆柱

6.8 多轴加工操作实例

6.8.1 加工实例 1

对图 6-238 所示的待加工工件进行铣削，铣削操作包括：CAVITY_MILL（型腔铣），CONTOUR_AREA_NON_STEEP（非陡峭区域轮廓铣）、ZLEVEL_PROFILE（深度轮廓加工），VC_SURF_AREA_ZZ_LEAD_LAG（可变轴曲面轮廓铣）等。

 光盘\动画演示\第 6 章\加工实例 1.avi

1. 创建毛坯

（1）选择"应用模块"选项卡→"设计"组→"建模"图标，在建模环境中，选择"菜单"→"格式"→"图层设置"菜单命令，弹出"图层设置"对话框。新建工作图层 12，单击"确定"按钮。

（2）选择"主页"选项卡→"特征"组→"设计特征下拉菜单"→"拉伸"图标，弹出"拉伸"对话框，选择加工部件的底部 4 条边线为拉伸截面，指定矢量方向为"ZC"，输入开始距离为 0，输入结束距离为 1.25，其他采用默认设置，单击"确定"按钮，生成毛坯如图 6-239 所示。

2. 创建刀具

（1）选择"应用模块"选项卡→"加工"组→"加工"图标，进入加工环境。选择"主页"选项卡→"插入"组→"创建刀具"图标，弹出如图 6-240 所示的"创建刀具"对话框，选择"mill_contour"类型，选择"MILL"刀具子类型，输入名称为 END.25，其他采用默认设置，单击"确定"按钮。

图 6-238　待加工工件

图 6-239　创建毛坯

（2）弹出如图 6-241 所示"铣刀-5 参数"对话框，输入"直径"为 0.25，"下半径"为 0.125，"长度"为 2，"刀刃长度"为 1.0，"刀刃"为 2，其他采用默认设置，单击"确定"按钮。

图 6-240　"创建刀具"对话框

图 6-241　"铣刀-5 参数"对话框

（3）重复上述步骤创建 END.15，输入"直径"为 0.15，"下半径"为 0.075，"长度"为 1，"刀刃长度"为 0.5，"刀刃"为 2，其他采用默认设置。

3．创建几何体

（1）选择"主页"选项卡→"插入"组→"创建几何体"图标，弹出如图 6-242 所示的"创建几何体"对话框，选择"mill_contour"类型，选择"WRKPIECE"几何体子类型，"位置"栏中的"几何体"选择"MCS"，单击"确定"按钮。

（2）弹出如图 6-243 所示的"工件"对话框，单击"选择和编辑部件几何体"按钮，选择如图 6-244 所示部件。单击"选择和编辑毛坯几何体"按钮，选择如图 6-239 所示的毛坯。单击"确定"按钮。

4．创建 CAVITY_MILL 铣

（1）选择"主页"选项卡→"插入"组→"创建工序"图标，弹出如图 6-245 所示的"创建工序"对话框，选择"mill_contour"类型，在工序子类型中选择"CAVITY_MILL"，选择"WORKPIECE"几何体，刀具为"END.25"，方法为"MILL_ROUGH"，其他采用默认设置，单击"确定"按钮。

图 6-242 "创建几何体"对话框

图 6-243 "工件"对话框

图 6-244 指定铣削几何体

图 6-245 "创建工序"对话框

（2）弹出如图 6-246 所示的"型腔铣"对话框，单击"指定切削区域"按钮，进行切削区域的指定，选定的切削区域如图 6-247 所示。

（3）在"刀轨设置"栏中设置切削模式为"跟随部件"，"步距"为"50%刀具平直百分比"，"每刀的公共深度"为"恒定"，"最大距离"为 0.05。

图 6-246 "型腔铣"对话框

切削区域

图 6-247 指定的切削区域

（4）单击"切削层"按钮 📑 ，弹出如图 6-248 所示的"切削层"对话框，"切削层"设置为"恒定"，"公共每刀切削深度"设置为"恒定"，"最大距离"为 0.05，"范围深度"为 0.5，单击"确定"按钮。

（5）单击"切削参数"按钮 📄 ，弹出如图 6-249 所示的"切削参数"对话框，在"策略"选项卡中"切削方向"选择"顺铣"，选中"添加精加工刀路"，"刀路数"为 1，"精加工步距"为 5%刀具；在"余量"选项卡中选中"使底面余量和侧面余量一致"，"部件侧面余量"设置为 0.03，单击"确定"按钮。

（6）单击"非切削移动" 📧 按钮，弹出如图 6-250 所示的"非切削移动"对话框，在"进刀"选项卡的"封闭区域"栏中"进刀类型"选择"螺旋"，"直径"为"90%刀具"，"斜坡角"为 15，"高度"为 0.1in，"最小安全距离"为 0，"最小斜面长度"为 0；在"开放区域"栏中"进刀类型"选择"圆弧"，"半径"为 0.25 in，"圆弧角度"为 90，"高度"为 0.1 in，"最小安全距离"为 0.1 in，选中"修剪至最小安全距离"；在"起点/钻点"选项卡中"重叠距离"设置 0.15 in；在"转移/快速"选项卡中"安全设置选项"选择"平面"，指定加工部件的上表面，输入距离为 0.5，安全平面如图 6-251 所示，在"区域之间"栏中"转移类型"为"前一平面"，"安全距离"为 0.1in，在"区域内"栏中"转移方式"为"进刀/退刀"，"转移类型"为"前一平面"，"安全距离"为 0.1 in。

（7）在"型腔铣"对话框中设置"刀轴"为"+ZM 轴"。

图 6-248　"切削层"对话框

图 6-249　"切削参数"对话框

（8）进行完以上全部设置后，单击"生成"图标，生成刀轨，单击"确认"图标，实现刀轨的可视化，最终生成的刀轨如图 6-252 所示。

图 6-250　"非切削移动"对话框

图 6-251　安全平面

UG NX 9.0

5. 创建 CONTOUR_AREA_NON_STEEP 铣

（1）选择"主页"选项卡→"插入"组→"创建工序"图标 ，弹出"创建工序"对话框，选择"mill_contour"类型，在工序子类型中选择"CONTOUR_AREA_NON_STEEP"，选择"WORKPIECE"几何体，刀具为"END.15"，方法为"MILL_ROUGH"，其他采用默认设置，单击"确定"按钮。

（2）弹出如图 6-253 所示的"非陡峭区域轮廓铣"对话框，在"驱动方法"选择"区域铣削"，单击"编辑" 按钮，弹出"区域铣削驱动方法"对话框，在陡峭空间范围栏中方法为"非陡峭"，"陡角"为 35。在驱动设置中设置"非陡峭切削模式"为"往复"，"切削方向"为"顺铣"，"步距"为"刀具平直百分比"，"步距已应用"为"在平面上"。

（3）单击"切削参数"按钮 ，弹出"切削参数"对话框，在"策略"选项卡中选中"在边上滚动刀具"；在"更多"选项卡中"最大步长"为"100%刀具"。

（4）单击"非切削运动"按钮 ，弹出"非切削移动"对话框，在"进刀"选项卡的"开放区域"栏中的"进刀类型"选择"插削"，"高度"为"200%刀具"；在"根据部件/检查"栏的进刀类型"选择"线性"，"长度"为80%刀具，"旋转角度"为180，"倾斜角度"为45，单击"确定"按钮。

（5）在"轮廓区域非陡峭"对话框中"刀轴"设置为"+ZM 轴"。

（6）进行完以上全部设置后，单击"生成"图标 ，生成刀轨，单击"确认"图标 ，实现刀轨的可视化，最终生成的刀轨如图 6-254 所示。

图 6-252　"CAVITY_MILL 铣"刀轨　　　图 6-253　"非陡峭区域轮廓铣"对话框

6. 创建 ZLEVEL_PROFILE 铣

（1）选择"主页"选项卡→"插入"组→"创建工序"图标 ，弹出"创建工序"对话框，选择"mill_contour"类型，在"工序子类型"中选择"ZLEVEL_PROFILE" ，选择"WORKPIECE"几何体，"刀具"为"END.15"，"方法"为"MILL_SEMI_FINISH"，其他采用默认设置，单击"确定"按钮。

（2）弹出如图 6-255 所示的"深度轮廓加工"对话框，在"刀轨设置"栏中"陡峭空间范围"为"仅陡峭的"，"角度"为 35，"合并距离"为 0.1in，"最小切削深度"为 0.03 in，"公共每刀切削深度"为"恒定"，"最大距离"为 0.25 in。

图 6-254　"CONTOUR_AREA_NON_STEEP"刀轨　　图 6-255　"深度加工轮廓"对话框

（3）单击"切削参数"按钮 ，弹出"切削参数"对话框，在"策略"选项卡中"切削方向"选择"顺铣"，"切削顺序"选择"深度优先"，选中"在边上滚动刀具"，在"余量"选项卡选中"使底面余量和侧面余量一致"，"部件侧壁余量"设置为 0.01，单击"确定"按钮。

（4）单击"非切削运动"按钮 ，弹出"非切削移动"对话框，在"进刀"选项卡的"封闭区域栏"中"进刀类型"选择"沿形状斜进刀"，"斜坡角"为 30，"高度"为 0.1in，"最小安全距离"为 0，"最小斜面长度"为 0。在"开放区域"栏中"进刀类型"选择"圆弧"，"半径"为 0.25 in，"圆弧角度"为 90，"高度"为 0.1 in，"最小安全距离"为

0.1 in，选中"修剪至最小安全距离"；在"起点/钻点"选项卡中"重叠距离"设置0.15 in，"区域起点"中"有效距离"选择"指定"，"距离"为"300%刀具"；在"转移/快速"选项卡的"安全设置"栏中"安全设置选项"选择"自动平面"，"安全距离"为0.2，安全平面如图6-251所示，在"区域之间"栏中"转移类型"为"安全距离-刀轴"，在"区域内"栏中"转移方式"为"进刀/退刀"，"转移类型"为"安全距离-刀轴"。

（5）在"深度加工轮廓"对话框中"刀轴"选择"+ZM轴"。

（6）进行完以上全部设置后，单击"生成"图标 ，生成刀轨，单击"确认"图标 ，实现刀轨的可视化，最终生成的刀轨如图6-256所示。

7．创建 VC_SURF_AREA_ZZ_LEAD_LAG 铣

具体的创建过程可参考"曲面驱动方法"示例一节的相关内容。

8．操作导航器

最终根据以上4个铣削操作（型腔铣，轮廓区域非陡峭铣、深度加工轮廓铣,曲面驱动多轴曲面轮廓铣等铣削操作）将工件加工完毕，可以通过导航器查看它们的位置顺序等信息，通过图6-257"工序导航器-几何"可以查看各操作所用几何体。通过图6-258"工序导航器-机床"可以查看各操作所用刀具。

图6-256　"ZLEVEL_PROFILE"刀轨　图6-257　"工序导航器-几何"　图6-258　"工序导航器-机床"

6.8.2 加工实例2

对图6-259所示的待加工工件进行铣削，创建 VC_SURF_AREA_ZZ_LEAD_LAG 铣，使用的"刀轴"方法为"插补"，驱动方法"曲面区域驱动方法"。

光盘\动画演示\第6章\加工实例2.avi

1．创建刀具

（1）选择"主页"选项卡→"插入"组→"创建刀具"图标 ，弹出如图6-260所示的"创建刀具"对话框，选择"mill_multi-axis"类型，选择"MILL"刀具子类型，输入名称为END.25，其他采用默认设置，单击"确定"按钮。

（2）弹出如图6-261所示的"铣刀-5参数"对话框，输入"直径"为0.25，"下半径"

为 0.125，"长度"为 1.5，"刀刃长度"为 1，其他采用默认设置，单击"确定"按钮。

图 6-259 待加工工件

图 6-260 "创建刀具"对话框

图 6-261 "铣刀-5 参数"对话框

2. 创建工序

（1）选择"主页"选项卡→"插入"组→"创建工序"图标 🔧，弹出如图 6-262 所示的"创建工序"对话框，选择"mill_multi-axis"类型，在工序子类型中选择"VARIABLE_CONTOUR" 🔊，选择"WORKPIECE"几何体，刀具选择"END.25"，方法为"MILL_FINISH"，名称为"VC_SURF_AREA_ZZ_LEAD_LAG"，其他采用默认设置，单击"确定"按钮。

（2）弹出如图 6-263 所示的"可变轮廓铣"对话框，单击"指定切削区域"按钮 🔲，选择整个部件的外表面（不包括内部曲面和两个底面），如图 6-264 指定切削区域所示。

（3）在"可变轮廓铣"对话框中的"驱动方法"栏中选择"曲面"，弹出如图 6-265 所示"曲面区域驱动方法"对话框，单击"指定驱动几何体"按钮 🔲，弹出如图 6-266 所示的"驱动几何体"对话框，进行几何体选择，特别需要注意的是，在选择曲面的时候注意要按照顺序选择，不要随意选择。在选择完第一排后，如图 6-267a 所示，按照顺序进行曲面选择，最终选择整个部件的外表面，如图 6-267b 所示，和图 6-264 中指定的切削区域相同。在"曲面区域驱动方法"对话框中设置切削区域为"曲面%"，"刀具位置"为"相切"，"切削模式"为"往复"，"步距"为"数量"，"步距数"为 60，单击"确定"按钮。

（4）在"可变轮廓铣"对话框中的"投影矢量"选择"曲线和轴矢量"，选择如图 6-268 所示的直线。

图 6-262 "创建工序"对话框

图 6-263 "可变轮廓铣"对话框

图 6-264 指定切削区域

图 6-265 "曲面区域驱动方法"对话框

图 6-266 "驱动几何体"对话框

a)　　　　　　　　　b)

图 6-267　指定驱动体　　　　　　　　图 6-268　选择直线

（5）在"可变轮廓铣"对话框中的"刀轴"选择"插补矢量"，弹出"插补矢量"对话框，由于工件中的曲面变化较大，需要添加一些数据点，尤其在曲率较大的地方，系统也会提示添加数据点，图 6-269 部分数据点后的数据点位置和矢量图。使用"插补刀轴"对话框插补后的示意图如图 6-270 所示。

图 6-269　插补矢量示意图

图 6-270　"插补"示意图

刀轨（插补）

（6）进行完以上全部设置后，在操作栏中单击"生成"图标，生成刀轨，单击"确认"图标，实现刀轨的可视化，最终生成的刀轨如图 6-271 所示。

（7）若将"刀轴"由"插补"改为"双 4 轴在驱动体上"，在如图 6-272 所示对话框中设置"前倾角"为 0，"侧倾角"为 0，"旋转角度"为 0，"旋转轴"为"ZC 轴"，结果如图 6-273 所示。

与"VC_SURF_AREA_ZZ_LEAD_LAG"刀轨（插补）相同，但采用"插补"可以在某些区域增加或删除数据点以生成较稀疏或密集的刀轨。

331

图 6-271　"VC_SURF_AREA_ZZ_LEAD_LAG"

图 6-272　"双 4 轴，相对于驱动体"对话框　　　图 6-273　"VC_SURF_AREA_ZZ_LEAD_LAG"
刀轨（双 4 轴在驱动体上）

第7章

点到点加工

UG NX 提供了点到点加工，可以创建钻孔、攻螺纹、镗孔、铰孔、平底扩孔和扩孔等操作的刀轨。同时也提供了点焊和铆接操作，以及任何"刀具定位到几何体—插入部件—退刀"类型的操作。

本章将详细介绍点到点加工的相关内容。包括循环参数的意义，循环方式的意义，几何体的设置等知识，并给出了钻孔加工实例，通过实例操作使读者掌握堤点加工操作的一般方法和技巧，巩固点到点加工的基本知识。通过本章的学习读者将基本掌握点到点加工的方法和流程。

重点与难点
- 钻孔循环
- 操作参数

7.1 "点到点"概述

系统生成的刀轨信息可以导出生成一个"刀具位置源文件"(CLSF)。通过使用"图形后处理器模块"(GPM)，CLSF 可与大多数控制器和机床组合兼容。

"点到点"加工包括钻孔、镗孔、沉孔、铰孔、扩孔、攻螺纹、铣螺纹、点焊和铆接等多种加工操作模板，孔可以是通孔、盲孔、中心孔和沉孔等。

"点到点"加工不需要指定部件几何体、毛坯几何体和检查几何体等，只需要指定孔的加工位置、加工表面和底面指定"点到点"加工的几何体。

当零件中出现多个直径相同的孔时，可通过指定不同的循环方式和循环参数组进行加工，不需要分别指定每个孔进行加工。当加工孔径相同的孔时，可以设置为循环参数组，一次完成同类孔，不需分次加工，减少了加工时间，提高了加工效率，不需要换刀和重新定位，提高了零件个孔的相对位置精度。

7.2 基本操作

（1）创建或选择刀具。
（2）循环类型与参数——循环参数组、深度、进给速率、步进量。
（3）孔位置的选择。
（4）常用选项——避让选项、进给速率、机床控制命令。
（5）刀具路径的显示（可选）。
（6）刀具路径的产生与模拟。

7.2.1 "创建工序"对话框

1. 设置"创建工序"对话框

选择"主页"选项卡→"插入"组→"创建工序"图标 ，弹出如图 7-1 所示的"创建工序"对话框，在"类型"下拉列表框中选择"drill"（钻削）加工方式，在"工序子类型"中选择"drilling" 点位加工类型，程序、刀具、几何体、方法等按照系统的默认选项，然后单击"确定"按钮，弹出如图 7-2 所示的"钻孔"对话框。

2. 点位加工类型

"创建工序"对话框中，点位加工类型共有 14 种，其中前 11 种点位加工类型的图标和含义如下：

（1） SPOT_FACING（孔加工）：在零件表明上扩孔，是带有停留的钻孔循环。

图 7-1 "创建工序"对话框   图 7-2 "钻孔"对话框

（2） SPOT_DRILLING（定心钻）：主要用来钻定位孔，是带有停留的钻孔循环。

（3） DRILLING（钻孔）：钻孔加工的基本操作，一般情况下利用该加工类型即可满足点位加工的要求。

（4） PECK_DRILLING（啄钻）：采用间断进给的方式钻孔，每次啄钻后退出孔，以清除孔屑。

（5） BREAKCHIP_DRILLING（断屑钻）：每次啄钻后稍稍退出以断屑，并不退到该加工孔的安全点以上，适合于加工韧性材料。

（6） BORING（镗孔）：利用镗刀将孔镗大。

（7） REAMING（铰）：利用铰刀将孔铰大，铰孔的精度高于钻孔。

（8） COUNTERBORING（沉头孔加工）：将沉孔加工成平底。

（9） COUNTERSINKING（钻埋头孔）：可以钻锥形沉头孔。

（10） TAPPING（攻螺纹）：可钻锥形沉头孔。

（11） THREAD_MILLING（螺纹铣）：使用螺旋切削铣削螺纹孔。

7.2.2 "创建刀具"对话框

选择"主页"选项卡→"插入"组→"创建刀具"图标，弹出如图 7-3 所示的"创建刀具"对话框。选择"drill"类型，单击"确定"按钮弹出图 7-4 所示的"钻刀"对话框，进行刀具的创建。图 7-3 中"刀具子类型"栏中共有 12 种刀具，前 9 种刀具名称如下：

图 7-3 "创建刀具"对话框

图 7-4 "钻刀"设置对话框

- ▣ SPOTFACING_TOOL：扩孔刀。
- ▣ SPOTDRILLING_TOOL：中心钻刀。
- ▣ DRILLING_TOOL：普通麻花钻刀。
- ▣ BORING_BAR：镗孔刀。
- ▣ REAMER：铰孔刀。
- ▣ COUNTERBORING_TOOL：沉孔刀。

- ■ COUNTERSINKING_TOOL：倒角沉孔刀。
- ■ TAP：丝锥刀。
- ■ THREAD_MILL：螺纹铣刀。

7.2.3　操作方法

1．定义几何体

（1）方法一：在如图 7-2 所示的"钻"对话框的"几何体"栏中通过指定孔、指定部件表面、指定底面等方式选择要加工的孔。

（2）方法二：在如图 7-5 所示的"创建几何体"对话框里创建要加工的孔。在"几何体子类型"中共有 4 个选项，分别为 MCS（MCS），（WORKPIECE），（DRILL_GEOM），（HOLE_BOSS_GEOM）。单击"创建几何体"对话框里（DRILL_GEOM）图标后，单击"确定"按钮，弹出图 7-6"钻加工几何体"对话框，同样有指定孔，指定部件表面，指定底面，操作方式也相同。

图 7-5　"创建几何体"对话框　　　　图 7-6　"钻加工几何体"对话框

2．定义刀轴

图 7-2"钻"对话框中的"刀轴"栏，定义刀轴有三种方法：

- ■ +ZM 轴：指定刀轴的方向为+ZM 轴，为系统默认刀轴方向。
- ■ 指定矢量：利用指定矢量方法定义刀轴。选择该方式后，会激活矢量构造器，供用户指定矢量。指定完毕矢量后，该矢量方向即为刀轴方向。
- ■ 垂直于部件表面：指定刀轴方向与加工工件的表面垂直。

3．循环类型

"循环类型"对话框如图 7-7 所示。针对不同的孔采用不同的循环加工方式，才能加工出合乎要求的孔，UG NX 提供了 14 种循环类型，根据具体的加工要求选择合理的循环方式，选定循环方式后，单击"循环"右边的"编辑"图标，可进一步选择设置"循环参数组"及"循环参数"等具体内容。

UG NX 9.0

图 7-7　"循环类型"对话框

4．生成刀具轨迹

在"钻"对话框中的"操作"栏中，单击 图标生成刀具轨迹，完成点位加工操作的创建。

7.3　几何体

7.3.1　概述

本节内容包含关于每个"点到点"加工子模块中几何体主菜单选项的说明，下面列出了这些选项，用户可使用这些选项来选择和操作点并生成刀轨。在"钻"对话框中"几何体"栏或"钻加工几何体"对话框中单击"指定孔"图标 ，弹出如图 7-8 所示的"点到点几何体"对话框，对话框中各加工子模块的简单说明如下：

图 7-8　"点到点几何体"对话框

（1）选择：选择圆柱形和圆锥形的孔、弧和点。

（2）附加：在一组先前选定的点中附加新的点。

（3）省略：忽略先前选定的点。

（4）优化：编排刀轨中点的顺序。

（5）显示点：使用"包含""忽略""避让"或"优化"选项后验证刀轨点的选择情况。

（6）避让：指定跨过部件中夹具或障碍的"刀具间隙"。

（7）反向：颠倒先前选定的转至点的顺序。

（8）圆弧轴控制：显示和/或反向先前选定的圆弧和片体孔的轴。

（9）Rapto 偏置：为每个选定点、圆弧或孔指定一个 Rapto 值。

（10）规划完成：用于结束加工位置的定义。

（11）显示/校核循环参数组：显示与每个参数集相关联的点，和/或验证（列出值）任何可用"参数集"的循环参数，只有在参数集选定了加工点才会出现。

如果存在激活的循环，图 7-8"点到点几何体" 对话框的选项中将出现"显示/验证循环参数集"选项。该选项可：1）显示与每个参数集相关联的点；2）验证（列出值）任何可用"参数组"的循环参数。

当用户接受了一个"点到点"操作后系统将保存点信息和操作说明。当用户检索一个说明或编辑一个操作时，系统将同时检索指定点或圆弧中心的信息。系统将保留点的顺序和任何指定的"避让"运动。除一般点外，所有"点到点"几何体都具有关联性。

7.3.2 点到点几何体

1．选择

图 7-8"点到点几何体"对话框中的"选择"选项允许用户选择（圆柱形和圆锥形的）孔、圆弧和点。用户可以使用下列不同类型的几何体来表示"点到点"操作中的一个孔：片体中的孔、实体中的孔、点、弧（或整圆）。

片体中的孔可能是一个孔特征，也可能是从平面片体中减去一个圆柱面形成的孔。可以使用点来表示孔的中心。可以在片体或实体的表面使用点，也可以单独使用点。

实体中的孔也可能是一个孔特征，或是从实体中减去一个圆柱形成的孔。即使孔的边缘四周存在倒角或圆角也没有关系，不要求孔所在的实体表面必须是平面。

单击"选择"选项后，将弹出图 7-9 所示"选择加工位置"对话框。

（1）Cycle 参数组：用于建立当前 "Cycle 参数组"与下一个点或下一组点相关联。系统将用户选择的"参数组"与随后选择的点相关联，直到用户更改或重设该选项。

如果一个循环处于激活状态，则表示用户已定义了至少一个至多五个"循环参数集"。系统将初始默认参数设置为"参数组-1"，单击"Cycle 参数组-1"将打开图 7-10"循环参数组"对话框。通过单击"参数组 1""参数组 2"等按钮，在打开的对话框中设置循环参数，指定一组循环参数。

如果希望第一组选定点使用"参数组 1"，则不需要指定"参数组"，可通过"一般点"或"组"来选择第一组点。如果要为后续点更改"参数组"，需选择"循环参数组"来选择所需的参数组并指定所需的点。

选择"循环参数组"菜单中的"显示/校验循环参数组"与"点到点几何体"菜单中的"显示/校验循环参数组"的功能相同。"显示"可显示与每个参数组相关联的点，"校验"

可验证 5 个参数组中任意一个的"循环参数"值。

1）在"循环参数组"对话框中单击"参数组 1"，然后单击"确定"，返回到图 7-8 "点到点几何体"对话框。

图 7-9 "选择加工位置"对话框

图 7-10 "循环参数组"对话框

2）建立了"参数组 1"后，如果要建立"参数组 2"，在图 7-10 对话框中单击"参数组 2"并返回到图 7-9"选择加工位置"对话框，此时对话框中的"Cycle 参数组-1"变为"Cycle 参数组-2"，在图 7-11a 中选择所需的点，选择完毕后，单击"确定"，返回到图 7-8"点到点几何体"对话框。

a)

b)

图 7-11 定义参数组

3）单击"显示/校核循环参数组"按钮，将弹出图 7-12 所示的"显示/校核"对话框，单击其中的"显示"按钮，弹出图 7-12 所示对话框，选择参数组进行显示。单击图 7-12 中的"参数组 1"按钮将显示对应的第一组点，如图 7-11a，同时在图中将显示符号"*"和组号 1；单击"参数组 2"将显示对应的第二组点，如图 7-11b，同时在图中将显示符号

"*"和组号2。

图7-12 "显示/校核"对话框

 注意

"参数集"只适用于"循环参数"中，如果没有活动的"循环"，"参数集"不适用。当没有活动的"循环"时，"选择点"菜单将显示默认的"参数集"状态，该状态为"无"。如果选择"循环参数集"选项，系统将显示出错消息"循环不活动"。

（2）一般点：可通过使用"点"构造器来定义关联的或非关联的加工位置点。通过"点"构造器反复选择需要加工的点，定义每个点时，屏幕上将出现表示该点位置的一个符号"*"，选择完毕后单击"确定"，返回到图7-10所示对话框。用户随后也可更改"参数组"继续选择点，或者选择"确定"返回"点到点几何体"对话框。如果更改了"参数组"进行继续选择点，那么所选的点将属于更改后的"参数组"。返回到"点到点几何体"对话框后，将在所选点旁边按选择顺序标注编号，如图7-13所示，编号表示切削顺序。

图7-13 选择"一般点"

一般点、圆弧及实体和片体上的孔等几何对象，均可指定为加工位置。当指定一点后，系统默认该点为加工孔的中心。

（3）组：允许用户选择任何先前成组的点和/或弧。可使用光标选择组或直接输入先前命名的组的名称。系统将选择组中的所有点以及组中所有圆弧的圆心。对于圆弧，系统将保留圆弧的轴以及圆弧的圆心。

（4）类选择：通过使用"类选择"子功能选择几何体，如点、线、面。单击"类选择"选项后，将打开图7-14"类选择"对话框，在对话框中，选取一种选择方法，指定一类几何对象即可指定加工位置。在选中一个点对象后，屏幕上将出现表示该点。

位置的一个符号"*"与"一般点"操作类似，最终将在所选点旁边按选择顺序标注号码。选择时可设置"过滤器"以约束选择范围。

图7-14 "类选择"对话框

（5）面上所有孔：可选择一个面并指定该面上的孔为加工位置。如果需要选择表面上某直径范围内的孔，可在图7-15"选择面上孔"对话框中单击"最小直径-无"或"最大直径-无"按钮，限制直径范围，则在所选表面上符合条件的所有完整的柱形孔将被选择。

 注意

每个孔必须是完整的圆柱形孔。如果两个孔合并在一起，它们本身便不是两个完整的圆柱。因此，用户只能选择一个孔。

用户可以指定要选择的孔的直径范围，方法是输入"最大直径"或"最小直径"，或同时输入这两个值。

1）最小直径：如果需要选择工件表面上孔的直径大于某一直径时，可指定最小直径。单击图7-15中的"最小直径-无"将打开图7-16"直径输入"对话框，在直径文本编辑栏里输入数值即为设定的"最小直径"值，所有在工件指定表面上的大于最小直径值的孔将被选中，如果选中"设为空"选项，将出现 "最小直径-无"。

2）最大直径：如果需要选择工件表面上孔的直径小于某一直径时，可指定最大直径。"最大直径"的设定方法与"最小直径"相同，不同的是工件指定表面上的所有小于"最大直径"值的孔将被选中。

输入最小和最大直径后，使用光标选择相应的面，可选中此面上符合最小和最大直径要求的孔。如果最小和最大直径全部"设为空"，使用光标选择面时，此面上所有的孔都被选中。

图 7-15 "选择面上孔"对话框

图 7-16 "直径输入"对话框

"最小直径"和"最大直径"的值仅用于建立选择标准。这些字段将继续显示上一次输入的值，而不考虑该对话框的第一行显示的"循环参数集"的编号。也就是说，更改"循环参数集"的编号不会更改显示的"最小直径"和"最大直径"的值。

对图 7-17a 中的孔进行"面上所有孔"选择。

在选择加工位置对话框中单击"面上所有孔"按钮，弹出"选择面上孔"对话框，单击其中的"最小直径"，弹出"直径输入"对话框，在其中输入 10；同理，"最大直径"输入 12。单击"确定"返回到"点到点几何体"对话框，选中的"孔"如图 7-17b 所示。

a)选前　　　　　　　　　　　　b)选后

图 7-17 选择"孔"结合体

（6）预钻点：调用之前 "平面铣"或"型腔铣"操作中生成的进刀点作为加工位置点。这些进刀点保存在一个临时文件中。在"点到点"操作中，这些点用于定位预钻孔操作使用的刀具，在后续的铣削操作中刀具将沿刀具轴进刀而不会过切部件。

当选择"预钻点"并选择确定接受这些点后，系统将调用保存在临时文件中的预钻点并显示在部件上，使用这些点来创建刀轨。生成刀轨后，系统将从该临时文件中删除积累的"预钻点"，以便后续的铣削操作可以积累一组新的点。如果没有可调用的预钻点，系统将显示图 7-18 所示的 "该进程中无点" 的无预钻点提示消息框。

 注意

> 如要使用 "预钻点" 选项，应确保把钻孔刀具路径的 "点到点" 加工操作排在相应的铣削操作之前。

（7）最小直径和最大直径：这两个选项的作用和操作方法同前面 "面上所有的孔" 里的 "最小直径" 和 "最大直径" 选项相同。

（8）选择结束：该选项用于结束加工位置的选择。单击 "选择结束" 将返回到图 7-8 "点到点几何体" 对话框。

（9）可选的-全部：在采用 "组" "类选择" 及单选等方式选择加工位置时，此选项用于控制所选取对象的类型，主要有 5 种选择方式：仅点、仅圆弧、仅孔、点和圆弧、全部。在图 7-9 "选择加工位置" 对话框中单击 "可选的全部" 选项，可选几何对象选择如图 7-19 所示。

图 7-18　无预钻点提示消息框

图 7-19　选择可选几何对象

1）仅点：圆弧被忽略。此选项表示在后面所选的 "组" 中的点以及通过矩形和多边形框选的点将被包含在点对点操作中。选中该项后，图 7-9 "选择加工位置" 对话框 "可选的" 右边将显示 "仅点"

2）仅圆弧：点被忽略。此选项表示在后面所选的 "组" 中的圆弧以及通过矩形和多边形框选的圆弧将被包含在点对点操作中。选中该项后，图 7-9 "选择加工位置" 对话框 "可选的" 右边将显示 "仅圆弧"。

3）仅孔：此选项表示在后面所选的 "组" 中的圆弧以及通过矩形和多边形框选的圆弧所对应孔将被包含在点对点操作中，如果所选圆弧无对应孔，会自动忽略。选中该项后，图 7-9 "选择加工位置" 对话框 "可选的" 右边将显示 "仅孔"。

4）点和圆弧：此选项表示在后面所选的 "组" 中的点和圆弧以及通过矩形和多边形框选的点和圆弧将被包含在点对点操作中。选中该项后，图 7-9 "选择加工位置" 对话框 "可选的" 右边将显示 "点和圆弧"。

5）全部：点、圆弧及孔全部被包含在点对点操作中。该选项是系统默认选项。选中该项后，图 7-9 "选择加工位置" 对话框 "可选的" 右边将显示 "全部"。

5 种选择方式会影响"类选择"，在图 7-14"类选择"对话框中单击"类型过滤器"选项，会弹出图 7-20 所示的"按类型选择"对话框，会显示不同的可选类型，分别如下：

a）"仅点"对应显示为点。

b）"仅圆弧"对应显示为曲线。

c）"仅孔"对应显示为边。

d）"点和圆弧"对应显示为曲线、点。

e）"全部"对应显示为曲线、边、点。

如果已经用某种选项选定了加工点，在"点到点几何体"对话框再单击"选择"按钮时，将弹出如图 7-21"选择确认"对话框，如果单击其中的"是"按钮将清空前面选中的所有加工点，重新选择新的加工点。如果选择"否"，前面选中的加工点将被保留，后面选择的加工点将添加在前面选中的加工点中。

图 7-20　"按类型选择"对话框

图 7-21　"选择确认"对话框

2．附加

"附加"可用来向在前面已选的加工点中追加新的点。在"点到点几何体"对话框中单击"附加"选项，同样会打开选择加工位置对话框，可以选择新的加工点添加到先前选择的加工点集中去。

 注意

如果前面没有点被选中，选择"附加"时，系统会显示如图 7-22 所示的"附加"错误消息框。

图 7-22　"附加"错误消息框

3．省略

"省略"可从前面已选点中剔除某些点。在"点到点几何体"对话框中单击"省略"

按钮，会打开图 7-23 所示的"省略"对话框。在零件中选择要省略的点后，生成刀轨时，系统将省略此选定点。

如果在"选择"或"附加"中没有选择点，直接单击"省略"按钮，系统将显示 7-24 "省略"错误消息框。

图 7-23   "省略"对话框

图 7-24   "省略"错误消息框

在图 7-25a 中选择需要"省略"的点，选中后可以看到被忽略的点画上了小圆圈，如图 7-25b 中的"7"点。单击"确定"按钮返回"点到点几何体"对话框，如果在"点到点几何体"中单击"显示点"按钮，会发现被"省略"的点已从图中已选点中剔除，并且剩余的已选点进行了重新编号，如图 7-25c 所示。

a)   b)   c)

图 7-25   "省略"前后比较图

4. 优化

"优化"用于安排刀轨中各加工位置的加工顺序以实现最快刀轨或限制刀轨。"优化"可将刀轨限制在水平或垂直的带状区域内的刀轨，以适应夹具位置、机床行程，工作台尺寸等情况下的约束。

"优化"功能将舍弃先前定义的所有"避让"运动。因此，应在使用"优化"功能后重新设置"避让"功能。

在"点到点几何体"对话框中单击"优化"选项，弹出如图 7-26 所示的"优化"对话框，在对话框中有"最短刀轨""Horizontal Bands（水平带）""Vertical Bands（垂直带）"

等方式进行刀轨优化，同时可以通过"Repaint Points（重绘加工点）"显示优化后的加工位置。

（1）最短刀轨：指定系统以最短路径来优化刀轨。在加工点的数量很大并且需要使用可变刀轴时，该方法常被用作首选方法。但这种方法比其他优化方法可能需要更多的处理时间。

在选择"最短刀轨"方法后，弹出如图 7-27 所示"优化参数"对话框。单击"Level-标准"按钮，可以转换优化方式"Level-标准"或"Level-高级"。

如果需要用到变轴加工，可选用基于先刀轴后距离方法或"Based on-距离"方法进行优化。一般情况下，可以选择"Start/End Point-自动"或"Start /End Tool Axis-N/A"设置刀规。优化刀轨后，系统将显示刀轨总长度和刀轴总角度变化，然后可单击"接受"或"拒绝"优化结果。

图 7-26 "优化"对话框

图 7-27 "优化参数"对话框

"优化参数"对话框中各选项的说明如下：

1）Level：指定按照最短路径优化时的优化方式。优化方法有标准和高级两种方式：

- 标准：首先选择一个新的加工位置作为优化起点，然后在剩余的加工位置点中选择离起点最近的点作为第二个点，第三个点是离第二个点最近的点，以此类推，完成所有加工位置的切削。

- 高级：需要比"标准"方法花费更多时间确定最短路径，但提高了加工效率。生成的刀具路径的总长比"标准"方法生成的刀具路径总长更短。

2）Based on-距离：指刀轨加工位置之间的距离。

- 对固定轴刀轨的刀具路径，优化原则是距离。通过计算在刀轴方向和垂直刀轴方向的平面之间移动时间决定最短刀具路径。

- 对于可变轴刀轨，有两个选项：Distance only（仅距离）和 Tool Axis Then Distance（先刀轴后距离）：Distance only：只考虑距离，不考虑刀轴。Tool Axis Then Distance：需同时考虑穿越两加工位置间的时间和刀轴变化时间确定最短路径。

3）Start Point /End Point-自动：指刀轨起点和终点的坐标。单击"Start Point-自动"或"End Point-自动"，弹出如图 7-28 所示的"起/终点选择"对话框。

- 自动：由系统确定刀轨的起点和终点。系统根据最短刀轨确定起点，不一定是为形成

UG NX 9.0

347

刀轨选择的第一个点。

■ Current Start Point：为刀轨选择的第一个点作为起点。如果这些点已被优化，则此选项将使用系统或用户选定的点作为当前的起点。

■ Current End Point：为刀轨选择的最后一个点作为终点。如果这些点已被优化，则此选项将使用系统或用户选定的点作为当前的终点。

对图 7-29a 中大于 14mm 的孔进行选择和加工路径优化，下面分别采用三种不同指定刀轨起点和终点的方法进行说明。

首先在"点到点几何体"对话框中单击"优化"选项，打开优化对话框，单击"Shortest Path"按钮，弹出优化参数对话框，选择"Level-标准"选项。

图 7-28 "起/终点选择"对话框

图 7-29 指定 Start Point /End Point

Start Point-自动 和 End Point-自动都选择"自动"。

在优化参数对话框中单击"优化"，形成新加工顺序，如图 7-29b 所示。图 7-29b 是指定起点和终点形成的加工顺序。"Start Point"选中图 7-29b 中标号 1 的点，"End Point"选中图 7-29b 中标号 7 的点。在图 7-29 "优化参数"对话框中单击"优化"后形成的加工顺序以标号 1 的点为起点，以标号 7 的点为终点。

图 7-29c 中的加工顺序是在图 7-29b 切削顺序基础上形成的。指定起点时，在起/终点选择对话框中单击"Current End Point"，即将图 7-29b 中当前加工顺序的终点作为优化后的起点；在起/终点选择对话框中单击"Current Start Point"，即将图 7-29b 中当前加工顺序的起点作为优化后的终点。图 7-29c 即为在图 7-27 "优化参数"对话框中单击"优化"形成的加工顺序。可以发现，除了起点和终点对调变换外，其余点的加工顺序未变，但是加工路径的方向则变了。

4）Start Tool Axis/End Tool Axis-N/A：用于指定刀轨起始（或终止）位置的刀轴。只在可变轴加工中使用。

5）优化：在以上优化设置完毕后，单击"优化"选项，弹出如图 7-30 所示"优化比较"对话框，显示优化前后的优化结果，包括刀具路径总长的变化，刀轴方向总的角度变化。如果是第一次优化，那么优化之前的刀具路径总长和刀轴方向取决于第一次选择刀具路径中各点的顺序。

在"优化比较"对话框中单击"显示"选项将显示优化后各孔的加工顺序。

在各加工点将以"*"号显示在视图窗口中，并在旁边标注优化后各孔的加工序号，如图 7-29 所示。在"优化比较"对话框中如果单击"接受"，指定系统接受优化后的刀具路径，并返回到"点到点几何体"；如果单击"拒绝"选项，系统将放弃本次的优化结果，返回到"优化参数"对话框，可以继续进行优化设置。

图 7-30　"优化比较"对话框

（2）Horizontal Bands（水平带）：在用户指定的水平带区域内优化刀具路径。通过指定一系列"水平带"包含和引导刀具沿平行于 WCS 的 XC 轴往复运动。所有"水平带"必须由两条平行的水平线（平行于 XC 轴）组成，并按定义顺序对"水平带"排序。

1）排序方式

■　升序：系统将按照从最小 XC 值到最大 XC 值的顺序对第一个条带中和后续所有奇数号的条带（1、3、5 等）中的点进行排序。第二个条带中和随后的所有偶数编号的条带（2、4、6 等）中的点将按照从最大 XC 值到最小 XC 值的顺序进行排序，如图 7-31a 所示。

■　降序：系统将按照从最大 XC 值到最小 XC 值的顺序对编号为奇数的条带（1、3、5 等）中的点进行排序，并按照从最小 XC 值到最大 XC 值的顺序对编号为偶数的条带（2、4、6 等）中的点进行排序，如图 7-31b 所示。

a)升序　　　　　　　　　b)降序

图 7-31　"水平带"排序

2）建立方法：在优化对话框中单击"Horizontal Bands"，打开如图 7-32a 所示的水平带选择对话框，单击"升序"或"降序"按钮将打开图 7-32b 所示的"水平带"对话框，可以进行水平带的定义。

在弹出在图 7-32b 后，在状态栏会提示"定义在第一条线上的点"，用户可在合适的地方单击，第一条过此点的直线会自动建立，接着提示"定义在第二条线上的点"，建立第二条直线，"水平带 1"建立完毕。图 7-32b 中的标题栏变为"水平带 2"，与"水平带 1"的建立方法相同，建立"水平带 2"。图 7-33 所示即为所建立的两个"水平带"，"水平带 1"由"第一条直线"和"第二条直线"，两线中间部分的加工点将按照"升序"，图 7-33 中各点的编号为优化前的编号，包含在水平带内的所有加工点将参与刀具路径优化，未包含的加工点不参与优化，如果不添加这些点，系统将不在这些点处进行切削加工。水平带建立完毕后，在图 7-32b 中单击"确定"后，将返回到"点到点几何体"对话框中，同时刀具路径被优化，"水平带"优化后如图 7-34"水平带"优化图所示。

a)

b)

图 7-32   "水平带选择"对话框

图 7-33   建立"水平带"说明图

图 7-34   "水平带"优化图

比较图 7-33 和图 7-34 可发现，"水平带 1"和"水平带 2"的加工点按照"水平带"进行优化，"水平带 1"内的点按照 XC 坐标升序排列，"水平带 2"内的点按照 XC 坐标降序排列，未选中的点不参与优化。

（3）Vertical Bands（垂直带）：与"水平带"操作相似，不同的是"垂直带"必须由两条平行于 YC 轴的垂直线组成。

（4）Repaint Points（重绘点）：重新绘制每次优化后所有选定点。该选项可在"是"和"否"之间切换。将"重绘点"设为"是"后，系统将重新显示每个点的顺序编号。例如：如果"Repaint Points"此前已切换为"是"，在图 7-32b 中"水平带"设置完毕后，单击"确定"按钮，立刻重绘图 7-34 中各选中加工点的序号，否则不重绘，需要在"点到点几何体"对话框中单击"显示点"选项，重绘序号。

5．显示点

"显示点"用来在视图窗口中显示加工点，在"选择""附加""忽略""避让"或"优化"选项等操作后验证所选择的各加工点。在"点到点几何体"对话框中单击"显示点"选项后将显示这些点的新顺序。

6．避让

"避让"用于定义越过部件中夹具或障碍的"刀具间距"。必须定义"起点""终点"和"退刀安全距离"。"距离"表示"部件表面"和"刀尖"之间的距离。在"点到点几何体"对话框中单击"避让"选项后，弹出如图 7-35a 所示的"避让"对话框，同时在状态栏里会提示"选择起点"，可用鼠标在工件图中选择合适的位置点，选定起点后，状态栏里会提示"选择终点"，用鼠标选择合适的终点，选定终点后，弹出图 7-35b 所示的对话框，选取安全平面或指定距离，即可指定刀具需要避开的几何体。

a)

b)

图 7-35 "避让"对话框

7．反向

"反向"用于使前面已选择的加工位置的加工顺序颠倒。可用于在同一组加工位置中进行"背对背"操作，例如钻孔和攻螺纹。在按一定顺序加工钻削完所有孔后，接着从按照从最后一孔至第一孔的顺序进行攻螺纹，不用再重新安排刀具路径。"反向"保持已经设定的"避让"关系，无须再重新设定。在图"点到点几何体"对话框中单击"反向"选项进行"反向"切换，然后单击"显示点"进行序号显示。图 7-36a 为"反向"前加工顺序，图 7-36b 为"反向"后加工顺序，单击"反向"后再单击"显示点"查看序号。

a)"反向"前加工顺序

b)"反向"后加工顺序

图 7-36 加工顺序反向

8．圆弧轴控制

"圆弧轴控制"用于显示和/或反转前面已选的圆弧或片体上孔的轴线方向，保证用作

351

刀轴的圆弧和孔的轴线正确的方向。

 注意

圆弧轴只用于更改片体中圆弧轴和孔轴的方位。实体中的点和孔的圆弧轴是自动定义的。

在"点到点几何体"对话框中单击"圆弧轴控制"按钮，将弹出如图 7-37a 所示的"显示/反向"对话框，单击"显示"或"反向"按钮将弹出如图 7-37b 所示对话框，进行"显示"或"反向"对象范围的选择。

a)   b)

图 7-37 "显示/反向"对话框

（1）显示：用于按"单个"或"全体"方式显示圆弧轴和孔轴。

1）单个：使用光标选择一个圆弧或孔。系统将显示一个表示该轴的矢量符号。选择需要数量的圆弧和孔，然后选择"确定"以返回"圆弧轴控制"菜单。

2）全体：系统将显示表示每个圆弧轴和孔轴的矢量符号，这些圆弧和孔是之前为点到点操作选择的。然后系统将返回"圆弧轴控制"菜单。

（2）反向：可按"单个"或"全体"方式翻转圆弧轴和孔轴的方位。

1）单个：使用光标选择一个圆弧或孔，系统将反向圆弧或孔的轴线，并以箭头形式显示。选择完圆弧和孔后，单击"确定"以返回"圆弧轴控制"菜单。

2）全体：所有圆弧轴和孔轴的方向将被反向。系统将反向所有先前为"点到点"操作选择的圆弧轴和孔轴的方位。

9. Rapto 偏置

"Rapto 偏置"用于指定刀具开速运动时的偏置距离可以对所选择的每一个点、圆弧和孔定义一个 Rapto 值。这是刀具进给率从快速变为切削进给率的位置点。输入的值可正可负。负的 Rapto 值将使刀具从孔中退出到用户指定的安全距离，然后再移动到随后的孔的位置。在"钻循环"中（"镗，手工退刀"除外），如果没有指定 Rapto 值，那么 Rapto 值将等于安全距离。

在"点到点几何体"对话框中单击"RAPTO 偏置"选项进将打开图 7-38 所示的"RAPTO 偏置"对话框，同时光标被激活，可在工件图上选择要进行"RAPTO 偏置"的孔。如果需要给不同的加工位置指定不同的偏置距离，可以先在"RAPTO 偏置"右边的编辑框里可输入数值，然后选择加工位置，再单击"应用"按钮，完成加工位置与偏置距离之间关系的确认。如此重复，为其他加工位置指定偏置距离。

（1）使用默认 RAPTO：如果选中此选项，将设置值为最小正安全距离。

（2）RAPTO 偏置：在右边的编辑框里可输入数值，指定当前加工位置到快速运动时的偏置距离。

（3）全选：选择所有的孔。如果"相同类型和大小"和/或"在同一个面上"被选中，则选择符合以上条件的孔。

（4）全不选：放弃选择前面所有选择的孔。

图 7-38　"RAPTO 偏置"对话框

（5）显示孔：现在视图窗口中显示孔的加工顺序。

（6）列出 RAPTO：在文本信息窗口中列出每个孔的 RAPTO 信息。

（7）过滤器：　包括"全部"和"非默认"两项，对"显示孔"和"列出 RAPTO"

（8）两项有效，"全部"将显示所有孔或列出所有孔的 RAPTO 信息，"非默认"将只显示未使用默认 RAPTO 的孔或列出未使用默认 RAPTO 的孔的 RAPTO 信息。

10．规划完成

"规划完成"用于结束加工位置的定义，单击该选项后将返回到图 7-2"钻孔"对话框。

11．"显示/校核循环参数组"

用来显示和每个参数组相关的加工位置和验证每个可用参数组的循环参数。如果定义了有效的参数组，"点到点几何体"对话框中将自动添加该选项，单击该选项后，弹出如图 7-39a 所示的对换框，在图中单击"显示"或"校核"按钮，弹出如图 7-39b 所示的参数组菜单对换框。在图中任选一个可用参数组系统将显示与该参数组相关的加工位置，并显示"*"在旁边标注参数组号，图 7-40 即为选中"参数组 1"后的显示图。如果选择"所有"将在所有前面已选的点位操作加工位置上显示"*"和相应的参数组号。

a)　　　　　　　　　　　b)

图 7-39　"显示/校核""循环参数组"对话框　　　　图 7-40　"参数组 1"显示图

353

7.3.3 指定部件表面

部件表面是刀具进入材料的位置，可以是一个现有的面，也可以是一个一般平面。如果没有定义"部件表面"，或已将其取消，那么每个点处隐含的"部件表面"将是垂直于刀轴且通过该点的平面。

7.3.4 指定底面

"指定底面"用于指定刀轨的切削下限，底面可以是存在的平面也可以是一般面。可以使用"深度偏置"选项指定相对于"底面"的"通孔"安全距离。图 7-41 给出了部件表面和底面示意图。

图 7-41   "部件表面"和"底面"示意图

7.4 钻孔循环

"循环"可激活或取消"点到点"循环操作中的任何一个操作，如图 7-7"循环类型"对话框所示，可用的循环操作共有 14 种。根据不同类型的孔，选取不同的循环方式，设置循环参数组，即可满足不同孔的加工要求。

7.4.1 无循环

"无循环"将取消任何激活的循环。如果"无循环"被激活并指导系统生成刀轨，系统将产生以下序列运动：

（1）以进刀进给率将刀具移动到第一个操作安全点处。

（2）以切削进给率沿刀轴将刀具移动至允许刀肩清除"底面"（处于激活状态）点处。

（3）以退刀进给率将刀具退至操作安全点处。

（4）以快速进给率将刀具移至下一个操作安全点处（如果"底面"没有激活，刀具将以切削进给率移至每一个后续操作安全点处）。

"无循环"不产生 Cycle 命令，直接使用"GOTO"命令实现点位加工，系统也不打开"Cycle 参数组"对话框，无需设置循环参数组及相关参数。因此一般用来加工较少数量的孔，且孔的尺寸大小和加工要求相同。

7.4.2　啄钻

"啄钻…"在每个选定的加工点处生成啄钻循环。啄钻循环包含一系列以递增的中间增量钻入并退出孔的钻孔运动。

系统使用 "GOTO/"命令语句来描述和生成所需的刀具运动，不产生 Cycle 命令，顺序如下：

（1）刀具以循环进给率移动至第一个中间增量处。

（2）刀具以退刀进给率从孔中退到操作安全点处。

（3）刀具以进刀进给率移动到先前深度之上的一个安全点处（该深度由选择啄钻后的步距间隙提示定义）。

（4）刀具以循环进给率移动至下一个中间深度处，该深度由增量选项定义。"增量"可以是无、常量（即，每次啄钻的距离都与上一次相等）和变量（即，每次啄钻可以重复上一次啄钻的距离，也可以使用新的深度重复啄钻）。这一系列刀具运动将不断继续，直至刀具钻至指定的孔深度，钻至指定深度后，刀具将以退刀进给率退至操作安全点处。

（5）系统将刀具以"快速进给率"定位到下一个钻孔位置，然后开始下一个钻孔循环。

如果在"钻"对话框中的"循环类型"栏中的"循环"选择"啄钻"选项后，将打开图 7-42"距离"对话框，在对话框右边的编辑框中输入一个非零值以定义连续啄钻增量间的安全距离。

图 7-42　"距离"对话框

在啄钻过程中，并不是一次切削到指定的加工深度，而是先钻削到一个中间深度，然后以退刀进给率将刀具从孔中完全退出，刀具再以进刀进给率移动至当前切削深度再向上偏置指定"距离"点处。在该点处，刀具以切削进给率移动至下一增量深度处，继续钻削，再退刀，如此反复，直至完成一个孔的钻削加工。刀具的这一运动可带出切屑并使冷却液进入孔中，适合于加工深度较大的孔，效率较低。

特别需要注意的是：虽然在图 7-42 距离对话框中可以输入负的距离值，但是，负值将导致系统生成一个"GOTO/"刀具运动，使刀具以进刀进给率钻至上一个孔深度之下的一点处，这可能会损坏刀具或部件。

 注意

　　"距离"仅适用于啄钻和断屑钻孔循环，必须输入一个非零值来定义连续啄钻增量间的安全距离，即使不需要中间增量也必须输入该值。

7.4.3 断屑

　　"断屑…"可在每个选定的加工点处生成"断屑"钻孔循环。选择"断屑…"钻孔循环后系统将生成以下特定的刀具运动：

　　（1）刀具以"循环进给率"沿刀具轴钻至第一个中间增量位置处。

　　（2）刀具从当前位置以"退刀进给率"返回至当前深度之上的一个安全点处，这段距离由"距离"提示定义。

　　（3）刀具以"循环进给率"继续钻至下一个中间深度。这一系列刀具运动将不断继续，直至刀具钻至指定的孔深度，此时刀具将以"退刀进给率"退至操作安全点处。

　　（4）刀具以"快速进给率"定位到后续的操作安全点处。

　　"断屑"钻孔循环与"啄钻"循环基本相同，但有以下区别：完成每次的增量钻孔深度后，刀具并不从钻孔中完全退出，而是退刀到当前切削深度再向上偏置指定"距离"点处。例如：如果加工孔深为50mm，如果指定"距离"为5mm，"增量"为1mm，那么在刚开始切削时，刀具退刀到部件表面之上的距离为5mm处；如果切削到深度为30mm时，刀具退刀到部件表面之下的距离为25mm处。

7.4.4 标准文本

　　在"钻孔"对话框中的"循环类型"栏中的"循环"选择"标准文本"后，弹出如图7-43所示的"输入循环文本"对话框，可在对话框的编辑框中输入一个由1～20个数字或字母字符组成的字符串（不包含空格），单击"确定"后，将弹出"循环参数"对话框，指定循环参数组的数码，再单击"确定"按钮，在打开的循环参数对话框中设置各循环参数组的循环参数，可指定一个标准循环。

　　对于所包含字符少于20个的字符串，系统将在遇到最左侧的空格字符时终止该字符串。如果第一个字符为空格，系统将显示消息"不允许空格，重新输入循环文本"，如图7-44所示。

图 7-43　"输入循环文本"对话框　　　　图 7-44　文本输入错误提示消息

7.4.5 标准钻

"标准钻…"使系统在每个选定加工点处生成标准钻循环。系统生成的循环语句形式如下：

$$CYCLE/DRILL, parameters$$

其中，以大写字母表示的词是标准的 APT 专用词汇，"parameters" 表示相应的"循环参数"。

图 7-45 所示为进行"标准钻…"加工时，生成的刀轨信息，图中灰底选中行，即为系统生成的"标准钻…"刀轨信息。开头语句为 CYCLE/DRILL，其中 RAPTO、FEDTO、RTRCTO、MMPM、OPTIOND 等参数为循环参数，结束语句为 CYCLE/OFF。

图 7-45　"标准钻…"刀轨信息

7.4.6 标准钻，埋头孔

"标准埋头孔钻…"使系统在每个选定的加工点处生成标准埋孔钻循环。系统生成的循环语句形式如下：

$$CYCLE/DRILL,CSINK,CSKDIA,d,TLANGL,a,parameters$$

其中，以大写字母表示的词是标准的 APT 专用词汇，d 表示沉头直径，a 表示在刀具数据定义中指定的刀尖角，parameters 表示相应的"循环参数"。

一个典型的"CYCLE/DRILL,CSINK"序列包含进刀至指定深度，该深度根据埋头直

UG NX 9.0

径和刀顶角计算获得，然后沿刀具轴以快速进给率退刀。图 7-46 所示即为进行标准沉孔钻时，生成的导轨信息，图中选中行为系统生成的"标准埋孔钻…"刀轨信息。

图 7-46 "标准埋孔钻…"刀轨信息

7.4.7 标准钻，深孔

"标准钻，深度…"在每个选定的加工点处生成标准深钻循环，系统生成的 CYCLE 语句形式如下：

CYCLE/DRILL,DEEP,parameters

其中，以大写字母表示的词是标准的 APT 专用词汇，"parameters"（参数）表示"循环参数"。

一个典型的深钻序列包含以一系列增量进刀至指定深度，刀具到达每个新的增量深度后以快速进给率从孔中退出。一个典型的深钻序列包含以一系列增量将刀具进给到指定深度，刀具到达每个新的增量深度后以快速进给率从孔中退出。图 7-47 所示即为进行"标准钻，深度…"时，生成的刀轨信息。

图 7-47 "标准埋孔钻…"刀轨信息

7.4.8 标准钻，断屑

"标准钻，断屑…"在每个选定的加工点处生成标准断屑钻孔循环。系统生成的循环语句形式如下：

CYCLE/DRILL,BRKCHP,parameters

其中，以大写字母表示的词是标准的 APT 专用词汇，"parameters"表示"循环参数"。

一个典型的断屑钻孔序列包含：使用一系列增量进刀至指定深度，完成每个增量后退刀至安全间隙距离，刀具钻至最终深度后以快速进给率从孔中退刀。图 7-48 所示即为进行"标准钻，断屑…"时，生成的刀轨信息。

图 7-48 "标准钻，断屑…"刀轨信息

7.4.9 标准攻螺纹

"标准攻螺纹…"在每个选定的切削点处生成一个标准攻螺纹循环。系统生成的 CYCLE 语句形式如下：

CYCLE/TAP,parameters

其中，以大写字母表示的词是标准的 APT 专用词汇，"parameters"（表示"循环参数"。

一个典型的攻螺纹序列包含进刀至指定深度，主轴反向，然后从孔中退刀。图 7-49 所示即为进行"标准攻螺纹…"时，生成的刀轨信息。

图 7-49 "标准攻螺纹…"刀轨信息

7.4.10 标准镗

"标准镗…"在每个选定的加工点处激活标准镗孔循环。系统生成的 CYCLE 语句形式如下:

CYCLE/BORE,parameters

其中,以大写字母表示的词是标准的 APT 专用词汇,"parameters"表示"循环参数"。

一个典型的镗孔序列包含进刀至指定深度,然后从孔中退刀。图 7-50 所示即为进行"标准镗…"时,生成的刀轨信息。

图 7-50 "标准镗…"刀轨信息

7.4.11 标准镗,快退

"标准镗,快退…"在每个选定的 CL 点处激活一个带有非旋转主轴退刀的标准镗孔循环。系统生成的 CYCLE 语句形式如下:

CYCLE/BORE,DRAG,parameters

其中,以大写字母表示的词是标准的 APT 专用词汇,"parameters"(参数)表示"循环参数"。

一个典型的标准镗,快退…序列包含进刀至指定深度,主轴停止和以快速进给率从孔中退刀。选定此选项后,系统将提示输入要使用的"循环参数集"的数量。图 7-51 所示即为进行"标准镗…"时,生成的刀轨信息。

图 7-51 "标准镗,快退…"刀轨信息

7.4.12 标准镗，横向偏置后快退

"标准镗，横向偏置后快退…"在每个选定的加工点处生成一个带有主轴停止和定向的标准镗孔循环。系统生成的 CYCLE 语句形式如下：

CYCLE/BORE,NODRAG,q,parameters

其中，以大写字母表示的词是标准的 APT 专用词汇，q 表示主轴定向值，parameters（参数）表示"循环参数"。

一个典型的"标准镗，横向偏置后快退…"序列包含进刀至指定深度、主轴停止和定位、垂直于刀轴和沿主轴定位方向的偏置运动、快速从孔中退刀。也就是说，在刀具退刀前主轴先停止在指定位置上，然后在垂直于刀轴方向和沿主轴定位方向上进行偏置运动，最后快速退刀。

如果在"钻"对话框中的"循环类型"栏中的"循环"选择此"标准镗，横向偏置后快退…"后，系统会提示输入主轴的"方位值"，如图 7-52a 所示。

图 7-52 指定方位角对话框

如果用户选择"无"选项，系统将在 CYCLE 语句中忽略主轴方向"q"值，并显示指定"循环参数集"菜单。

如果用户选择"指定"，弹出如图 7-52b 所示对话框。请输入一个值，通常应为主轴方位指定一个方位角，或为偏置运动指定一个距离。

图 7-53 所示为进行"标准镗，横向偏置后快退…"时，生成的刀轨信息，图中灰底选中行，即为系统生成的"标准镗，横向偏置后快退…"循环语句，所选数字即为方位角。

图 7-53 "标准镗，横向偏置后快退…"刀轨信息

7.4.13 标准背镗

"标准背镗…"返回在每个选定的加工点处激生成标准返回镗孔循环。系统生成的
CYCLE 语句形式如下：

CYCLE/BORE,BACK,q,parameters

其中，以大写字母表示的词是标准的 APT 专用词汇，q 表示主轴定向值，parameters
（参数）表示"循环参数"。

一个典型的标准背镗序列包含主轴的停止和定位、垂直于刀轴的偏置运动、沿主轴定
位方向的偏置运动、静止主轴的进刀、回到孔中心的偏置运动、主轴启动和退出孔外。

其他操作与"标准镗，横向偏置后快退"类似。图 7-54 所示即为进行"标准背镗…"
时，生成的刀轨信息。

图 7-54　"标准背镗…"刀轨信息

7.4.14 标准镗，手工退刀

"标准镗，手工退刀…"在每个选定的加工点处生成带有手动主轴退刀的标准镗孔循
环。系统生成的 CYCLE 语句形式如下：

CYCLE/BORE, MANUAL, parameters

其中，以大写字母表示的词是标准的 APT 专用词汇，"parameters"（参数）表示的
是适当的支持循环参数。

一个典型的标准镗，手工退刀序列包含进刀至指定深度，主轴停止和程序停止，以允
许操作人员手动从孔中退出主轴等。图 7-55 所示即为进行"标准镗，手工退刀…"时，生
成的刀轨信息。

图 7-55　"标准镗，手工退刀…"刀轨信息

7.5 操作参数

7.5.1 循环参数

　　"循环参数"是精确定义刀具运动和状态的加工特征，其中包括进给率、停留时间和切削增量等。孔加工可分为循环式和非循环式两种类型。循环式钻孔使用 CYCLE/命令语句，而非循环式钻孔则使用 GOTO/命令语句。使用不同的循环参数钻不同位置的孔，每个循环式钻孔可指定 1~5 个循环参数组，必须至少指定 1 个循环参数组。 例如，在同一个刀具路径中，可以钻不同深度的孔，钻削各个孔时也可以使用不同的进给速率、停留时间和步进量。如同固定数组一样，把循环参数分类，对于某一个循环钻孔操作，其循环参数的数目一样，但具体循环参数不一样。建立了不同的循环参数组以后，将循环参数组和对应符合要求的将要加工的孔联系起来，即为不同加工要求的孔指定不同循环参数组，就可以在相同的循环方式下，加工出直径相同，加工要求不同的孔来。

　　（1）指定参数组：在"循环类型"对话框中，选择除"无循环"外的其他循环钻削方式，单击右边的"编辑"图标，弹出如图 7-56 所示的"指定参数组"对话框，在"Number of Sets"中输入欲设定的参数组数，注意组数最多是 5 组，即输入的数值只能是 1~5，大于 5 将返回到默认值 1，在导航器上方的状态栏里会提示"循环号（1-5）"。

　　（2）循环参数：在"指定参数组"对话框中单击"确定"按钮，弹出如图 7-57 所示的"Cycle 参数"对话框，可以对"Depth-模型深度"、进给率、"Dwell-关（孔底停留时间）""Option-关（选项）""CAM-无"等进行设置。但是不同的循环加工方式，其"Cycle 参数"对话框中的选项是不同的，图 7-57a 为"标准钻，深孔…"循环加工方式，

图 7-56　"指定参数组"对话框

图 7-57b 为"啄钻…"循环加工方式。

a)"标准钻,深孔…"　　　　　　　　　b)"啄钻…"

图 7-57　"Cycle 参数"对话框

循环参数详细说明

（1）CAM：出现在所有标准循环的"循环参数"菜单中,但"标准钻,深孔…"除外。它是一个数字,主要应用于没有可编程 Z 轴的机床,指定一个预置的 CAM 停刀位置数值,控制刀具深度。

该值必须是正整数或零。如果输入一个正整数值"v",系统将在 CYCLE/ 语句中包含 CAM 和 v 参数字符串。后处理器会依次生成代码将刀具进刀至 CAM 停止位置"v"。

如果输入零,CYCLE/ 语句中将不会包含 CAM 参数,并且"循环参数"菜单中 CAM 的状态将显示为 NONE（无）。

如果输入负值,系统将显示消息"无效的 CAM 值"。

尽管 CAM 参数控制着 Z 轴不可编程的机床刀具深度,但用户最好同时定义"深度"参数,这样进刀深度运动也可以显示出来。

（2）埋头直径：表示埋头孔的直径,如图 7-58 所示。系统将用户指定的埋头直径作为"CSKDIA,d"参数,并包含在 CYCLE/DRILL, CSINK 语句中,假如 d=30,利用"标准埋孔钻…"循环进行点位加工,通过"列表"输出的刀轨信息如图 7-46 所示,图中"CYCLE/DRILL, CSINK, CSKDIA, 30…"语句中包含了"埋头直径"信息。

（3）Depth（深度）：表示孔的总深度,即从部件表面到刀尖的距离,除"标准沉孔钻…"外,在其他循环的"Cycle 参数"菜单中都包括此项。对于"啄钻"和"断屑"模拟循环,系统在刀轨中生成 GOTO/ 命令语句,以使刀具进刀至计算或指定的深度处。对于标准循环,系统将计算或指定的深度生成为 CYCLE/ 语句中的"FEDTO,-d"参数。

在"Cycle 参数"对话框中单击"Depth—模型深度"按钮,弹出如图 7-59 所示的"Cycle 深度"对话框。

图 7-58　埋头孔直径

图 7-59　"Cycle 深度"对话框

1）模型深度：将自动计算实体中每个孔的深度（如果孔轴与刀轴相同，且刀具直径小于或等于孔直径）。对于非实体孔（即点、弧和片体上的孔等），"模型深度"将被计算为零。

2）刀尖深度：指定了一个正值，将从部件表面沿刀轴到刀尖的深度作为钻削深度，即钻削深度从刀尖开始测量，一直到加工表面，如图 7-60 所示。

3）刀肩深度：指定了一个正值，将从部件表面沿刀轴到刀具圆柱部分底部（刀肩）的深度作为钻削深度，即钻削深度从刀肩开始测量，一直到加工表面，如图 7-60 所示。

4）至底面：沿刀轴方向，将加工表面到刀尖刚好接触加工底面时的深度作为钻削深度。即钻削深度从刀尖刚好接触加工底面时测量，一直到加工表面，如图 7-60 所示。

5）穿过底面：将加工表面到刀肩刚好到达加工底面时的深度作为钻削深度，即钻削深度从刀肩刚好到达加工底面时开始测量，一直到加工表面。如果希望刀肩通过底面，可以在定义"底面"后在"深度偏置"里指定"通孔安全距离"，如图 7-60 所示。

6）至选定点：指定将加工表面到所选点 ZC 坐标间的深度作为钻削深度，即钻削深度从指定点开始测量，一直到加工表面，如图 7-60 所示。

（4）Dwell-关（停留）：表示刀具在到达切削深度后的暂停时间，它出现在所有循环类型的"循环参数"菜单中。在"Cycle 深度"对话框中单击"Dwell"按钮，将弹出如图 7-61a 所示"Cycle Dwell"对话框。

其中的选项如下：

1）"关"表示刀具进刀至指定深度后不停留。

2）"开"表示刀具进刀至指定深度后停留。

3）"秒"指定暂停时间的秒数，以秒来计算暂停时间。选择该选项后，系统将弹出图 7-61b 所示的对话框，可在对话框的文本框中输入刀具暂停秒数。

图 7-60　刀具深度类型示意图

4）"转"指定暂停时间的转数，以转数来计算暂停时间。选择该选项后，系统将弹出图 7-61c 所示的对话框，可在对话框的文本框中输入刀具暂停的主轴转数。

a)   b)   c)

图 7-61   "Cycle Dwell" 对话框

（5）入口直径：表示在加工埋头孔前现有孔的直径。"入口直径"只出现在"标准埋孔钻…"循环的"循环参数"菜单中，如图 7-62a 所示。单击"入口直径"后，将打开如图 7-62b 所示的对话框，输入入口直径。

入口直径"d"指定了将要加工埋头孔的现有孔直径。一个非零值将使系统在 CYCLE 语句中包含"HOLDIA,d"参数。后处理器通常使用此参数来计算一个孔内的快速定位点，该点位于孔内且位于部件表面之下。刀具在钻入孔前首先移动到孔中心线之上的一个安全点处。

a)   b)

图 7-62   入口直径

（6）进给率：表示刀具的切削速率，它出现在所有循环类型的"循环参数"菜单中。在 "Cycle 深度"对话框中，单击"进给率"按钮，将弹出图 7-63 所示的"Cycle 进给率"对话框，系统将显示当前"进给率"的单位和值，如图 7-63a 所示，可以单击其中的"切换单位至 MMPR"按钮，在"毫米每分钟"MMPM 和"毫米每转"MMPR 之间切换，如图 7-63b 所示。

a)   b)

图 7-63   "Cycle 进给率"对话框

（7）Increments（增量）：在"啄钻"和"断屑"循环中，"增量"表示在两次钻削深度之间增加的距离。在"标准钻，深度…"和"标准钻，断屑…"循环中对应为"STEP"（步进值）参数。它出现在"啄钻"和"断屑"模拟循环的"Cycle 参数"菜单中。在"Cycle 参数"对话框中单击"Incremnt-无"按钮，弹出如图 7-64a 所示的"增量"对话框，其中的选项如下：

a)　　　　　　　　　　b)　　　　　　　　　　c)

图 7-64　"增量"对话框

1）空：表示系统不生成任何中间点，刀具在一次运动中进刀至所需深度。

2）恒定：表示增量值恒定并是正值。系统生成一系列具有恒定增量的进刀运动，分多次进行切削，直到刀具达到最终深度。如果该增量导致不能平均分割指定的深度，那么系统将尽可能多次使用增量距离，但不超出指定深度。在最后一次进给中，如果实际深度小于深度增量，刀具只切削剩余的部分，而不超出孔深范围，保证零件不发生过切。单击图 7-64a 中的"恒定"按钮将弹出如图 7-64b 所示的对话框，输入需要的恒定增量值。

3）可变的：可以定义 1～7 个增量值。对于除第 7 个增量之外的其他增量，可指定一个非零的重复系数，该系数表示每个增量重复执行的次数。最后一种深度增量的重复次数由系统自动计算得出。

图 7-64c 中如果将第一个增量的重复次数指定为零，系统将显示消息"重复次数不能为零"。对于除最后一个非零增量之外的其他增量，系统将生成指定次数的刀具重复运动，然后执行下一个增量运动。如果遇到为零的重复次数值，系统将不使用该增量和后续的增量，对于最后一个非零增量，系统将生成所需次数的刀具重复运动并进刀至指定深度。在任何情况下系统都不会使刀具钻至指定深度之下。

在图 7-64c 中"增量"右边的编辑框里输入的数值，即为每次刀具走刀加工的深度增量，在"重复"右边的编辑框里输入的数值即为对应深度"增量"的重复的数。

 注意

第一个"增量"不能指定为 0 或负数，否则系统会弹出如图 7-65a 所示的对话框，要

UG NX 9.0

求第一个 "增量" 必须为正。其余的 "增量" 不能为负数，否则系统提示 "增量不能为负"，如图 7-67b 所示。

图 7-65 深度 "增量" 设置

如图 7-65c 所示，在第一个 "增量" 输入 2，第一个 "重复" 输入 3；在第二个 "增量" 输入 1，第二个 "重复" 输入 4；第三个 "增量" 输入 1，第三个 "重复" 输入 3；剩余的编辑框保持为默认值。则在钻削加工时，首先以 2 为增量，重复 3 次，结束后，再以 1 为增量，重复 4 次，再以 1 为增量，重复 3 次，剩余未加工深度由系统自动计算增量和重复次数，直至加工完毕。

（8）RTRCTO：表示刀具钻至指定深度后，沿刀轴方向测量的从部件表面到退刀点之间的距离。除 "标准镗，手工退刀" 外，其他所有标准循环的 "循环参数" 菜单中都含有此项，"标准镗，手工退刀" 由操作人员手工退刀。

确定退刀距离有三种方法，如图 7-66 对话框所示，各项功能说明如下：

1）距离：如果选择 "距离"，可以输入正值、零，或接受默认值；单击 "距离" 按钮，弹出如图 7-67a 所示的退刀距离对话框，如果输入负值则会出现如图 7-67b 所示的错误消息对话框。

图 7-66 "退刀方式" 对话框   图 7-67 退刀距离设定对话框

2）自动：如果选择 "自动"，刀具将沿刀轴退刀至开始当前循环之前的上一位置处。在 "指定参数组" 对话框中指定 "参数组" 后，"自动" 选项将为 "参数组" 包含的所有点设置 "RTRCTO" 值。选择 "自动" 后，有两种方法可以建立退刀位置：

■ 方法一：在设置循环参数前将刀具移动到退刀位置处。将"RTRCTO"设为"自动"。对于当前的"参数集"和使用"自动"选项的后续"参数集"，这将使刀具退至循环开始前的位置。

■ 方法二：选择"距离"选项建立循环前退刀距离。然后对后续"参数组"使用"自动"选项，使刀具后退相同距离。

3）设置为空：如果选择"设置为空"，系统将退刀距离设置为空，不使用退刀距离。

（9）Step 值（步进值）：指钻孔操作中深度递增的一系列规则连续切削每次递增的尺寸值。此参数出现在"标准钻，深度…"和"标准钻，断屑…"循环的"Cycle 参数"菜单中，可输入 1～7 个非零步进值。

在"Cycle 参数"对话框单击"Step 值"选项，弹出图 7-68"步进"对话框，对话框左边是步进号"Step #1""Step #2"、……，在右边的编辑框中输入数值，即为对应步进号的步进值，输入数值可正、可负或为零。图 7-69 所示为钻孔操作循环步进示意图。

图 7-68　"步进"对话框

图 7-69　钻孔操作循环步进

7.5.2 最小安全距离

最小安全距离（最小间隙）定义了每个操作安全点，在该点处，刀具运动从"快速进给率"或"进刀进给率"改变为"切削进给率"，如图 7-70 所示。在图 7-2"钻孔"对话框中的"最小安全距离"栏中输入数据指定每个加工点和它的操作安全点（RAPTO）之间的距离。如果在定义加工位置时，没有在指定退刀到安全平面，则刀具每次都退刀到该安全点。

图 7-70　"最小安全距离"示意

7.5.3 深度偏置

"深度偏置"可指定盲孔底部以上的剩余材料量（例如，用于精加工操作），或指定多于通孔应切除材料的材料量（例如，确保打通该孔）。

深度偏置包含通孔安全距离（通孔间隙）和盲孔余量（如图 7-71 所示）：

（1）通孔安全距离：刀尖穿过"低面"的偏移距离，仅应用于通孔，即指定钻通孔时刀具穿过加工底面的穿透量，以确保被钻穿。

图 7-71　深度偏置

（2）盲孔余量：刀尖与指定钻孔深度的偏差值，仅应用于盲孔，即指定盲孔底部以上的剩余材料量，便于以后对孔进行精加工操作。

"深度偏置"与"Cycle 参数"中的"Depth"选项共同使用，方法如下：

（1）如果将"循环参数"中的"深度"选项设为"模型深度"，"深度偏置"将只适用于实体孔，不适用于点、弧或片体中的孔。

（2）如果将"循环参数"中的"深度"选项设为"至底面"，"盲孔余量"将应用于所有选定的对象。但必须在"几何体"栏中指定"底面"。

（3）如果将"循环参数"中的"深度"选项设为"穿过底面"，"通孔安全距离"将应用于所有选定的对象。但必须在"几何体"栏中指定"底面"。

7.6 加工实例 1

7.6.1 工件简介

如图 7-72 所示的部件模型，图中圆柱体半径为 70mm，厚度为 40mm，外面两圈 12 个通孔的直径为 10mm，每圈各通孔之间的距离相等，两圈通孔交错排列，相邻两孔间距离相等，图 7-74a 中"1-2""2-3""3-4""4-5"等线段长度相等。中间孔中的盲孔直径为 10mm，沉孔直径为 20mm。要求刀具路径最短。

a)　　　　　　　　　　b)

图 7-72　部件模型

光盘\动画演示\第 7 章\加工实例 1.avi

7.6.2 工艺分析

在该点对点加工中，可以分为两个操作：1）加工所有直径为 10mm 的通孔，另加一个盲孔，分为两个循环，一个用于加工直径为 10mm 的通孔，另一个用于加工直径为 10mm 的盲孔；2）加工直径为 20mm 的沉孔。

7.6.3 加工操作

1．建立毛坯

（1）选择"应用模块"选项卡→"设计"组→"建模"图标，在建模环境中，选择"菜单"→单击"格式"→"图层设置"菜单命令，弹出"图层设置"对话框。新建工作图层"2"，单击"确定"按钮。

（2）选择"主页"选项卡→"特征"组→"设计特征下拉菜单"→"拉伸"图标，弹出"拉伸"对话框，选择加工部件的底部边线为拉伸截面，指定矢量方向为"-ZC"，输入开始距离为 0，输入结束距离为 40，其他采用默认设置，单击"确定"按钮，生成毛坯如图 7-73 所示。

2．创建几何体

（1）选择"应用模块"选项卡→"加工"组→"加工"图标，进入加工环境。在上边框条中选择"几何视图"，选择"主页"选项卡→"插入"组→"创建几何体"图标，弹出"创建几何体"对话框，选择"drill"类型，选择"WRKPLECE"几何体子类型，其他采用默认设置，单击"确定"按钮。

（2）弹出如图 7-74 所示的"工件"对话框，单击"选择或编辑部件几何体"按钮，选择如图 7-72 所示部件。单击"选择或编辑毛坯几何体"按钮，选择图 7-73 所示的毛坯。单击"确定"按钮。

图 7-73　毛坯模型

图 7-74　"工件"对话框

3．创建刀具

（1）创建 10mm 刀具。

1）选择"主页"选项卡→"插入"组→"创建刀具"图标，弹出"创建刀具"对话框，选择"Drill"类型，选择"DRILLING_TOOL"刀具子类型，输入名称为 DR10，其他采用默认设置，单击"确定"按钮。

2）弹出如图 7-75 所示的"钻刀"对话框，输入"直径"为 10，"刀尖角度"为 118，"长度"为 50，"刀刃"为 2，其他采用默认设置，单击"确定"按钮。

（2）创建 20mm 刀具。

1）选择"主页"选项卡→"插入"组→"创建刀具"图标，弹出"创建刀具"对话框，选择"Drill"类型，选择"COUNTERBORING_TOOL"刀具子类型，输入名称为 CB20，其他采用默认设置，单击"确定"按钮。

2）弹出如图 7-76 所示的"铣刀-5 参数"对话框，输入"直径"为 20，"下半径"为 1，"长度"为 75，"刀刃长度"为 50，其他采用默认设置，单击"确定"按钮。

4．钻削直径为 10mm 孔

（1）10mm 通孔加工。

1）选择"主页"选项卡→"插入"组→"创建工序"图标，弹出"创建工序"对话框，选择"drill"类型，在工序子类型中选择"DRILLING"，刀具选择为"DR10"，选择"WORKPIECE"几何体，其他采用默认设置，单击"确定"按钮。

图 7-75 "钻刀"对话框

图 7-76 "铣刀-5 参数"对话框

2）弹出如图 7-77 所示的"钻孔"对话框。在"几何体"栏中选择"指定孔"单击图标，打开图 7-78"点到点几何体"对话框，单击"选择"选项，打开图 7-79"选择加工位置"对话框。

2）弹出如图 7-78 所示的"点到点几何体"对话框，输入"选择"，显示如图 7-78。
在框中为 50，"刀具"为 2，其他采用默认设置，单击"确定"按钮。

（2）创建 Φ20mm 刀具。

1）在框"工序"，选择框下一栏，进入"创建刀具"对话框……，在框中"类型"，选择"DRILL"类型，选择"COUNTERBORING TOO……，数据设置，名称为
CB20，其框采用默认设置，单击"确定"按钮。

2）弹出如图 7-76 所示……弹出如图 7-5 参数，在框中……
1、长度、分栏等的设置……为 50，其他采用默认设置……

4、钻圆输框……

（3）10mm 钻头……

1）选择"……"，选择框下……，弹出"创建工序"……
单击"d.drill……，选择……类型，选择"DRILLING……"项 ID……
置"WORKPIECE……WORKPIECE"，其他采用默认设置，单击

图 7-77 "钻孔"对话框

图 7-78 "点到点几何体"对话框

3）单击"Cycle 参数组-1"按钮，打开如图 7-80 所示"参数组设置"对话框，选择"参数组 1"选择，返回图 7-79"选择加工位置"对话框。

图 7-79 "选择加工位置"对话框

图 7-80 "参数组设置"对话框

4）在"选择加工位置"对话框中单击"面上所有孔"选项，打开图 7-81"选择面上孔"对话框，单击"最大直径-无"按钮，打开图 7-82"直径输入"对话框。

5）在"直径输入"对话框中的"直径"栏输入 10，限制只选直径小于 10 的孔，单击"确定"按钮，返回到图 7-81"选择面上孔"对话框，用鼠标直接选取图 7-72a 中部件表面，此面上所有直径小于 10 的孔将被选中，单击"确定"按钮，返回"选择价格位置"对

话框。单击图7-79"选择加工位置"对话框中的"选择结束"选项，返回到图7-78"点到点几何体"对话框。

图7-81　"选择面上孔"对话框

图7-82　"直径输入"对话框

6）在"点到点几何体"对话框中单击"优化"选项，弹出图7-83优化对话框，单击"最短刀轨"，在弹出的图7-84"优化参数"对话框中选择"Level-高级"，接着单击"优化"选项，对刀具路径进行优化查看，优化后的结构如图7-85a所示。单击"接受"按钮。

图7-83　"优化"对话框

图7-84　"优化参数"对话框

a)

b)

图7-85　"优化"后路径

（2）10mm盲孔加工。

1）在"点到点几何体"对话框中选择"附加"，再次打开"选择加工位置"对话框，单击"Cycle参数组-1"，打开"参数组设置"对话框，选择"参数组2"选择，返回"选择加工位置"对话框。

2）在"选择加工位置"对话框中单击"可选的-全部"选项，打开图7-86选择可选几何对象，在图7-86中选择"仅孔"选项，返回到"选择加工位置"对话框。

3）在"选择加工位置"对话框中单击"类选择"选项，选择图7-85a中心处的盲孔，单击"确定"返回到图7-79"选择加工位置"对话框，并单击"选择结束"返回到"点到点几何体"对话框。

注意

如果 10mm 盲孔和 10mm 通孔的其他加工条件相同，也可以将待加工的 10mm 盲孔和 10mm 通孔合并为一组，结合"通孔安全距离"实现通孔加工。

（3）优化

1）对选择完毕的通孔与盲孔进行优化。在"点到点几何体"对话框中单击"优化"，弹出"优化"对话框，单击"最短刀轨"，在弹出的如图 7-87 所示的"优化参数"对话框中选择"Level-高级"，接着单击"优化"选项，对刀具路径进行优化，优化后的路径如图 7-85b 所示。单击"接受"按钮。

图 7-86　选择可选几何对象　　　　图 7-87　"优化参数"对话框

2）在"点到点几何体"对话框中单击"规划完成"选项，结束加工位置选取。

（4）定义部件表面：在"钻"对话框中的"几何体"栏中选择"指定顶面"，单击"指定顶面"图标，即可打开"顶面"对话框，顶面选项中选择"面"，用鼠标在视图窗口中选择部件表面，如图 7-88a 所示。

（5）定义底面：在"钻"对话框中"几何体"栏中选择"指定底面"，单击"指定底面"图标，即可打开"底面"对话框，底面选项中选择"面"，指定部件底面如图 7-88b 所示。

a)部件表面　　　　　　b)部件底面

图 7-88　定义部件表面和底面

（6）设置循环方式

1）在图 7-89 中选择"标准钻…"循环方式，单击"编辑"按钮，打开如图 7-90 所示的"指定参数组"对话框,在右边的编辑框里输入 2,指定两个循环参数组,单击"确定"后,弹出如图 7-93 所示的"Cycle 参数"对话框。

图 7-89 "循环类型"对话框   图 7-90 "指定参数组"对话框   图 7-91 "Cycle 参数"对话框

2)单击"Depth-模型深度"按钮,弹出如图 7-92 所示的"Cycle 深度"对话框,选择"模型深度"选项。

3)单击"进给率-250.000"按钮,弹出如图 7-93 所示的"Cycle 进给率"对话框,设置进给率为 150。

4)"Dwell-关"设置为"(秒)-10","Rtrcto-关"设置为"距离-30"。

5)单击"确定"按钮,返回到"Cycle 参数"对话框,并在对话框栏出现"复制上一组参数"选项。第一组循环参数设置完毕。

图 7-92 "Cycle 深度"对话框

图 7-93 "Cycle 进给率"对话框

(7)设置循环参数组 2:在"Cycle 参数"对话框中单击"复制上一组参数"选项,将循环参数组 1 的循环参数内容和设置复制到循环参数组 2。由于循环参数组 2 对应着直径为 10mm、深度为 30mm 的盲孔,需要对钻削深度进行重新设置。单击"Depth-模型深度"打开图 7-92 "Cycle 深度"对话框,单击"刀尖深度"选项,打开图 7-94 "刀尖深度设置"对话框,在"深度"右边的编辑栏里输入 30,单击"确定"返回"Cycle 参数"对话框,设置完循环参数组 2,在"Cycle 参数"对话框中单击"确定",返回到"钻"对话框。

图 7-94 "刀尖深度设置"对话框

(8)在"钻孔"对话框将"最小安全距离"设定为 20。

（9）在"钻孔"对话框的"深度偏置"栏中，将"通孔安全距离"设置为3，"盲孔余量"设置0。

（10）生成刀轨。其余设置保持为默认值，完成钻削 10mm 孔的相关参数设置。在"钻孔"对话框的"操作"栏里，单击"生成" 图标，生成如图 7-95 所示的刀轨示意图。单击"重播" 图标，可以重放刀轨。单击"确认" 图标，可以对刀轨进行可视化播放，包括 2D 和 3D 动态显示，并可以进行过切和碰撞检查，例如：过切检查、检查刀具夹持器碰撞。

5．钻削直径为 20mm 的孔

（1）选择"主页"选项卡→"插入"组→"创建工序"图标 ，弹出"创建工序"对话框，选择"drill"类型，在工序子类型中选择"COUNTERBORING" ，选择"WORKPIECE"几何体，刀具选择"CB20"，"名称"为"CB20"，其他采用默认设置，单击"确定"按钮。

（2）定义"指定孔"

1）打开如图 7-96 所示"沉头孔加工"对话框。单击"指定孔"图标 ，弹出 "点到点几何体"对话框，并单击"选择"选项，弹出"选择加工位置"对话框，使用默认的"参数组 1"。

2）在视图场窗口中，利用鼠标直接选择图 7-97 所示的圆，单击"选择结束"，返回到"点到点几何体"对话框，单击"规划完成"按钮。

图 7-95　刀轨示意图　　　图 7-96　"沉头孔加工"对话框

图 7-97　"指定孔"图形

（3）指定部件表面：与钻削 10mm 孔定义工件表面的孔相同，选择图 7-88a 作为部件表面。

（4）设置循环方式

1）在"沉头孔加工"对话框中选择"标准钻…"循环方式，单击"编辑"按钮，打开"指定参数组"对话框，在右边的编辑框里输入1，指定1个循环参数组，单击"确定"后，弹出"Cycle 参数"对话框。

2）在"Cycle 参数"对话框中单击"Depth-模型深度"打开"Cycle 深度"对话框，选择"模型深度"。

3）在"Cycle 参数"对话框中单击"进给率-250.000"选项，打开"Cycle 进给率"对话框，设置"进给率"为150。

4）在"Cycle 参数"对话框将"Dwell-开"设置为"Dwel l（秒）-10"。

5）在"Cycle 参数"对话框将"Rtrco-关"设置为"距离-30"。

6）在"Cycle 参数"对话框单击"确定"，返回到"Cycle 参数"对话框，循环参数1设置完毕，单击"确定"返回到"沉头孔加工"对话框。

（5）在"沉头孔加工"对话框将"最小安全距离"设定为20。

（6）生成刀轨。在"沉头孔加工"对话框的"操作"栏里，单击"生成"图标，生成刀轨图，如图 7-98 所示。

（7）查看全部刀轨。在图 7-99 几何工序导航器对话框中，将以上创建的两个操作全部选中，进行全部加工刀轨的查看和演示。

图 7-98　沉头孔加工刀轨

图 7-99　几何工序导航器

7.7 加工实例 2

7.7.1 工件简介

对图 7-100 所示的待加工部件进行钻加工，各加工孔的尺寸如图所示，第一排为直径12mm，深度25mm的盲孔；第二排为直径15mm，深度35mm的盲孔；第三排为直径12mm，深度25mm的通孔，其中中间孔被加工为25mm，深度15mm的沉孔。

直径 12mm
深度 25mm

直径 15mm
深度 35mm

直径 25mm
深度 15mm

第一排

第二排

第三排

图 7-100　待加工部件

光盘\动画演示\第 7 章\加工实例 2.avi

7.7.2　工艺分析

在该点对点加工中，可以分为 3 个操作：1）加工所有直径为 12mm 的孔，包括第一排盲孔和第三排通孔，两排孔直径相同，可以指定为一组，利用一组循环参数，但加工深度不同，这可以在"钻"对话框中，通过设置"通孔安全距离"实现；2）对第三排的中间孔进行沉孔加工；3）对第二排盲孔进行加工。

7.7.3　加工操作

1．建立毛坯

（1）选择"应用模块"选项卡→"设计"组→"建模"图标，在建模环境中，选择"菜单"→"格式"→"图层设置"菜单命令，弹出"图层设置"对话框。新建工作图层"2"，单击"确定"按钮。

（2）选择"主页"选项卡→"特征"组→"设计特征下拉菜单"→"拉伸"图标，弹出"拉伸"对话框，选择加工部件的侧面边线为拉伸截面，指定矢量方向为"YC"，输入开始距离为 0，输入结束距离为 100，其他采用默认设置，单击"确定"按钮，生成毛坯如图 7-101 所示。

2．创建几何体

（1）选择"应用模块"选项卡→"加工"组→"加工"图标，进入加工环境。在上边框条中选择"几何视图"，选择"主页"选项卡→"插入"组→"创建几何体"图标，弹出"创建几何体"对话框，选择"drill"类型，选择"WRKPLECE"几何体子类型，位置选择为"MCS_MILL"，其他采用默认设置，单击"确定"按钮。

（2）弹出如图 7-102 所示的"工件"对话框，单击"选择或编辑部件几何体"按钮，选择如图 7-100 所示部件。单击"选择或编辑毛坯几何体"按钮，选择如图 7-101 所示的毛坯。单击"确定"按钮。

　　　图 7-101　毛坯模型　　　　　　图 7-102　"工件"对话框

3．创建刀具

（1）创建 12mm 刀具

1）选择"主页"选项卡→"插入"组→"创建刀具"图标，弹出"创建刀具"对话框，选择"Drill"类型，选择"DRILLING_TOOL"刀具子类型，输入名称为 DR12，其他采用默认设置，单击"确定"按钮。

2）弹出如图 7-103 所示的"钻刀"对话框，输入"直径"为 12，"长度"为 90，"刀尖角度"为 90，"刀刃长度"为 50，其他采用默认设置，单击"确定"按钮。

（2）创建 15mm 刀具。同上步骤，输入"直径"为 15，"长度"为 90，"刀尖角度"为 120，"刀刃长度"为 50，其他采用默认设置，单击"确定"按钮。

（3）创建 25mm 刀具

1）选择"主页"选项卡→"插入"组→"创建刀具"图标，弹出"创建刀具"对话框，选择"Drill"类型，选择"COUNTERBORING_TOOL"刀具子类型，输入名称为 CB25，其他采用默认设置，单击"确定"按钮。

2）弹出如图 7-104 所示的"钻刀"对话框，输入"直径"为 25，"长度"为 75，"尖角"为 0，"刀刃长度"为 50，其他采用默认设置，单击"确定"按钮。

4．钻削直径为 12mm 的孔

（1）创建工序。选择"主页"选项卡→"插入"组→"创建工序"图标，弹出"创建工序"对话框，选择"drill"类型，在工序子类型中选择"DRILLING"，刀具为"DR12"，选择"WORKPIECE"几何体，名称为"DRILL12"，其他采用默认设置，单击"确定"按钮。

图 7-103 "钻刀"对话框

图 7-104 "铣刀-5 参数"对话框

（2）选择待加工的 12mm 盲孔。

1）弹出"钻"对话框。在"几何体"栏中选择"指定孔"，单击"指定孔"图标，打开"点到点几何体"对话框，单击"选择"选项，打开"选择加工位置"对话框。

2）在"选择加工位置"对话框中单击"Cycle 参数组-1"，选择"参数组 1"，返回"选择加工位置"。

3）在"选择加工位置"对话框中单击"最大直径-无"按钮，弹出"直径输入"对话框，输入 12，限制只选直径小于 12 的孔，用鼠标单击选取要加工的点，如图 7-105 所示，选择完毕后，单击选择加工位置对话框中的"选择结束"选项，返回到"点到点几何体"对话框，单击"确定"返回到"钻"对话框。

（3）定义底面。在"钻"对话框中"几何体"栏中选择"指定底面"，单击"指定底面"图标，即可打开"指定底面"对话框进行指定底面，指定的底面如图 7-106 所示。

图 7-105 选择 12mm 的 6 个加工孔

图 7-106 定义底面

（4）设置循环方式。

1）在"循环类型"对话框中选择"标准钻…"循环方式，单击"编辑"按钮![icon]，打开"指定参数组"对话框，在右边的编辑框里输入 1，单击"确定"后，弹出"Cycle 参数"对话框。

2）单击"Depth-模型深度"打开"Cycle 深度"对话框，选择"模型深度"。

3）单击"进给率-250.000"选项，打开"Cycle 进给率"对话框，设置"进给率"为 100。

4）"Dwell"设置为"Dwel l（转）-5"，"Rtrco"选择"Rtrco-设置为空"，单击"确定"按钮，返回到"Cycle 参数"对话框，第一组循环参数设置完毕。

（5）最小安全距离。在"钻"对话框中将"最小安全距离"设定为 75。

（6）深度偏置。在"钻"对话框的"深度偏置"栏中，将"通孔安全距离"设置为 10，"盲孔余量"设置 0。

（7）生成刀轨。其余设置保持为默认值，完成钻削 12mm 孔的相关参数设置。在"钻"对话框的"操作"栏里，单击"生成"![icon]图标生成刀轨，单击"确认"![icon]图标对刀轨进行可视化显示，包括 2D 和 3D 动态显示。生成的刀轨如图 7-107 所示。

5．钻削直径为 25mm 的孔

（1）创建工序。选择"主页"选项卡→"插入"组→"创建工序"图标![icon]，弹出"创建工序"对话框，选择"drill"类型，在工序子类型中选择"COUNTERBORING"![icon]，选择"CB25"刀具，选择"WORKPIECE"几何体，名称为 CB25，其他采用默认设置，单击"确定"按钮。

（2）定义"指定孔"。

1）弹出"沉头孔加工"对话框，在"沉头孔加工"对话框中单击"指定孔"图标，弹出"点到点几何体"对话框，并单击"选择"选项，弹出选择加工位置对话框，使用默认的"循环参数 1"。

2）在待加工部件中选择第三排的中间孔，然后在选择加工位置对话框中单击"选择结束"，返回到"点到点几何体"对话框，单击"规划完成"，返回到"沉头孔加工"对话框。

（3）设置循环方式。

1）在"沉头孔加工"对话框中选择"标准钻…"循环方式，单击"编辑"按钮![icon]，打开"指定参数组"对话框，在右边的编辑框里输入 1，指定 1 个循环参数组，单击"确定"后，弹出"Cycle 参数"对话框。

2）单击"Depth-模型深度"打开"Cycle 深度"对话框，选择"模型深度"。

3）单击"进给率-250.000"选项，打开"Cycle 进给率"对话框，设置"进给率"为 100。

4）"Dwell"设置为"Dwel l（转）-5"，"Rtrco"设置为"Rtrco-设置为空"，单击"确定"，返回到"Cycle 参数"对话框，循环参数 1 设置完毕。

（4）最小安全距离。在"沉头孔加工"对话框中将"最小安全距离"设定为15。

（5）生成刀轨。在"沉头孔加工"对话框的"操作"栏里，单击"生成" 图标，生成刀轨如图7-108所示。

图7-107 钻削刀轨示意图(12mm 孔)   图7-108 "沉头孔加工"刀轨

6．钻削直径为15mm 的孔

钻削直径为15mm 的盲孔的方法和钻削直径为12mm 的盲孔的方法基本相同，创建操作的名称为"DRILL15"。

在"钻"对话框中"刀具"选择"DR15"，"最小安全距离"设定为75，"指定孔"为选择图7-100 待加工部件的中第二排孔。

在"操作"栏里，单击"生成"图标，生成的刀轨如图7-109 所示。在图7-110"工序导航器-几何"对话框中，将以上创建的三个操作全部选中，进行全部加工刀轨的查看和演示。

图7-109 钻削刀轨示意图（15mm 孔）   图7-110 几何工序导航器

第**8**章

车削加工

在机械、航天、汽车和其他的工业产品加工中，对工件进行车削加工是必不可少的。"车削"模块利用"工序导航器"来管理操作和参数，能够创建粗加工、精加工、示教模式、中心线钻孔和螺纹加工。

本章详细介绍了车削操作的创建方法及概念，对粗加工、精加工、示教模式、中心线钻孔和螺纹加工等重要的操作都给出了示例，通过示例的练习可以加深对车削操作过程中概念的理解，最后给出了综合示例以加深对知识点的整体把握和运用。在学完本章内容后，可以初步掌握对车削的操作方法。

重点与难点

- ■ 基本操作
- ■ 粗加工
- ■ 中心线钻孔
- ■ 车螺纹
- ■ 示教模式

8.1 概述

参数（如主轴定义、工件几何体、加工方式和刀具）按组指定，这些参数在操作中共享。其他参数在单独的操作中定义。当工件通过整个加工程序时，处理中的工件跟踪计算并以图形显示所有要移除的剩余材料。生成每个操作后，"车削"模块能够以图形的方式显示处理中的工件。处理中的工件定义为材料总量减去工序中到目前选定的操作为止的所有操作中使用的材料。

由于操作的工序非常重要，因此最好在"操作导航器"的"程序顺序"视图中选择操作。如果操作进行了重新排序，系统会在需要时重新计算处理中的工件。

此模块主要侧重于下列方面的改进：

（1）使用固定切削刀具加强并合并基本切削操作为车削机床提供了更强大的粗加工、精加工、割槽、螺纹加工和钻孔功能，该模块使用方便，具备了车削的核心功能。

（2）"粗加工"和"精加工"的"切削区域"是"自动检测"的，能更快地获得结果，尤其是连续操作的时候。

（3）"示教模式操作"具有最大的灵活性，特别是希望手动将刀具控制到位的时候。提供了动画功能，如刀轨回放中的材料移除过程显示和处理中的工件的 3D 显示。可以更好地支持在一个编程会话中以及为加工刀具创建车削、铣削和钻孔操作。

（4）允许为多个主轴设置创建 NC 程序。系统能够连续规划每个单独子主轴组的加工工艺，然后重新排列操作顺序。

8.2 基本操作

基本操作只简要说明车削加工中使用的"工序子类型"和"刀具子类型"。

8.2.1 创建操作

在图 8-1 "插入"组中单击"创建工序"图标，弹出如图 8-2 所示的车削"创建工序"对话框，进行如下设置：

1. 设置"创建工序"对话框

（1）在图 8-2 车削"创建工序"对话框的"类型"下拉列表框中选择"turning"（车削）加工方式，将列出车削支持的操作子类型。

图 8-2　车削"创建工序"对话框

图 8-1　"插入"组

（2）在"工序子类型"中任选一子类型图标，设置程序、刀具、几何体、方法等选项，然后单击"确定"按钮，可完成"创建工序"对话框。

2. 车削工序子类型

车削操作子类型共有 23 种，图 8-2 车削"创建工序"对话框中给出了每种车削加工类型的图标，每种车削加工类型的含义见表 8-1。

表 8-1　车削加工类型含义

图标	名称	含义
	CENTERLINE_SPOTDRILL	中心线点钻
	CENTERLINE_DRILLING	中心线钻孔
	CENTERLINE_PECKDRILL	中心线啄钻
	CENTERLINE_BREAKCHIP	中心线断屑
	CENTERLINE_REAMING	中心线铰刀
	CENTERLINE_TAPPING	中心攻螺纹（螺纹加工）
	FACING	面加工
	ROUGH_TURN_OD	外径粗车（OD，Outer Diameter）
	ROUGH_BACK_TURN	退刀粗车
	ROUGH_BORE_ID	内径粗镗（ID，Inner Diameter）
	ROUGH_BACK_BORE	退刀粗镗
	TEACH_MODE	示教模式
	GROOVE_OD	外径开槽

（续）

图标	名称	含义
	GROOVE_ID	内径开槽
	GROOVE_FACE	在面上开槽
	THREAD_OD	外径螺纹加工
	THREAD_ID	内径螺纹加工
	PARTOFF	部件分离
	BAR_FEED_STOP	进给杆停止位
	LATHE_CONTROL	车削控制
	LATHE_USER	用户定义车削

8.2.2 创建刀具

选择"主页"选项卡→"插入"组→"创建刀具"图标，弹出如图 8-3 所示的"创建刀具"对话框，创建所需的车削刀具。在"刀具子类型"栏中选择刀具类型，选定后进行刀具参数设置。

图 8-3 "创建刀具"对话框

1. 设置"创建刀具"对话框

（1）在"创建刀具"对话框的"类型"下拉列表框中选择"turning"（车削）加工方式，将列出车削支持的刀具子类型。

（2）在"刀具子类型"中任选一子类型图标，设置名称后单击"确定"按钮，可完成"创建刀具"对话框。也可用数据库中的刀具进行操作。在图 8-3"创建刀具"对话框"库"栏中单击"从库中调用刀具"右边的 图标，打开 "库类选择"对话框，可以调用库中已有的刀具。

2．刀具子类型

车削操作子类型共有 17 种，图 8-3"创建刀具"对话框中给出了每种车削刀具子类型的图标，常用的 13 种刀具子类型的含义见表 8-2。

表 8-2　刀具子类型含义

图标	名称	含义
	SPOTDRILLING_TOOL	点钻刀具，中心线钻孔时使用
	DRILLING_TOOL	钻刀具，中心线钻孔时使用
	OD_80_L	车外圆刀具，刀尖角度为 80°，刀尖向左
	OD_80_R	车外圆刀具，刀尖角度为 80°，刀尖向右
	OD_55_L	车外圆刀具，刀尖角度为 55°，刀尖向左
	OD_55_R	车外圆刀具，刀尖角度为 55°，刀尖向右
	ID_80_L	车内圆刀具，刀尖角度为 80°，刀尖向左
	ID_55_L	车内圆刀具，刀尖角度为 55°，刀尖向左
	OD_GROOVE_L	车外圆槽刀具，刀尖向左
	FACE_GROOVE_L	车面槽刀具，刀尖向左
	ID_GROOVE_L	车内圆槽刀具，刀尖向左
	OD_THREAD_L	车外螺纹刀具，刀尖向左
	ID_THREAD_L	车内螺纹刀具，刀尖向左

8.3　粗加工

粗加工功能包含了用于去除大量材料的许多切削技术，包括用于高速粗加工的策略以及通过正确设置进刀/退刀运动达到半精加工或精加工质量的技术。在图 8-2"创建工序"对话框中选择工序子类型后，假如选择"外径粗车"图标 ，单击"确定"按钮，弹出如图 8-4 所示的"外径粗车"对话框。

8.3.1 切削区域

"切削区域"将加工操作限定在部件的一个特定区域内，以防止系统在指定的限制区

UG NX 9.0

域之外进行加工操作。定义"切削区域"的方法有径向或轴向修剪平面、修剪点和区域选择等，"切削区域"对话框如图8-5所示。

图8-4 "外径粗车"对话框

图8-5 "切削区域"对话框

1. 修剪平面

"修剪平面"可以将加工操作限制在平面的一侧，包括径向修剪平面1和径向修剪平面2、轴向修剪平面1和轴向修剪平面2。通过指定修剪平面，系统根据修剪平面的位置、部件与毛坯边界以及其他设置参数计算出加工区域。可以使用的修剪平面组合有三种形式：

（1）指定一个修剪平面（轴向或径向）限制加工部件。

（2）指定两个修剪平面限制加工工件。

（3）指定三个修剪平面限制在区域内加工部件，如图8-6a所示。

如果移动修剪平面将改变切削区域的范围，在图8-6a中移动轴向修剪平面2，将改变切削区域，如图8-6b所示。

图 8-6　3 个修剪平面限制切削区域

2. 修剪点

"修剪点"可以相对整个成链的部件边界指定切削区域的起始点和终止点。最多可以选择两个修剪点。图 8-7a 说明了利用修剪点对待加工特征进行车削，图中使用两个修剪点定义切削区域，右侧直径为起始位置，左侧面为终止位置。在选择了两个修剪点后，系统将确定边界上位于这两个修剪点之间的部分边界，并根据刀具方位和"层角度/方向/步距"等确定工件需加工的一侧，生成的切削刀轨如图 8-7b 所示。定义修剪点时，如果两个修剪点重合，则产生的切削区域将是空区域。

如果只选择了一个修剪点并且没有选择其他空间范围限制，系统将只考虑部件边界上修剪点所在的这一部分边界。如果所选择的修剪点不在部件边界上，系统将通过修改修剪点输入数据，在部件边界上找出距原来的修剪点最近的点，将其作为"修正后"的修剪点并将操作应用于"修正后"的修剪点。

a)指定修建点　　　　　b)切削刀轨

图 8-7　使用修剪点限制切削区域

3. 区域选择

在车削操作中，有时需要手工选择切削区域。在"切削区域"对话框"区域选择"栏中选择"指定"，同时将弹出"指定点"栏，区域选择如图 8-8 所示，单击"指定点"右边的 按钮将弹出"点"对话框，进行点的指定。

在以下情形下，可能需要进行手工选择：

- 系统检测到多个切削区域。
- 需要指示系统在中心线的另一侧执行切削操作。
- 系统无法检测任何切削区域。
- 系统计算出的切削区域数不一致，或切削区域位于中心线错误的一侧。
- 对于使用两个修剪点的封闭部件边界，系统会将部件边界的错误部分标识为封闭部件边界（此部分以驱动曲线的颜色显示）。

图 8-8　区域选择

利用手工选择切削区域时，在图形窗口中单击要加工的切削区域，系统将用字母 RSP（区域选择点）对其进行标记，如图 8-9 所示。如果系统找到多个切削区域，将在图形窗口中自动选择距选定点最近的切削区域。

 注意

任何空间范围、层、步长或切削角设置的优先权均高于手工选择的切削区域。这将导致即使手工选择了某个切削区域，系统也可能无法识别。

4．自动检测

在"切削区域"对话框的"自动检测"栏中可进行最小面积和开放边界的检测设置。"自动检测"利用最小面积、起始/终止偏置、起始/终止角度等选项来限制切削区域，自动检测如图 8-10 所示。起始/终止偏置、起始/终止角度只有在开放边界且未设置空间范围的情况下才有效。

图 8-9　指定 RSP

图 8-10　自动检测

（1）最小面积：如果在"最小面积"编辑字段中指定了值，便可以防止系统对极小的切削区域产生不必要的切削运动。如果切削区域的面积（相对于工件横截面）小于指定的加工值，系统不切削这些区域。使用时需仔细考虑，防止漏掉确实想要切削的非常小的切削区域。如果取消选中"最小面积"选项，系统将考虑所有面积大于零的切削区域。

在图 8-11 中，系统检测到了切削区域 2，因为剩余材料的数量大于"最小面积"参数中输入的值（如图中 1 所示）。区域 3 没有被检测到，因为它的面积小于 1，因此系统不会对其进行切削。

（2）开放边界

1）指定：在"延伸模式"中选择"指定"后，将激活起始偏置/终止偏置，起始角/终止角等选项。

■ 起始偏置/终止偏置：如果工件几何体没有接触到毛坯边界，那么系统将根据其自身的内部规则将车削特征与处理中的工件连接起来。如果车削特征没有与处理中的工件的边界相交，那么处理器将通过在部件几何体和毛坯几何体之间添加边界段来"自动"将切削区域补充完整。默认情况下，从起点到毛坯边界的直线与切削方向平行，终点到毛坯边界间的直线与切削方向垂直。输入"起始偏置"使起点沿垂直

图 8-11　"最小面积"剩余材料

于切削方向移动；输入"终止偏置"使终点沿平行于切削方向移动。如图 8-12 所示，图中 1 为处理中的工件，2 为切削方向，3 为起点，4 为终点。对于"起始偏置"和"终止偏置"，输入正偏置值使切削区域增大，输入负偏置值使切削区域减小。

a)起点和终点偏置，层角度为 180°　　b)起点和终点偏置，层角度为 270°

图 8-12　起始偏置/终止偏置示意图

■ 起始角/终止角：如果不希望切削区域与切削方向平行或垂直，那么可使用起始角/终止角限制切削区域。正值将增大切削面积，而负值将减小切削面积。系统将相对于起点/终点与毛坯边界之间的连线来测量这些角度，并且这些角度必须在开区间 (-90, 90) 之内，如图 8-13 所示，图中 1 为处理中的工件，2 为切削方向，3 为起点，4 为终点，5 为终点的修改角度。

2）相切的：在"延伸模式"中选择"相切的"后，将会禁用起始/终止偏置和起始/终止角参数，如图 8-14 所示。系统将在边界的起点/终点处沿切线方向延伸边界，使其与处理中的形状相连。如果在选择的开放部件边界中，第一个或最后一个边界段上带有外角，并且剩余材料层非常薄，便可使用此选项。

393

图 8-13　终点处的毛坯交角

图 8-14　自动检测（相切）

8.3.2　切削策略

　　"外径粗车"对话框中的"切削策略"提供了进行粗加工的基本规则，包括直线切削、斜切、轮廓切削和插削，可根据切削的形状选择切削策略实现对切削区域的切削。

　　1．策略

　　在"策略"栏中选择具体的切削策略，主要包括两种直线切削、两种斜切、两种轮廓切削和 4 种插削。

　　（1）■单向线性切削：直层切削，当要对切削区间应用直层切削进行粗加工时，选择"线性单向"。各层切削方向相同，均平行于前一个切削层，"单向线性切削"刀轨如图 8-15 所示。

　　（2）≡往复线性切削：选择"往复线性切削"以变换各粗切削的方向。这是一种有效的切削策略，可以迅速去除大量材料，并对材料进行不间断切削，"往复线性切削"刀轨如图 8-16 所示。

图 8-15　"单向线性切削"刀轨

图 8-16　"往复线性切削"刀轨

　　（3）≣倾斜单向切削：具有备选方向的直层切削。单向斜切可使一个切削方向上的每个切削或每个备选切削的、从刀路起点到刀路终点的切削深度有所不同，"倾斜单向切削"刀轨如图8-17所示。这会沿刀片边界连续移动刀片切削边界上的临界应力点（热点）位置，从而分散应力和热，延长刀片的寿命。

（4）倾斜往复切削：在备选方向上进行上斜/下斜切削。"倾斜往复斜切"对于每个粗切削均交替切削方向，减少了加工时间，"倾斜往复斜切"刀轨如图8-18所示。

图 8-17 "倾斜单向切削"刀轨   图 8-18 "倾斜往复切削"刀轨

（5）轮廓单向切削：轮廓平行粗加工。"轮廓单向切削"加工在粗加工时刀具将逐渐逼近部件的轮廓。在这种方式下，刀具每次均沿着一组等距曲线中的一条曲线运动，而最后一次的刀路曲线将与部件的轮廓重合，"轮廓单向切削"刀轨如图8-19所示。对于部件轮廓开始处或终止处的陡峭元素，系统不会使用直层切削的轮廓加工选项来进行处理或轮廓加工。

（6）轮廓往复切削：具有交替方向的轮廓平行粗加工。往复轮廓粗加工刀路的切削方式与上一方式类似，不同的是此方式在每次粗加工刀路之后还要反转切削方向，"轮廓往复切削"刀轨如图8-20所示。

图 8-19 "轮廓单向切削"刀轨   图 8-20 "轮廓往复切削"刀轨

（7）单向插削：在一个方向上进行插削。"单向插削"是一种典型的与槽刀配合使用的粗加工策略，"单向插削"刀轨如图8-21所示（这里只为演示并利于比较，继续使用前面使用的部件，并没有使用真正具有槽的部件）。

UG NX 9.0

（8）往复插削：在交替方向上重复插削指定的层。"往复插削"并不直接插削槽底部，而是使刀具插削到指定的切削深度（层深度），然后进行一系列的插削以去除处于此深度的所有材料，再次插削到切削深度，并去除处于该层的所有材料。以往复方式反复执行以上一系列切削，直至达到槽底部。"往复插削"刀轨如图 8-22 所示。

图 8-21　"单向插削"刀轨　　　　　　　图 8-22　"往复插削"刀轨

（9）交替插削：具有交替步距方向的插削。执行"交替插削"时将后续插削应用到与上一个插削相对的一侧，"交替插削"刀轨顺序如图 8-23 所示。图 8-24 所示为利用"交替插削"生成的刀轨，其中图 8-24b 为工件切削中的 3D 动态模型。

（10）交替插削（余留塔台）：插削时在剩余材料上留下"塔状物"的插削运动。"交替插削（余留塔台）"通过偏置连续插削（即第一个刀轨从槽一肩运动至另一肩之后，"塔"保留在两肩之间）在刀片两侧实现对称刀具磨平。当在反方向执行第二个刀轨时，将切除这些塔。图 8-25 所示为"交替插削（余留塔台）"刀轨顺序示意图。图 8-26 所示为利用"交替插削（余留塔台）"生成的刀轨，其中图 8-26b 为工件切削中的 3D 动态模型。

图 8-23　"交替插削"刀轨顺序　　　　　　图 8-24　"交替插削"刀轨

a)　　　　　　　　　　b)

图 8-25　"交替插削（余留塔台）"刀轨顺序　　图 8-26　"交替插削（余留塔台）"刀轨

2. 倾斜模式

在"策略"中如果选择了"倾斜单向切削"或"倾斜往复切削"将激活"倾斜模式"，在图 8-27 所示的"倾斜模式"中可指定斜切策略的基本规则。主要包括 4 种选项：

图 8-27　"倾斜模式"

（1） ⇄每隔一条刀路向外倾斜：刀具一开始切削的深度最深，之后切削深度逐渐减小，形成向外倾斜的刀轨。下一切削将与层角中设置的方向一致，从而可去除上一切削之后所剩的倾斜余料，"每隔一条刀路向外倾斜"刀轨如图 8-28 所示。

（2） ■每隔一条刀路向内倾斜：刀具从曲面开始切削，然后采用倾斜切削方式逐步向部件内部推进，形成向内倾斜刀轨。下一切削将与层角中设置的方向一致，从而可去除上一切削之后所剩的倾斜余料，"每隔一条刀路向内倾斜"刀轨如图 8-29 所示。

图 8-28　"每隔一条刀路向外倾斜"刀轨　　　图 8-29　"每隔一刀路向内倾斜"刀轨

（3） ⇄先向外倾斜：刀具一开始切削的深度最深，之后切削深度逐渐减小。下一切削将从曲面开始切削，之后采用第二倾斜切削方式逐步向部件内部推进，"先向外倾斜"刀轨如图 8-30 所示。

（4）先向内倾斜：刀具从曲面开始切削，之后采用倾斜切削方式逐步向部件内部推进。下一切削一开始切削的深度最深，之后切削深度逐渐减小，"先向内倾斜"刀轨如图 8-31 所示。

图 8-30   "先向外倾斜"刀轨   图 8-31   "先向内倾斜"刀轨

3．多个倾斜图样

如果按最大和最小深度差创建的倾斜非常小、近似于线性切削的位置，则在对比较长的切削进行加工时，可选择"多倾斜模式"。

根据在"倾斜模式"中选择的选项，可分为以下两种情况：

（1）每隔一个刀路向外：

- 仅向外倾斜：刀具一开始切削的深度最深，然后切削深度逐渐减小直至到达最小深度，随后返回插削材料，直至到达切削最大深度，重复执行此过程直至切削完整个切削区域，"仅向外倾斜"刀轨如图 8-32 所示，其中图 8-32b 为工件切削中的 3D 动态模型。每次切削长度由"最大倾斜长度"限定。

a)   b)

图 8-32   "仅向外倾斜"刀轨

- 向外/内倾斜：刀具一开始切削的深度最深，然后切削深度逐渐减小直至到达最小深度，从这一点刀具开始另一倾斜切削，之后返回插削材料，直到切削最大深度，"向外/内倾斜"刀轨如图 8-33 所示，其中图 8-33b 为工件切削中的 3D 动态模型。每次切削长度由"最大倾斜长度"限定。

a)   b)

图 8-33　"向外/内倾斜"刀轨

（2）每隔一个刀路向内

■ 　～仅向内倾斜：刀具一开始切削的深度最深，之后切削深度逐渐减小，直至到达最小深度，从这一点刀具开始另一倾斜切削，之后返回插削的材料，直至到达切削最大深度，"仅向内倾斜"刀轨如图 8-34 所示，其中图 8-34b 所示为工件切削中的 3D 动态模型。每次切削长度由"最大倾斜长度"限定。

■ 　向内/外倾斜：刀具从最小深度开始切削，并斜向切入材料直至到达最深处，接着刀具从此处向外倾斜，直至到达最小切削深度。"向内/外倾斜"刀轨如图 8-35 所示，其中图 8-35b 为工件切削中的 3D 动态模型。每次切削长度由"最大倾斜长度"限定。

a)   b)

图 8-34　"仅向内倾斜"刀轨

4．最大斜面长度

在"多个倾斜图样"中选择"仅向外倾斜"或"仅向内倾斜"后，将激活"最大倾斜长度"选项。"最大倾斜长度"指定了倾斜切削时单次切削沿"层角度"方向的最大距离，"最大斜面长度"示意图如图 8-36 所示，但选择的最大倾斜深度不能超过对应深度层的粗切削总距离。

图 8-35 "向内/外倾斜"刀轨

斜面长度

图 8-36 "最大斜面长度"示意图

8.3.3 层角度

"层角度"用于定义单独层切削的方位。从中心线按逆时针方向测量层角度,它可定义粗加工线性切削的方位和方向。根据定义的刀具方位和层角,系统确定粗加工切削区间的刀具运动。0°层角与中心线轴的"正"方向相符,180°层角与中心线轴的"反"方向相符,图 8-37 所示的"层角度"定义示例显示了层角设置的方向。

a)   b)   c)   d)

图 8-37 "层角度"定义示例

8.3.4 切削深度

　　"切削深度"位于图 8-4 所示的"外径粗车"对话框中的"步距"栏。"切削深度"可以指定粗加工操作中各刀路的切削深度，可以指定恒定值，也可以使用由系统根据指定的最小值和最大值计算出的可变值。"切削深度"可供选择的策略有以下选项：

　　1．恒定

　　利用"恒定"可以指定各粗加工刀路的最大切削深度。系统尽可能多次地采用指定的"深度"值，然后在一个刀路中切削余料。

　　2．变量最大值

　　如果选择"变量最大值"，则可以输入切削深度"最大值"和"最小值"。系统将确定区域，尽可能多次地在指定的"最大"深度值处进行切削，然后一次性切削各独立区域中大于或等于指定的"最小"深度值的余料。

　　例如，如果区域为 10 mm，最小深度为 2 mm，最大深度为 4 mm，则前两个刀路深度为 4mm，第三个刀路切削剩余 2 mm 的余料。

　　3．变量平均值

　　利用可变平均值方式，可以输入切削深度"最大值"和"最小值"。系统根据不切削大于指定的深度"最大值"或小于指定的深度"最小值"的原则，计算所需最小刀路数。

　　在以下两种情况下，系统自动采用可变平均值方法（如果选择变量最大值）：

　　■　　如果系统确定采用最大值之后余料可能小于最小值。

　　■　　如果采用最大值之后，系统无法生成粗加工刀路。

　　在上述情况下，系统通过对整个区域输入的最大值和最小值取平均数的方法，即采用"变量平均值"方法。

　　例如，如果区域为 4.5mm，最小深度为 2mm，最大深度为 3 mm，则在第一次切削 3 mm深度之后，由于余料（1.5 mm）小于最小深度值（2mm），导致系统无法对整个区域进行加工，此时需要采用"变量平均值"方法对整个区域进行切削。

8.3.5 变换模式

　　"变换模式"决定使用哪一序列将切削变换区域中的材料移除（即这一切削区域中部件边界的凹部）。可以选择以下选项：

　　1．根据层

　　系统以最大深度执行各粗切削。当进入较低的切削层时，系统将继续根据切削"层角度"方向中的方向，"根据层"的变换模式如图 8-38 所示，图 8-38b 为部件切削中的 3D动态模型。

UG NX 9.0

401

图 8-38 "根据层"的变换模式

2．最接近

对距离当前刀具位置最近的反向进行切削时，可用"最接近"选项并结合使用"往复切削"策略。对于特别复杂的部件边界，采用"最接近"方式可减少刀轨，节省加工时间。

3．向后

在对遇到的第一个反向进行完整深度切削后对更低反向进行粗切削时使用。初始切削时完全忽略其他的颈状区域，仅在进行完开始的切削之后才对其进行加工。图 8-39 所示为"向后"变换模式，图 8-39b 所示为部件切削中的 3D 动态模型。

4．省略

"省略"将不切削在第一个反向之后遇到的任何颈状的区域，如图 8-40 所示为"省略"变换模式，图 8-40b 为部件切削中的 3D 动态模型。

图 8-39 "向后"变换模式　　　　　　图 8-40 "省略"变换模式

8.3.6 清理

进行下一运动从轮廓中提起刀具，使轮廓中存在残余高度或阶梯，这是粗加工中存在的一个普遍问题，残余高度示意图如图 8-41 所示。"清理"参数对所有粗加工策略均可用，并通过一系列切除消除残余高度或阶梯。"清理"选项决定一个粗切削完成之后，刀具遇到轮廓元素时如何继续刀轨行进。

（1）粗加工中的"清理"选项主要包括：

1）全部：清理所有轮廓元素。

2）仅陡峭的：仅限于清理陡峭的元素。

3）除陡峭的以外所有的：清理陡峭元素之外的所有轮廓元素。

4）仅层：仅清理标识为层的元素。

5）除层以外所有的：清理除层之外的所有轮廓元素。

图 8-41　残余高度示意图

6）仅向下：仅按向下切削方向对所有面进行清理。

7）每个变换区域：对各单独变换执行轮廓刀路。

（2）粗插的清理选项。在粗插中，系统识别刀具宽度，并在考虑刀具切削边宽度之后清理剩余的区域。这将省去不必要的刀具运动。以下清理选项在粗插中可用：

1）全部：清理所有轮廓元素。

2）仅向下：仅按向下切削方向对所有面进行清理。

8.3.7　拐角

可在使用"拐角"选项进行轮廓加工时指定对凸角切削的方法。凸角可以是常规拐角或浅角。浅角是指具有大于给定最小角度，且小于 180° 角的凸角，最小浅角可以根据具体问题指定，如图 8-42 所示。每种拐角类型有 4 类选项：

图 8-42　"拐角"对话框

1．绕对象滚动

系统在拐角周围切削一条平滑的刀轨，但是会留下一个尖角，加工拐角时绕顶点转动，刀具在遇到拐角时，会以拐角尖为圆心，以刀尖圆弧为半径，按圆弧方式加工，此时形成的圆弧比较小。图8-43所示"绕对象滚动"示意图说明了采用"绕对象滚动"时加工直角和钝角时的进给情况。

a) 直角　　　　　　　　　　　　b) 钝角

图8-43　"绕对象滚动"示意图

2．延伸

按拐角形状加工拐角，刀具在遇到拐角时，按拐角的轮廓直接改变切削方向。图8-44所示"延伸"示意图说明了采用"延伸"时加工直角和钝角时的进给情况。

a)直角　　　　　　　　　　　　b)钝角

图8-44　"延伸"示意图

3．圆形

按倒圆方式加工拐角，刀具将按指定的圆弧半径对拐角进行倒圆，切掉尖角部分，产生一段圆弧刀具路径。选择此选项后，将激活"半径"选项，输入圆形的半径。图8-45所示"圆形"示意图给出了采用"圆形"时加工直角和钝角时的进给情况。

a)直角　　　　　　　　　　　　b)钝角

图8-45　"圆形"示意图

4．倒斜角

"倒斜角"指定按倒角方式加工拐角，按指定参数对拐角倒斜角，切掉尖角部分，产生一段直线刀具路径。"倒斜角"使要切削的角展平，选择此选项后，将激活"距离"选项，输入距离值确定从模型工件的拐角到实际切削的距离。图8-46所示"倒斜角"示意图给出了采用"倒斜角"加工直角和钝角时的进给情况。

a)直角　　　　　　　　　　　　　　b)钝角

图8-46　"倒斜角"示意图

8.3.8　轮廓类型

"轮廓类型"指定由面、直径、陡峭区域或层区域表示的特征轮廓情况。可定义每个类别的最小角值和最大角值，"轮廓类型"对话框如图8-47所示。这些角度分别定义了一个圆锥，它可过滤切矢小于最大角且大于最小角的所有线段，并将这些线段分别划分到各自的轮廓类型中。

图8-47　"轮廓类型"对话框

1．面角度

"面角度"可用于粗加工和精加工。"面角度"包括"最小面角角度"和"最大面角角度"，两者都是从中心线起测量的。通过"最小面角角度"和"最大面角角度"，定义切削矢量在轴向允许的最大变化圆锥范围。"最小面角角度"和"最大面角角度"如图 8-48 所示。

图 8-48　"面角度"示意图

2．直径角度

"直径角度"可用于粗加工和精加工。"直径角度"包括"最小直径角度"和"最大直径角度"，两者都是从中心线起测量的。通过"最小面角角度"和"最大面角角度"，定义切削矢量在径向允许的最大变化圆锥范围。"最小直径角度"和"最大直径角度"如图 8-49 所示。

图 8-49　"直径角度"示意图

3．陡角和层角度

层和陡峭区域总是相对于粗加工操作指定的层角度和陡角方向进行跟踪的。最小角值和最大角值从通过层角度或陡角定义的直线起自动测量。图 8-50 所示为"陡角"示意图；"层角度"示意图如图 8-51 所示。

图 8-50　"陡角"示意图　　　　　图 8-51　"层角度"示意图

8.3.9　轮廓加工

在完成多次粗切削后，"附加轮廓加工"将对部件表面执行清理操作。与"清理"选项相比，轮廓加工可以在整个部件边界上进行，也可以仅在特定部分的边界上进行（单独变换）。当在"切削参数"对话框中选择"附加轮廓加工"选项时，相关的轮廓加工参数将被激活，包括刀轨设置、多刀路及螺旋刀路，"轮廓加工"对话框如图 8-52 所示。

图 8-52 "轮廓加工"对话框

1. 策略

（1）全部精加工 ：系统对每种几何体按其刀轨进行轮廓加工，不考虑轮廓类型。如果改变方向，切削的顺序会反转，"全部精加工"策略如图 8-53 所示。

（2）仅向下 ：可将"仅向下"用于轮廓刀路或精加工，切削运动从顶部切削到底部，"仅向下"切削策略如图 8-54 所示。在这种切削策略中，如果改变方向，切削运动不会反转，始终从顶部切削到底部，但切削的顺序会反转，"仅向下"切削顺序示意图如图 8-55 所示。

图 8-53 "全部精加工"策略　　图 8-54 "仅向下"切削策略

顺序　　　　　　　　反转

图 8-55 "仅向下"切削顺序示意图

（3）仅周面 ：仅切削被指定为直径的几何体，"仅周面"切削策略如图 8-56 所示。

（4）仅面：可以在轮廓类型对话框中指定面的构成，"仅面"切削策略如图 8-57 所示。如果改变方向，系统切削运动不会反转，始终从顶部切削到底部，但切削面的顺序会反转。

a)　　　　　　　　　b)

图 8-56　"仅周面"切削策略　　　　　　　图 8-57　"仅面"策略

（5）首先周面，然后面：指定为直径和面的几何体，先切削周面（直径），后切削面，"首先周面，然后面"切削策略如图 8-58 所示。如果改变方向，则系统将反转直径运动，而不反转面运动。

（6）首先面，然后周面：指定为直径和面的几何体，先切削面，后切削周面（直径），"首先面，然后周面"切削策略如图 8-59 所示。如果改变方向，则系统将反转直径运动，而不反转面运动。

图 8-58　"首先周面，然后面"切削策略　　　图 8-59　"首先面，然后周面"切削策略

（7）指向拐角：系统自动计算进刀角值并与角平分线对齐。切削位于已检测到的凹角邻近的面或周面，不切削超出这些面的圆凸角，"指向拐角"切削策略如图 8-60 所示。

（8）离开拐角：系统自动计算进刀角值并与角平分线对齐。仅切削位于已检测到的凹角邻近的面或直径，不切削超出这些面的圆凸角，"离开拐角"切削策略如图 8-61 所示。

2．多刀路

在"多刀路"部分指定切削深度和切削深度对应的备选刀路数。"多刀路"对应的切削深度选项有：

图 8-60 "指向拐角"切削策略

图 8-61 "离开拐角"切削策略

（1）恒定深度：指定一个恒定的切削深度，用于各个刀路。在第一个刀路之后，系统会创建一系列等深度的刀路。第一个刀路可小于指定深度，但不能大于这个深度。

（2）刀路数：指定系统应有的刀路数。系统会自动计算生成的各个刀路的切削深度。

（3）单个的：指定生成一系列不同切削深度的刀路。在选择"单个的"后，将弹出如图 8-62 所示的"单个的"对话框，输入所需的"刀路数"和各刀路的切削"距离"，如果有多项，可以单击右边的按钮进行添加。

（4）精加工刀路：包括"保持切削方向"和"变换切削方向"两个选项。如果要在各刀路之后更改方向，使反方向上的连续刀路变成原来的刀路，可选择"精加工刀路"。

图 8-62 "单个的"对话框

3．切削圆角

"切削圆角"选项指定如何处理圆角半径。可以指定使圆角与面相邻（陡峭区域），或指定使圆角与直径相邻（水平区域），"切削圆角"主要包括：

（1）带有直径：如果倒圆形状比较接近端面或斜面，系统自动将倒圆视为端面或斜面进行处理。

（2）带有面：如果倒圆形状比较接近圆柱面，系统自动将倒圆视为圆柱面进行处理。

（3）分割：如果倒圆角比较大，部分形状比较接近外圆表面，部分形状接近端面或斜面时，选择该选项，系统将自动把倒圆从中间部分分成两种表面进行处理。

（4）无：忽略倒圆半径的处理。

8.3.10 进刀/退刀

按"外径粗车"对话框中的"非切削移动"按钮，弹出如图 8-63 所示的"非切削移动"对话框进行进刀/退刀设置。进刀/退刀设置可确定刀具逼近和离开部件的方式。对于加工过程中的每一点，系统都将区分进刀/退刀状态，可对每种状态指定不同类型的进刀/退刀方法。

1. 圆弧-自动

"圆弧-自动"可使刀具以圆周运动的方式逼近/离开部件，刀具可以平滑地移动，中途无停止运动。主要在切削到部件边界时使用。仅可用于"粗轮廓加工""精加工"和"教学模式"。此方法包括两个选项：

（1）自动：系统自动生成的角度为90°，半径为刀具切削半径的两倍。

（2）用户定义：需要在"非切削移动"对话框中输入角度和半径。如图8-64a所示，图中E：进刀/退刀运动；A：角度；R：半径。图8-64b为定义"角度"和"半径"后生成的切削刀轨。

图8-63 "非切削移动"对话框

a)   b)

图8-64 "圆弧-自动"示意图

2. 线性-自动

"线性-自动"方式沿着第一刀切削的方向逼近/离开部件。运动长度与刀尖半径相等。"线性-自动"示意图如图8-65所示。

a)进刀，层角度为180°　　　　　　　b)退刀，层角度为225

图 8-65　"线性-自动"示意图

3．线性-增量

在"进刀类型"中选择"线性-增量"后，将激活"XC 增量"和"YC 增量"，"线性-增量"选项如图 8-66 所示。使用 XC 和 YC 值会影响刀具逼近或离开部件的方向，输入的值表示移动的距离。

图 8-66　"线性-增量"选项

4．线性

"线性"方法用"角度"和"长度"值决定刀具逼近或离开部件的方向，"线性"选项如图 8-67 所示。"角度"和"长度"值总是与 WCS 相关，系统从进刀或退刀移动的起点处开始计算这一角度，"线性"进刀方法如图 8-68 所示。

图 8-67　"线性"选项

图 8-68　"线性"进刀方法

5．点

411

"点"方法可任意选定一个点,刀具沿此点直接进入部件,或在离开部件时经过此点,"点"进刀示意图如图8-69所示。

a)   b)

图8-69   "点"进刀示意图

6．线性-相对于切削

使用"角度"和"长度"值会影响刀具逼近和离开部件的方向,其中角度是相对于相邻运动的角度,"线性-相对于切削"进刀/退刀示意图如图8-70所示。

a)   b)

图8-70   "线性-相对于切削"进刀/退刀示意图

7．两个圆周

此方法仅适用于"毛坯"情形,选择此方法后将激活"第一个半径"和"第二个半径"两个选项,"两个圆周"选项如图8-71所示。选择此方法后刀具将沿指定的两个半径进刀,"两个圆周"进刀示意图如图8-72所示,图a中R1为第一个圆的半径,R2为第二个圆的半径。

a)   b)

图8-71   "两个圆周"选项   图8-72   "两个圆周"进刀示意图

8．两点相切

　　"两点相切"可使刀具产生圆弧进刀/退刀运动。此方式需要指定相对于粗切削的角度和半径，以指示生成圆的大小，"两点相切"选项如图 8-73 所示。选择此方法后刀具将沿指定的角度和半径进刀/退刀，"两点相切"示意图如图 8-74 所示，图中进刀角度为 180°，退刀角度为135°。

図 8-73　"两点相切"选项　　　　　図 8-74　"两点相切"示意图

8.3.11　粗加工示例

　　对图 8-75 所示的粗车待加工部件进行外轮廓粗车加工，具体的创建加工过程如下：

图 8-75　粗车待加工部件

光盘\动画演示\第 8 章\粗加工示例.avi

1．创建几何体

　　（1）选择"主页"选项卡→"插入"组→"创建几何体"图标，弹出如图 8-76 所示"创建几何体"对话框，选择"turning"类型，选择"MCS_SPINDLE"几何体子类型，其他采用默认设置，单击"确定"按钮。

　　（2）弹出如图 8-77 所示"MCS 主轴"对话框，单击图标，指定 MCS 的坐标原点与绝对 CSYS 的坐标原点重合，指定平面为 ZM-XM，单击"确定"按钮。

UG NX 9.0

图 8-76 "创建几何体"对话框

图 8-77 "MCS 主轴"对话框

2．创建刀具

（1）选择"主页"选项卡→"插入"组→"创建刀具"图标 ，弹出如图 8-78 所示的"创建刀具"对话框，选择"turning"类型，选择"OD_80_L "刀具子类型，输入名称为 OD_80_L，其他采用默认设置，单击"确定"按钮。

（2）弹出如图 8-79 所示的"车刀-标准"对话框，选择"工具"选项卡，输入"刀尖半径"为 1.2，"方向角度"为 25，"长度"为 15，其他采用默认设置，单击"确定"按钮。

图 8-78 "创建刀具"对话框

图 8-79 "车刀-标准"对话框

3．指定车削边界

（1）将"导航器"转换到"工序导航器-几何"状态，如图 8-80 所示。在"工序导航器-几何"中双击"TURNING_WORKPIECE"，打开如图 8-81 所示"车削工件"对话框，进行指定部件边界。

图 8-80　工序导航器-几何　　　　　　图 8-81　"车削工件"对话框

（2）在"车削工件"对话框中单击"指定部件边界"图标，系统将弹出"部件边界"对话框，通过"曲线边界"选择指定部件边界，指定的边界如图 8-82 所示。

（3）在"车削工件"对话框中，单击"指定毛坯边界"图标，系统将弹出图 8-83 "选择毛坯"对话框。选择棒料，"安装位置"选择的定位点如图 8-82 所示。"点位置"选择"在主轴箱处"，"长度"为 400，"直径"为 190，指定的毛坯边界如图 8-82 所示。单击"确定"按钮。

图 8-82　指定的边界

图 8-83"选择毛坯"对话框中各选项说明如下：

- 棒料：如果要加工的部件几何体是实心的，则选择此选项。
- 管材：如果工件带有中心线钻孔，则选择此选项。
- 从曲线：已被预先处理，可以提供初始几何体。如果毛坯作为模型部件存在，则选择此选项。
- 从工作区：从工作区中选择一个毛坯，这样可以选择以前处理中的工件作为毛坯。

- 安装位置：用于设置毛坯相对于工件位置参考点。如果选取的参考点不在工件轴线上时，系统会自动找到该点在轴线上的投影点，然后将杆料毛坯一端的圆心与该投射点对齐。
- 点位置：用于确定毛坯相对于工件的放置方向。如果选择"在主轴箱处"，毛坯将沿坐标轴在正方向放置；如果选择"远离主轴箱"，毛坯将沿坐标轴在负方向放置。

4．创建工序

（1）在"工序导航器-几何"上选择"TURNING_WORKPIECE"单击鼠标右键，在弹出的快捷菜单中选择"插入"→"工序"选项。

（2）弹出如图 8-84 所示的"创建工序"对话框，"类型"为"turning"，"工序子类型"中选择"ROUGH_TURN_OD"（外径粗车） ，"刀具"选择"OD_80_L"，"名称"为"ROUGH_TURN_OD"，单击"确定"按钮。

图 8-83　"选择毛坯"对话框

图 8-84　"创建工序"对话框

（3）弹出"外径粗车"对话框，单击"切削区域"右边的"编辑"按钮 ，弹出"切削区域"对话框,利用修剪点方式指定切削区域,分别指定修剪点 1（TP1）和修剪点 2（TP2），确定的切削区域如图 8-85 所示；"区域选择"采用"指定"方式，选择的区域如图 8-85 中 RSP 所示，单击"确定"按钮。

（4）在"外径粗车"对话框中的切削策略选择"单向线性切削"，在刀轨设置中"与 XC 的夹角"设置为180°，"方向"为"前进"，"切削深度"选择"变量平均值"，"最大值"为 4，"变换模式"选择"根据层"，"清理"选择"全部"。

（5）单击"切削参数"按钮 ，弹出如图 8-86 所示"切削参数"对话框，在"余量"选项卡的"粗加工余量"中的"恒定"为 0.5，在"轮廓类型"中设置"最小面角角度"

为 80，"最大面角角度"为 100，"最小直径角度"为-10，"最大直径角度"为 10，"最小陡角"为 80，"最大陡角"为 100，"最小水平角度"为-10，"最大水平角度"为 10，单击"确定"按钮。

（6）在"外径粗车"对话框单击"生成"图标，生成刀轨，单击"确认"图标，实现刀轨的可视化，生成如图 8-87 所示的刀轨。

图 8-85　指定的切削区域

图 8-86　"切削参数"对话框

图 8-87　生成的刀轨

8.4 示教模式

"示教模式"可在车削工作中控制执行高级精加工，可通过定义线性快速、线性进给、进刀和退刀设置以及跟随曲线运动等来建立刀轨。定义跟随曲线运动时，可以控制边界截

UG NX 9.0

面上的刀具，指定起始和终止位置及定义每个连续切削的方向。

在"创建工序"对话框中选择"示教模式" ⊞，单击"确定"按钮弹出如图 8-88 所示的"示教模式"对话框。单击"添加新的子操作"按钮 ⊞，弹出如图 8-89 所示的"创建 Teachmode 子操作"对话框，各选项的功能说明如下：

（1）■ 线性移动：用于创建从当前刀具位置到新位置的线性快速和进给运动，此运动使用快速度。

（2）⚒ 进刀设置：使用进刀设置可设置模态进刀策略，在重新定义之前，所有的后续跟随曲线运动子操作都使用此模态进刀策略。

图 8-88 "示教模式"对话框

图 8-89 "创建 Teachmode 子工序"对话框

（3）⚒ 退刀设置：使用退刀设置可设置模态退刀策略，在重新定义之前，所有的后续跟随曲线运动子操作都使用此模态退刀策略。

（4）⚒ 轮廓移动：使用跟随曲线运动可手工定义驱动几何体，为单独和交互式加工部分目标几何体提供了灵活性。

8.4.1 线性移动

"快速运动"以快速度执行到选定点的运动。在"创建 Teachmode 子操作"对话框中选择"线性移动"类型，对话框如图 8-90 所示。

1. 移动类型

（1）直接 ：使刀具直接移动到终点，"径向和轴向移动"示意图如图 8-91 所示。

图 8-90　"线性移动"对话框　　　　　图 8-91　"直接"示意图

（2）径向 ：使刀具移动到终点的径向坐标，"径向"示意图如图 8-92 所示。

（3）轴向 ：使刀具移动到终点的轴坐标，"轴向"示意图如图 8-93 所示。

图 8-92　"径向"示意图　　　　　　图 8-93　"轴向"示意图

（4）径向->轴向 ：使刀具先沿径向方向移动，然后再轴向移动至终点，"径向->轴向"示意图如图 8-94 所示。

（5）轴向->径向 ：使刀具先沿轴向方向移动，然后再径向移动至终点，"轴向->径向"示意图如图 8-95 所示。

图 8-94　"径向->轴向"示意图　　　　图 8-95　"轴向->径向"示意图

2．终止位置

（1）点：选择"点"方式，单击"指定点"按钮，将打开"点"构造器对话框，通过"点"构造器选择相关点。

（2）曲线：从"端点"部分中选择"曲线"，选项卡如图 8-96 所示，定义终止位置的方法有采用单条曲线和两条曲线。

1）单条曲线：如果选择单条曲线作为终点，产生的点将是曲线上相对于当前刀具位置最近的点，如图 8-97 所示。

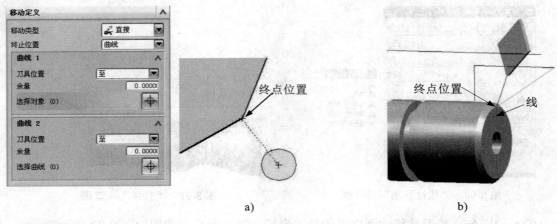

图 8-96　"终止位置"选项卡　　　　图 8-97　"单条曲线"定义终点

2）两条曲线：如果选择"两条曲线"确定终点，产生的点将是两条曲线的交点，如图 8-98 所示。

图 8-98　"两条曲线"定义终点

3）刀具位置：共有三个选项：至（相切）、在（在其上）、经过（超出）。图 8-99 所示为"单条曲线"刀具位置示意图，图 a 中 A 为"至"（相切）点，B 为"在"（在其上）点，C 为"经过"（超出）点；图 c、图 d 分别为利用至（相切）、对中（在其上）、经过（超出）方法时刀具运动到的位置点比较。

3．初始退刀

在"创建 Teachmode 子工序"对话框中可以设置"初始退刀"，"初始退刀"运动在实际的快速运动之前输出。共有三个设置选项：无、线性-自动、线性。"手工"可以通过 WCS 的正 X 轴角度和运动长度来指定退刀运动，"线性"初始退刀如图 8-100 所示，图中角度为 45°，距离为 15。选择 "无"可禁用"初始退刀"选项。"线性-自动"使用刀具刀尖半径作为距离，使用刀具刀尖平分线作为角度。

a)2D 示意

b)至（相切）

c)在（在其上）

d)经过（超出）

图 8-99　"单条曲线"刀具位置示意图

角度=45°，距离=15

图 8-100　"手工"初始退刀

8.4.2 轮廓移动

"轮廓移动"允许手工定义驱动几何体。在"创建 Teachmode 子工序"对话框中选择

"轮廓移动"类型，对话框如图 8-101 所示。

图 8-101　"创建 Teachmode 子工序"对话框

1．驱动几何体

（1）上一条检查曲线：只有存在将"检查几何体"作为停止位置方法的上一个"跟随曲线运动"子操作时，此选项才可用。

（2）上一条驱动曲线：如果选择了此选项，那么该子操作使用与上一个"跟随曲线运动"相同的几何体。对于第一个"跟随曲线运动"，系统使用父本组中的几何体。

（3）新驱动曲线：在选择"新驱动曲线"选项后，"指定驱动边界"按钮被激活，单击此按钮，打开"选择驱动几何体"对话框，进行驱动几何体选择。

对"上一条驱动曲线"和"新驱动曲线"进一步说明如下：

在图 8-102a 中选择驱动曲线并生成"轮廓移动"。图 8-102a 中选中"新驱动曲线"，在图 8-102b 中选择图中所示的新驱动曲线，然后生成"箩筐移动"。如果又需要使用图 8-102a 中选择的驱动曲线时，在图 8-102a 中选中"上一条驱动曲线"选项，将再次调出图 8-102a 中所指定的驱动曲线。

a)　　　　　　　　　　　　　　　　　b)

图 8-102　驱动曲线说明

2．方向

用于选择方向，可以指定按边界成链方向或与之相反方向进行加工，变换方向后材料侧对应变化，即系统将为反向加工变换材料侧。

3．在边界偏置前开始和停止

此选项决定系统何时计算起点/停止点（图 8-102b）。如果选中"在边界偏置前开始和停止"，根据几何体和刀具形状，系统在计算偏置和过切避让之前评估驱动曲线分段，如图 8-103a 所示。如果取消激活此选项，系统首先计算偏置和无过切刀轨，然后从指定的"起点"整理刀轨，如图 8-103b 所示。

a)选中   b)未选中

图 8-103   在边界偏置前开始和停止

4．开始和停止位置方法

"开始和停止位置方法"用于指定开始和停止加工几何体的位置。要设置起始/停止位置，可选择驱动曲线起点/终点、点、检查曲线、上一个轮廓位置。

（1）驱动曲线起点/终点：从所选几何体的起点（或者是在切削方向反转的情况下的停止点）开始加工所选几何体。如果选择了"驱动曲线终点"作为停止方法，那么系统加工驱动曲线直至终点（或者是在切削方向反转的情况下的起点）。

（2）点：从几何体上最接近于所选坐标的点开始加工几何体，或者从几何体上最接近于所选点的点结束对几何体的加工，如图 8-104a 所示，生成的刀轨如图 8-104b 所示。

a)点   b)刀轨

图 8-104   起始和停止位置方法（点）

（3）检查曲线：在不过切检查几何体的情况下进刀至驱动几何体上可到达的第一个点，或者作为停止方法将加工驱动几何体至检查点。

（4）上一个轮廓位置：在前一个"跟随曲线运动"的最后一个轮廓位置开始加工。在快速和进给率运动下此位置保持不变。"上一个轮廓位置"对第一个跟随曲线运动不可用。

8.4.3 进刀/退刀设置

"进刀设置"和"退刀设置"可用来设置后续"轮廓移动"子操作所使用的进刀/退刀策略。可用于进刀的选项与粗加工中可用的选项相同,这里再简单说明一下,主要的进刀/退刀方法"进刀设置"对话框如图 8-105 所示。

图 8-105 "进刀设置"对话框

(1) 圆弧-自动<img>: 指定刀具以圆弧运动的方式逼近/离开部件/毛坯。可以选中并使用"用自动的数值",也可以手工指定"角度"和"半径","角度"为进刀运动方向与 CSYS 坐标系 XC 方向的夹角。

(2) 线性-自动<img>: 沿着第一刀切削的方向逼近/离开部件。

(3) 线性-增量<img>: 手工指定进刀沿矢量方向,选择此选项后,将激活"矢量(X)"和"矢量(Y)"两个选项。

(4) 线性<img>: 选择此选项将激活"角度"和"距离"两个选项。手工指定进刀点与"跟随曲线运动"切削起始点之间的角度和距离,确定刀具逼近和离开部件的方向。"角度"为进刀运动方向与 CSYS 坐标系 XC 方向的夹角,图 8-106a 所示为刀具以 45°角逼近工件,图 8-106b 所示为刀具以 225°角逼近工件。

a)45° b)225°

图 8-106 "角度"逼近工件比较

(5) 线性-相对于切削<img>: 选择此选项将激活"角度"和"距离"两个选项。手工指定进刀点与"跟随曲线运动"切削起始点之间的角度和距离，确定刀具逼近和离开部件的方向。与"角度/距离"方法相比，此处的角度是相对于相邻运动的角度的。

（6）点✔：可任意选定一个点，刀具将经过此点直接进入部件，或刀具在离开部件后将经过此点。选中这一方法中"选择该点"时，弹出"点构造器"对话框，选择相关点。

8.5 中心线钻孔

使用"中心线钻孔"执行钻孔操作，利用车削主轴中心线上的非旋转刀具，通过旋转工件来执行钻孔操作。在"中心线钻孔"对话框中进行"中心线钻孔"相关参数的设置。

8.5.1 循环类型

"循环类型"可以设置循环选项、输出选项、进刀/退刀距离等， "中心线钻孔"对话框如图 8-107 所示。

1．输出选项

中心线钻孔操作支持两种不同的循环类型：

（1）机床加工周期：系统输出一个循环事件，其中包含所有的循环参数，以及一个GOTO 语句，表示特定于 NC 机床钻孔循环的起始位置。选择此选项后，将激活退刀距离、步数等选项，如图 8-108a 所示。

（2）已仿真：系统计算出一个中心线钻孔刀轨，输出一系列 GOTO 语句，没有循环事件。选择此选项后，将激活进刀距离、排屑等选项，如图 8-108b 所示。

2．排屑

"排屑"用于"钻，深"和"钻，断屑"循环，可指定钻孔时除屑或断屑的增量类型。"增量类型"包括：

（1）恒定：刀具每向前移动一次的距离。如果最后剩余深度小于"恒定"值，则最后一次钻孔移动会缩短。

（2）可变：可指定刀具按指定深度切削所需的次数。如果增量之和小于总深度，系统将重复执行最后一个具有非零增量值的刀具移动操作，直至达到总深度。如果增量和超出总深度，系统将忽略过剩增量。如果选择可变作为增量类型，则在切削数和增量字段中输入切削数与每次切削的深度。

3．安全/退刀距离

（1）"钻，断屑"：对于"钻，断屑"，需要设置"安全距离"以指定每次切削后，刀具往后移动多少距离。

（2）"钻，深"：对于"钻，深"，需要设置"安全距离"，如图 8-109 "钻，深"

425

切削方式所示，以指定在每次切削运动开始前，刀具向材料进给的距离，如图 8-109 "钻，深"切削方式中的 D。

图 8-107　"中心线钻孔"对话框

图 8-108　输出选项

图 8-109　"钻，深"切削方式

使用"钻，深"时，钻刀的切削方式如下：

1）在深钻序列中使用安全距离。

2）切削至指定的增量深度（A），如图 8-109a 所示。

3）退出钻孔，移刀到距离起点（C）为最小安全距离（B）处，如图 8-109b 所示。

4）返回到离开上一步切削（D）所形成孔深的材料为安全距离的位置，如图 8-109c 所示。

5）重复这三个步骤直到钻至指定的深度，如图 8-109d 所示。

8.5.2 深度选项

1．距离

"距离"可输入沿钻孔轴加工的深度值，必须为正值。

2．终点

"端点"利用"点"对话框定义钻孔深度，利用指定的"起点"和定义的"端点"计算钻孔深度。如果所定义的点不在钻孔轴上，系统会将该点垂直投影到钻孔轴上，然后计算深度。端点所示如图8-110定义，图中A：该点被垂直投影到钻孔轴上；B：钻孔深度；C：起点。

3．横孔尺寸

可输入定义钻孔深度的信息，当钻至这一深度时，刀具将钻入一个横孔中，如图8-111钻孔刀轨（进入相交孔）所示。选择"横孔尺寸"后，将激活以下选项：

（1）直径：指定横孔的直径，如图8-111中A。

（2）距离：指定钻孔起点D和横孔轴B与钻轴交点之间的距离，如图8-111中E。

（3）角度：指定横孔轴与钻孔轴所成的角度，如图8-111中C。

图8-110 定义端点   图8-111 钻孔刀轨（进入相交孔）

4．横孔

可选择现有的圆作为横孔。系统将从"起点"出发沿着钻轴一直到所选横孔的距离作为钻孔深度。计算得出的钻孔深度将使得刀具可以完全穿透横孔的一侧，然后退刀。横孔的中心应该在钻轴上。如果其中心没有位于钻孔轴上，系统将沿着圆弧轴将该中心投影至钻孔轴，通过横孔定义深度如图8-112所示，图中A：圆弧中心的投影；B：钻孔深度；C：起点。

5．刀肩深度

当使用刀肩深度指定总深度时，系统会自动将刀尖长度添加到所输入的深度中，从而获得刀肩深度，通过选择刀肩深度定义深度如图8-113所示，图中A：指定深度；B：刀尖长度；C：总的钻孔深度（刀肩深度）。

UG NX 9.0

图 8-112 通过横孔定义深度

图 8-113 通过选择刀肩深度定义深度

6．埋头直径

系统将根据所选的刀具自动确定沉孔深度。刀具将依照指定的深度嵌入到工件中，从而生成指定直径的沉孔，根据埋孔直径定义深度如图 8-114 所示，图中 A：沉孔直径；B：自动计算沉孔深度。

7．穿出距离

"穿出距离"指定刀具超出指定总深度的过肩距离，穿出距离如图 8-115 所示，图中 A：起点；B：切削深度；C：穿出距离点：D：多出的距离。

图 8-114 根据埋孔直径定义深度

图 8-115 穿出距离

8.5.3 中心线钻孔示例

对图 8-75 所示的粗车待加工部件继续进行中心线钻孔，所设置的几何体不变，具体创建步骤如下：

光盘\动画演示\第 8 章\中心线钻孔示例.avi

1．创建刀具

（1）选择"主页"选项卡→"插入"组→"创建刀具"图标，弹出"创建刀具"对话框，选择"drill"类型，选择"DRILLING_TOOL"刀具子类型，输入名称为DRILLING_TOOL，其他采用默认设置，单击"确定"按钮。

（2）弹出如图 8-116 所示的"钻刀"对话框，输入"直径"为20，"长度"为150，"刀尖角度"为118，"刀刃长度"为135，其他采用默认设置，单击"确定"按钮。

2．创建工序

（1）选择"主页"选项卡→"插入"组→"创建工序"图标，弹出如图 8-117 所示的"创建工序"对话框，选择"turning"类型，在工序子类型中选择"CENTERLINE_DRILLING"，刀具为"DRILLING_TOOL"，选择"TURNING_WORKPIECE"几何体，其他采用默认设置，单击"确定"按钮。

图 8-116　"钻刀"对话框

图 8-117　"创建工序"对话框

（2）弹出"中心线钻孔"对话框，在循环类型栏中设置"循环"选择"钻，深"，"输出选项"选择"已仿真"，在"排屑"栏中设置"增量类型"选择"恒定"，"恒定增量"设置为10，"安全距离"为3；在起点和深度栏中"起始位置"选择"自动"，"深度选项"选择"距离"，"距离"设置为50；在刀轨设置栏中"安全距离"设置为3，"驻留"选择"时间"，时间为2秒，"钻孔位置"选择"在中心线上"。

（3）在"中心线钻孔"对话框中单击"生成"图标，生成刀轨，单击"确认"图标，实现刀轨的可视化，生成的刀轨如图 8-118 所示。

选择"根线"或输入"深度和角度"值来指定深度。当使用根线方法时，深度是从顶线到根线的距离。

　　螺纹几何体通过选择顶线来定义螺纹起点和终点。螺纹长度由顶线的长度指定,可通过指定起点和终点偏置来修改此长度。要创建倒斜角螺纹，可通过设置合适的偏置确定，螺纹长度的计算如图 8-120 所示，图中 A：终止偏置；B：起始偏置；C：顶线；D：根线。

图 8-120　螺纹长度的计算

　　2．选择根线

　　"选择根线"既可建立总深度也可建立螺纹角度。在选择根线后重新选择顶线不会导致重新计算螺纹角度，但会导致重新计算深度。根线的位置由所选择的根线加上"根线偏置"值确定，如果"根线偏置"值为 0，则所选线的位置即为根线位置。

　　3．选择顶线

　　顶线的位置由所选择的顶线加上"顶线偏置"值确定，如果"顶线偏置"值为 0，则所选线的位置即为顶线位置。选择顶线如图 8-121 所示，选择时离光标点最近的顶线端点将作为起点，另一个端点为终点。

图 8-121　选择顶线

　　4．深度和角度

　　"深度和角度"用于为总深度和螺纹角度键入值。"深度"可通过输入值建立起从顶线起测量的总深度。"角度"用于产生拔模螺纹，输入的角度值是从顶线起测量的，螺旋角如图 8-122 所示，图中 A 为角度，设置为 174 从顶线逆时针计算；B 为顶线；C 为总深度。如果输入深度和角度值而非选择根线，则重新选择顶线时系统将重新计算螺旋角度，但不重新计算深度。

图 8-122　螺旋角

5．偏置

偏置用于调整螺纹的长度。正偏置值将加长螺纹；负偏置值将缩短螺纹。

（1）起始偏置：输入所需的偏置值以调整螺纹的起点，如图 8-120 螺纹长度的计算中的 B 点。

（2）终止偏置：输入所需的偏置值以调整螺纹的端点，如图 8-120 螺纹长度的计算中的 A 点。

（3）顶线偏置：输入所需的偏置值以调整螺纹的顶线位置。正值会将螺纹的顶线背离部件偏置,负值会将螺纹的顶线向着部件偏置,如图 8-123 顶线偏置中的图 a 所示，图中 C 为顶线，D 为根线。当未选择根线时，螺纹会上下移动而不会更改其角度或深度，如图 8-123a 所示。当选择了根线但未输入根偏置时，螺旋角度和深度将随顶线偏置而变化，如图 8-123b 所示。

a)未选择根线　　　　　　　　b)已选择根线（无偏置）

图 8-123　顶线偏置

（4）根偏置：输入所需的偏置值可调整螺纹的根线位置。正值使螺纹的根线背离部件偏置，负值使螺纹的根线向着部件偏置，根偏置如图 8-124 所示，图中 C 为顶线，D 为根线。

图 8-124　根偏置

6．选择终止线

"终止线"通过选择与顶线相交的线来定义螺纹终端。当指定终止线时，交点即可决定螺纹的终端，"终止偏置"值将添加到该交点。如果没有选择终止线，则系统将使用顶线的端点。

8.6.2 切削深度

粗加工螺纹深度等于总螺纹深度减去精加工深度，即粗加工螺纹深度由总螺纹深度和精加工深度决定。

1．恒定

"恒定"可指定单一增量值。由于刀具压力会随着每个刀路迅速增加，因此在指定相对少的粗加工刀路时可使用此方式。当刀具沿着螺纹角切削时会移动输入距离，直到达到粗加工螺纹深度为止，"恒定"深度刀轨如图8-125所示。

2．单个的

"单个的"可指定一组可变增量以及每个增量的重复次数以最大限度控制单个刀路。输入所需的增量距离以及希望它们重复的次数。如果增量的和不等于粗加工螺纹深度，则系统将重复上一非零增量值，直到达到适当的深度。如果增量的和超出粗加工螺纹深度，则系统将忽略超出的增量。

图8-125 "恒定"深度刀轨

例如，如果粗加工螺纹深度是3 mm，输入值如图8-126所示，包括以下几组增量：

（1）刀路数=4，增量=0.5；增量0.5被重复4次，共切削深度为2；

（2）刀路数=5，增量=0.2；增量0.2被重复5次，共切削深度为1；

（3）刀路数=5，增量=0.1；增量0.1被重复5次，共切削深度为0.5。

前二组的切削深度共为3mm，已经达到了切削深度，第三组增量设置将被忽略，系统不允许刀具的进给超出指定的深度，生成的刀轨如图8-127所示。

图8-126 "单个的"设置

图8-127 "单个的"深度刀轨

3．剩余百分比

"剩余百分比"类似于精加工技术，在粗加工螺纹中特别有用。选择"%剩余"选项，将激活剩余百分比、最大值、最小值等选项，"%剩余"设置如图 8-128 所示。可按照产生刀路时所保持的粗加工总深度的百分比来指定每个刀路的增量深度，步长距离随刀具深入到螺纹中而逐渐减小，随着刀具接近粗加工螺纹深度，增量深度将变得非常小，"%剩余"深度刀轨如图 8-129 所示。

（1）剩余百分比：控制下一次切削是上次切削剩余深度的百分比，使切削深度逐次变小直到刀具达到粗加工螺纹深度。

（2）最小距离：利用"剩余百分比"控制增量时，必须输入一个最小增量值，当百分比计算结果小于最小值时，系统将在剩余的刀路上使用最小值切削到粗加工螺纹深度。

（3）最大距离：利用"最大值"控制切削深度，防止在初始螺纹刀路过程中刀具切入螺纹太深。

例如，如果粗加工螺纹深度是 3mm，输入"剩余百分比"为 20%，最小距离为 0.1，则第一个刀路的切削深度是 3mm 的 20% 或 0.6mm，下一次切削是剩余深度 2.4mm 的 20% 或 1.92mm，依此类推，直到百分比计算产生一个小于输入最小值 0.10 mm 的结果。然后，系统对以后每个刀路以 0.10mm 增量进行切削，直到达到粗加工螺纹深度。生成的刀轨如图 8-129 所示。

图 8-128　"%剩余"设置

图 8-129　"%剩余"深度刀轨

8.6.3 切削参数

1．螺距选项

（1）"螺距"是指两条相邻螺纹沿与轴线平行方向上测量的相应点之间的距离，如图图 8-130"螺距"示意图中的 A 所示。

（2）"导程度"指螺纹在每一圈上在轴的方向上前进的距离。对于单螺纹，前进度等于螺距；对于双螺纹，前进度是螺距的两倍。

（3）"每毫米螺纹圈数"是沿与轴平行方向测量的每毫米的螺纹数量，如图 8-130"螺距"示意图中的 B 所示。

2．螺距变化

在"切削参数"中可以对"螺距变化"进行设置，"切削参数"对话框如图 8-131 所示。

图 8-130 "螺距"示意图　　　　　　图 8-131 "切削参数"对话框

"螺距选项"包括螺距、导程角和每毫米螺纹圈数三个选项，如图 8-131 所示。每个选项都可指定为"恒定""起点和终点"或"起点和增量"，如图 8-131 所示。

（1）恒定："恒定"选项允许指定单一"距离"或"每毫米螺纹圈数"并将其应用于螺纹长度。系统将根据此值和指定的"螺纹头数"自动计算两个未指定的参数。对于"螺距"和"前进度"两个未指定的参数是"距离"和"输出单位"；对于"每毫米螺纹圈数"两个未指定的参数是"每毫米螺纹圈数"和"输出单位"。

（2）起点和终点/增量："起点和终点"或"起点和增量"可定义增加或减小螺距、前进度或每毫米螺纹圈数。"起点和终点"通过指定"开始"与"结束"确定变化率；"起点和增量" 通过指定"开始"与"增量"确定变化率。如果"开始"值小于"结束"值或者"增量"值为正，则"车螺纹"对话框中的螺距/前进度/每毫米螺纹圈数将变大。如果"开始"值大于"结束"值或者"增量"值为负，则"车螺纹"对话框中的螺距/前进度/每毫米螺纹圈数将变小。

3．输出单位

"输出单位"显示以下选项："与输入相同""螺距""导程角"和"每毫米螺纹圈数"，如图 8-132 所示。"与输入相同"可确保输出单位始终与上面指定的螺距、导程角或每毫米螺纹圈数相同。

4．精加工刀路

指定加工工件时所使用的增量和精加工刀路数。精加工螺纹深度由所有刀路数和增量决定，是所有增量的和。

当生成螺纹刀轨时，首先由刀具切削到粗加工螺纹深度。粗加工螺纹深度以下方式确定：由"外径螺纹加工"对话框中的"切削深度"增量方式和切削的"深度"值决定的刀路数以及"深度和角度"或"根线"决定的总深度确定。

使用由"附加刀路"对话框中精加工刀路指定的"刀路数"和"增量"切削到精加工螺纹深度。

例如，如果总螺纹深度是 3mm，指定的精加工刀路为：

（1）刀路数=3，增量=0.25。增量 0.25 被重复 3 次，共切削深度为 0.75。

（2）刀路数=5，增量=0.05。增量 0.05 被重复 5 次，共切削深度为 0.25：

精加工刀路加工深度总计 1mm，粗加工深度为总深度—精加工深度=3mm -1mm =2mm。

图 8-132 "附加刀路"对话框

8.6.4 车螺纹示例

对图 8-133 所示部件进行车螺纹加工，具体的创建加工过程如下：

图 8-133 待加工部件

光盘\动画演示\第 8 章\车螺纹示例.avi

1. 创建几何体

（1）选择"主页"选项卡→"插入"组→"创建几何体"图标 ，弹出如图 8-134 所示的"创建几何体"对话框，选择"turning"类型，选择"MCS_SPINDLE"几何体子类型，"名称"为"MCS_SPINDLE"，其他采用默认设置，单击"确定"按钮。

（2）弹出如图 8-135 所示"MCS 主轴"对话框，单击 图标，指定 MCS 的坐标原点与绝对 CSYS 坐标原点重合，指定平面为 ZM-XM，单击"确定"按钮。

图 8-134 "创建几何体"对话框

图 8-135 "MCS 主轴"对话框

2. 创建刀具

（1）选择"主页"选项卡→"插入"组→"创建刀具"图标，弹出如图 8-136 所示的"创建刀具"对话框，选择"turning"类型，选择"OD_THREAD_L"刀具子类型，输入名称为 OD_THREAD_L，其他采用默认设置，单击"确定"按钮。

（2）弹出如图 8-137 所示的"螺纹刀-标准"对话框，选择"工具"选项卡，输入"方向角度"为 90，"刀片长度"为 20，"刀片宽度"为 10，"左角"为 30，"右角"为 30，"刀尖半径"为 0，"刀尖偏置"为 5，其他采用默认设置，单击"确定"按钮。

图 8-136 "创建刀具"对话框

图 8-137 "螺纹刀-标准"对话框

437

3．指定车螺纹边界

（1）将操作导航器中调整到几何视图状态，"工序导航器-几何"如图 8-138 所示。在图中双击"TURNING_WORKPIECE"，打开如图 8-139 所示"车削工件"对话框进行车削边界的指定。

图 8-138　工序导航器-几何

图 8-139　"车削工件"对话框

　　（2）在"车削工件"对话框中单击"指定部件边界"图标，系统将弹出"部件边界"对话框，选择部件边界，指定的部件边界如图 8-140 所示。

　　（3）在"车削工件"对话框中单击"指定毛坯边界"图标，系统将弹出如图 8-141 所示"选择毛坯"对话框，选择棒料，"安装位置"选择的定位点如图 8-142 中所示，"点位置"选择"在主轴箱处"，"长度"为37，"直径"为20，最终指定的毛坯边界如图 8-142 所示。

图 8-140　指定的部件边界　　　　图 8-141　"选择毛坯"对话框　　　　图 8-142　指定的毛坯边界

4．创建工序

（1）选择"主页"选项卡→"插入"组→"创建工序"图标，弹出"创建工序"

对话框，选择"turning"类型，在工序子类型中选择"THREAD_OD"，选择"OD_THREAD_L"刀具，几何体选择"TURNING_WORKPIECE"，其他采用默认设置，单击"确定"按钮。

（2）弹出"外径螺纹加工"对话框，单击"Select Crest Line"右边的按钮选择顶线，指定螺纹形状如图 8-143 所示。深度选项选择"根线"，单击"选择根线"右边的按钮选择根线，选择的根线如图 8-143 所示，"起始偏置"输入值为3，"终止偏置"输入值为3，单击"显示起点和终点"右边的按钮，显示选择的顶线、根线、起始点和终止点，指定螺纹形状如图 8-143 所示。

（3）单击"切削参数"按钮，弹出"切削参数"对话框，在"策略"选项卡中设置"螺纹头数"为1，"切削深度"为"恒定"，"深度"为 0.5mm，"切削深度公差"为 0.001。在"螺距"选项卡中"螺距选项"为"螺距"，"螺距变化"为"恒定"，"距离"为 2.5，"输出单位"为"与输入相同"，在"附加刀路"选项卡的"精加工刀路"栏中"刀路数"为 5，"增量"为 0.1。

（4）单击"非切削移动"按钮，弹出如图 8-144 所示"非切削移动"对话框，在"逼近"选项卡的运动到起点栏中的"运动类型"选择"直接"，"点选项"选择"点"，指定点的坐标为 X=60，Y=20，Z=0；在"离开"选项卡的动到返回点/安全平面栏中"运动类型"选择"径向→轴向"；"点选项"选择"点"，指定点的坐标为 X=60，Y=20，Z=0。

图 8-143　指定螺纹形状　　　　　图 8-144　"非切削移动"对话框

（5）在"外径螺纹加工"对话框单击"生成"图标，生成刀轨，单击"确认"图标，实现刀轨的可视化，生成的刀轨如图 8-145 所示。

UG NX 9.0

放大图

图 8-145　螺纹刀轨

8.7 加工操作示例

对图 8-146 所示的待加工部件进行车削加工，包括粗车外圆、车面、精车外圆等车削加工。

图 8-146　待加工部件

光盘\动画演示\第 8 章\加工操作示例.avi

8.7.1 创建几何体

（1）选择"主页"选项卡→"插入"组→"创建几何体"图标，弹出如图 8-147 所示"创建几何体"对话框，选择"turning"类型，选择"MCS_SPINDLE"几何体子类型，其他采用默认设置，单击"确定"按钮。

（2）弹出如图 8-148 所示"MCS 主轴"对话框，单击图标，指定 MCS 的坐标原点与绝对 CSYS 的坐标原点重合，指定平面为 ZM-XM，单击"确定"按钮。

图 8-147　"创建几何体"对话框

图 8-148　"MCS 主轴"对话框

8.7.2　创建刀具

1. OD_55_L_ROUGH 刀具

（1）选择"主页"选项卡→"插入"组→"创建刀具"图标，弹出"创建刀具"对话框，选择"turning"类型，选择"OD_55_L"刀具子类型，输入名称为 OD_55_ L_ROUGH，其他采用默认设置，单击"确定"按钮。

（2）弹出"车刀-标准"对话框，输入"刀尖半径"为 1.0，"方向角度"为 50，"长度"为 20，其他采用默认设置，单击"确定"按钮。

2. OD_55_L_FACE 刀具

（1）选择"主页"选项卡→"插入"组→"创建刀具"图标，弹出"创建刀具"对话框，选择"turning"类型，选择"OD_55_L"刀具子类型，输入名称为 OD_55_ L_FACE，其他采用默认设置，单击"确定"按钮。

（2）弹出"车刀-标准"对话框，输入"刀尖半径"为 0.2，"方向角度"为 10，"长度"为 20，其他采用默认设置，单击"确定"按钮。

3. OD_55_L_FINISH 刀具。

（1）选择"主页"选项卡→"插入"组→"创建刀具"图标，弹出"创建刀具"对话框，选择"turning"类型，选择"OD_55_L"刀具子类型，输入名称为 OD_55_ L_FINISH，其他采用默认设置，单击"确定"按钮。

（2）弹出"车刀-标准"对话框，输入"刀尖半径"为 0.2，"方向角度"为 50，"长度"为 20，其他采用默认设置，单击"确定"按钮。

4. OD_55_L_TEACH 刀具

（1）选择"主页"选项卡→"插入"组→"创建刀具"图标，弹出"创建刀具"对话框，选择"turning"类型，选择"OD_55_L"刀具子类型，输入名称为 OD_55_ L_TEACH，

UG NX 9.0

其他采用默认设置，单击"确定"按钮。

（2）弹出如图 8-80 所示的"车刀-标准"对话框，输入"刀尖半径"为 0.2，"方向角度"为 50，"长度"为 10，其他采用默认设置，单击"确定"按钮。

8.7.3 指定车削边界

（1）将操作导航器中调整到几何视图状态，"工序导航器-几何"如图 8-149 所示。在图中双击"TURNING_WORKPIECE"，弹出如图 8-150 所示的"车削工件"对话框，进行车削边界设置。

图 8-149　工序导航器-几何

图 8-150　"车削工件"对话框

（2）在"车削工件"对话框中单击"指定部件边界"图标，指定部件边界，如图 8-151 所示。

部件边界

图 8-151　指定的部件边界

（3）在"车削工件"对话框中单击"指定毛坯边界"图标，弹出如图 8-152 所示"选择毛坯"对话框，选择"棒料"，"点位置"选择"在主轴箱处"，"长度"为 170，"直径"为 70，指定的毛坯边界如图 8-153 所示。单击"确定"按钮，完成毛坯几何体的定义。

图 8-152　"选择毛坯"对话框

图 8-153　指定的毛坯边界

8.7.4　创建粗车工序

（1）选择"主页"选项卡→"插入"组→"创建工序"图标，弹出"创建工序"对话框，选择"turning"类型，在工序子类型中选择"ROUGH_TURN_OD"，选择"TURNING_WORKPIECE"几何体，刀具选择为"OD_55_L_ROUGH"，其他采用默认设置，单击"确定"按钮。

（2）弹出"外径粗车"对话框，单击"切削区域"右边的"编辑"按钮，弹出"切削区域"对话框，利用修剪点方式指定切削区域，指定的修剪点 1（TP1）和修剪点 2（TP2），指定切削区域如图 8-154 所示。

（3）在"切削策略"栏选择"单向线性切削"，在"刀轨设置"栏中"与 XC 的夹角"设置为 180°，"方向"为"前进"，"切削深度"选择"变量平均值"，"最大值"为 2，"最小值"为 0，"变换模式"选择"根据层"，"清理"选择"全部"。

图 8-154　指定切削区域

（4）单击"切削参数"按钮，弹出"切削参数"对话框，在"余量"选项卡"粗加工余量"栏的"恒定"值为 1.5；在"轮廓类型"选项卡的"面和直径范围"栏中"最小面角角度"为 80；"最大面角角度"为 100；"最小直径角度"为 350；"最大直径角度"为10，在"陡峭和水平范围"栏中设置"最小陡角"为80；"最大陡角"为100；"最小水平角度"为-10；"最大水平角度"为10，如图8-155所示。

（5）单击"非切削移动" 按钮，弹出图8-156"非切削移动"对话框，在"进刀"选项卡的"轮廓加工"栏中设置"进刀类型"为"圆弧-自动"，"自动进刀选项"为"自动"，"延伸距离"为2；在"毛坯"栏中设置"进刀类型"为"线性"，"角度"为180；"长度"为4；"安全距离"为2，在"安全的"栏中设置"进刀类型"为"线性-自动"，"自动进刀选项"为"自动"，"延伸距离"为2；在"退刀"选项卡中"轮廓加工"栏中设置"退刀类型"为"圆弧-自动"，"自动进刀选项"为"自动"，"延伸距离"为2，在"毛坯"栏中"进刀类型"为"线性"，"角度"为90，"长度"为20；"延伸距离"为0；在"逼近"选项卡的"运动到起点"栏中"运动类型"选择"直接"，"点选项"选择"点"，通过"点"对话框指定点，其坐标为XC=190，YC=60，ZC=0。在"离开"选项卡的"运动到返回点"栏"运动类型"选择"径向->轴向"，"点选项"选择"点"，通过"点"构造器指定点，其坐标为XC=0，YC=60，ZC=0。在"运动到回零点"栏"运动类型"选择"直接"，"点选项"选择"点"，通过"点"构造器指定点，其坐标为XC=190，YC=60，ZC=0。

图8-155　"轮廓类型"设置

图8-156　"非切削移动"对话框

（6）在"外径粗车"对话框单击"生成"图标 ，生成刀轨，单击"确认"图标 ，实现刀轨的可视化，粗车刀轨如图8-157所示。

图 8-157　粗车刀轨

8.7.5　创建面加工工序

（1）选择"主页"选项卡→"插入"组→"创建工序"图标 ，弹出"创建工序"对话框，选择"turning"类型，在工序子类型中选择"FACING "，选择"TURNING_WORKPIECE"几何体，"刀具"选择"OD_55_L_FACE"，其他采用默认设置，单击"确定"按钮。

（2）弹出如图 8-158 所示的"面加工"对话框，单击"切削区域"右边的"编辑"图标 ，弹出"切削区域"对话框，在径向修剪平面 2 中限制选项为"点"，指定点为图 8-159 中指定切削区域中 Radia12 所指点；在轴向修剪平面 1 中限制选项为"点"，指定点为图 8-159 中指定切削区域中 Axiall 所指点。

（3）在"面加工"对话框中"切削策略"选择"单向线性切削"，"与 XC 的夹角"设置为 270°，"方向"为"前进"，"切削深度"选择"变量平均值"，"最大值"为 2，"最小值"为 0。

（4）单击"切削参数"按钮 ，弹出如图 8-160 所示的"切削参数"对话框，在"轮廓类型"选项卡的"面和直径范围"栏中设置"最小面角角度"为 80；"最大面角角度"为 100；"最小直径角度"为-10；"最大直径角度"为 10。在"陡峭和水平范围"栏中设置"最小陡角"为 80；"最大陡角"为 100；"最小水平角度"为-10；"最大水平角度"为 10。如图 8-160 所示。

（5）单击"非切削移动"按钮，弹出"非切削移动"对话框，在"进刀"选项卡的"轮廓加工"栏中设置"进刀类型"为"圆弧-自动"，"自动进刀选项"为"自动"，"延伸距离"为 2，在"毛坯"栏中设置"进刀类型"为"线性"，"角度"为 270，"长度"为 4，"安全距离"为 2，在"安全的"栏中设置"进刀类型"为"线性-自动"；"自动进刀选项"为"自动"；"延伸距离"为 0；在"退刀"选项卡的"轮廓加工"栏中"退刀类型"为"圆弧-自动"，"自动进刀选项"为"自动"，"延伸距离"为 2，在"毛坯"

UG NX 9.0

栏中的"退刀类型"为"线性"；"角度"为0；"长度"为4；"延伸距离"为0；在"逼近"选项卡的"运动到起点"栏中"运动类型"选择"直接"，"点选项"选择"点"，通过"点"构造器指定点，其坐标为XC=180，YC=60，ZC=0；在"离开"选项卡的"运动到返回点"栏中设置"运动类型"选择"直接"；"点选项"选择"点"；通过"点"构造器指定点，其坐标为XC=180，YC=60，ZC=0。

图 8-158 "面加工"对话框

图 8-159 指定切削区域

（6）在"面加工"对话框中单击"生成"图标⬛，生成刀轨，单击"确认"图标⬛，实现刀轨的可视化，面操作刀轨如图 8-161 所示。

图 8-160　"切削参数"对话框

图 8-161　面操作刀轨

8.7.6 创建精车工序

（1）选择"主页"选项卡→"插入"组→"创建工序"图标，弹出"创建工序"对话框，选择"turning"类型，在工序子类型中选择"FINISH_TURN_OD"，选择"TURNING_WORKPIECE"几何体，"刀具"选择"OD_55_L_FINISH"，其他采用默认设置，单击"确定"按钮。

（2）弹出如图 8-162 所示"外径精车"对话框，"切削区域"利用粗车后形成的区域，不必再指定，精加工切削区域如图 8-163 所示。

（3）在"外径精车"对话框中设置"切削策略"选择"全部精加工"，"与 XC 的夹角"为 180°，"方向"为"前进"，在"步距"栏中"多刀路"选择"恒定深度"；"深度"为 0.5mm。

（4）单击"切削参数"按钮，弹出如图 8-164 所示"切削参数"对话框，在"余量"选项卡中的"精加工余量"栏中"恒定"为 0.0；在"轮廓类型"选项卡的"面和直径范围"栏中"最小面角角度"为 80，"最大面角角度"为 100，"最小直径角度"为-10，"最大直径角度"为 10，如图 8-164 所示，单击"确定"按钮。

（5）单击"非切削移动"按钮，弹出如图 8-165 所示的"非切削移动"对话框，在"进刀"选项卡的"轮廓加工"栏中设置"进刀类型"为"线性"，"角度"为 180；"长度"为 4；"延伸距离"为 0。在"退刀"选项卡的"轮廓加工"栏中设置"退刀类型"为"线性"，"角度"为 90，"长度"为 4，"延伸距离"为 0；在"逼近"选项卡的"运动到起点"栏中设置"运动类型"选择"径向→轴向"，"点选项"选择"点"，通过"点"构造器指定点，点坐标为 XC=180，YC=60，ZC=0；在"离开"选项卡的"运动到返回点"栏中设置"运动类型"选择"径向→轴向"，"点选项"选择"点"，通过"点"构造器指定点，点坐标为 XC=180，YC=60，ZC=0，在"运动到回零点"栏"运动类型"选择"直接"；"点选项"选择"点"；通过"点"构造器指定点，点坐标为 XC=180，YC=60，ZC=0。

图 8-162 "外径精车"对话框

图 8-164 "切削参数"对话框

图 8-163 精加工切削区域

图 8-165 "非切削移动"对话框

（6）在"外径精车"对话框单击"生成"图标，生成刀轨，单击"确认"图标，实现刀轨的可视化，如图 8-166 精车刀轨所示。

图 8-166 精车刀轨

8.7.7 创建示教模式工序

（1）选择"主页"选项卡→"插入"组→"创建工序"图标，弹出"创建工序"对话框，选择"turning"类型，在工序子类型中选择"TEACH_MODE"，选择"TURNING_WORKPIECE"几何体，"刀具"选择"OD_55_L_ TEACH"，其他采用默认设置，单击"确定"按钮。

（2）创建子工序

1）线性快速：在如图 8-167 所示的"示教模式"对话框中单击"添加新的子工序"按钮，弹出如图 8-168 所示的"创建 Teachmode 子工序"对话框，选择"线性移动"类型，选择"直接"移动类型，"终止位置"选择为"点"，单击"指定点"按钮，弹出"点"对话框指定点，点的坐标为 X=180，Y=60，Z=0，单击"应用"按钮。

2）线性进给：在"创建 Teachmode 子工序"对话框，选择"径向->轴向"类型，终止位置选择"点"，单击"指定点"按钮，弹出"点"对话框指定点，点的坐标为 X=180，Y=30，Z=0，单击"应用"按钮。

3）进刀设置：在"创建 Teachmode 子工序"对话框，选择"进刀设置"类型，选择"圆弧-自动"进刀类型，选择"用户定义"自动进刀选项，"角度"为 45，"半径"为 10，如图 8-169 所示，单击"应用"按钮。

4）退刀设置：在"创建 Teachmode 子工序"对话框，选择"退刀设置"类型，选择"线性-相对于切削"退刀类型，"角度"为 90，"长度"为 10，如图 8-170 所示，单击"应用"按钮。

UG NX 9.0

449

图 8-167 "示教模式"对话框

图 8-168 "创建 Teachmode 子工序"对话框

图 8-169 "进刀设置"对话框

图 8-170 "退刀设置"对话框

5）轮廓移动：在"创建 Teachmode 子工序"对话框，选择"轮廓移动"类型，选中"上一条驱动曲线"驱动几何体，单击"确定"按钮。

（3）在"示教模式"对话框中单击"生成"图标，生成刀轨，单击"确认"图标，实现刀轨的可视化，示教模式刀轨如图 8-171 所示。

图 8-171 示教模式刀轨

8.7.8 创建钻工序

在粗车、面、精车及示教模式等操作模式结束后,进行外圆槽的加工。外圆槽的边界和前面操作模式的边界不同,需要重新定义边界。

1.创建钻刀

(1)选择"主页"选项卡→"插入"组→"创建刀具"图标 ，弹出如图 8-172 所示的"创建刀具"对话框,选择"turning"类型,选择"DRILLING_TOOL "刀具子类型,输入名称为 END10,其他采用默认设置,单击"确定"按钮。

(2)弹出如图 8-173 所示的"钻刀"对话框,输入"直径"为 10, "长度"为 280, "刀尖角度"为 120, "刀刃长度"为 200,其他采用默认设置,单击"确定"按钮。

图 8-172 "创建刀具"对话框

图 8-173 "钻刀"对话框

UG NX 9.0

2. 创建中心钻操作

（1）选择"主页"选项卡→"插入"组→"创建工序"图标 ，弹出如图 8-175 所示的"创建工序"对话框，选择"turning"类型，在工序子类型中选择"CENTERLINE_DRILLING "，选择"TURNING_WORKPIECE"几何体，其他采用默认设置，单击"确定"按钮。

（2）弹出如图 8-175 所示的"中心线钻孔"对话框，在"循环"栏中选择"钻，深"，"输出选项"选择"已仿真"，在"排屑"栏中设置"增量类型"选择"恒定"；"恒定增量"设置为 0；"安全距离"为 30；在"起点和深度"栏中设置"起始位置"选择"自动"，通过"点"对话框指定点，点坐标为 XC=170，YC=0，ZC=0，"深度选项"选择"距离"，"距离"设置为 170；在刀轨设置栏中设置"安全距离"设置为 30，"驻留"选择"时间"，时间为 2，"钻孔位置"选择"在中心线上"。

图 8-174　"创建工序"对话框

图 8-175　"中心线钻孔"对话框

（3）单击"非切削移动" 按钮，弹出如图 8-176 所示"非切削移动"对话框，在"逼近"选项卡的"运动到起点"栏中"运动类型"选择"直接"，"点选项"选择"点"；通过"点"构造器指定点，点坐标为 XC=180，YC=30，ZC=0；在"离开"选项卡的"运动到返回点"中"运动类型"选择"径向→轴向"，"点选项"选择"点"，通过"点"构造器指定点，点坐标为 XC=180，YC=60，ZC=0，单击"确定"按钮。

（4）在"中心线钻孔"对话框中单击"生成"图标 ，生成刀轨，单击"确认"图标 ，实现刀轨的可视化，中心线钻孔刀轨如图 8-177 所示。

图 8-176 "非切削移动"对话框

图 8-177 中心线钻孔刀轨